图灵教育

站在巨人的肩上

Standing on the Shoulders of Giants

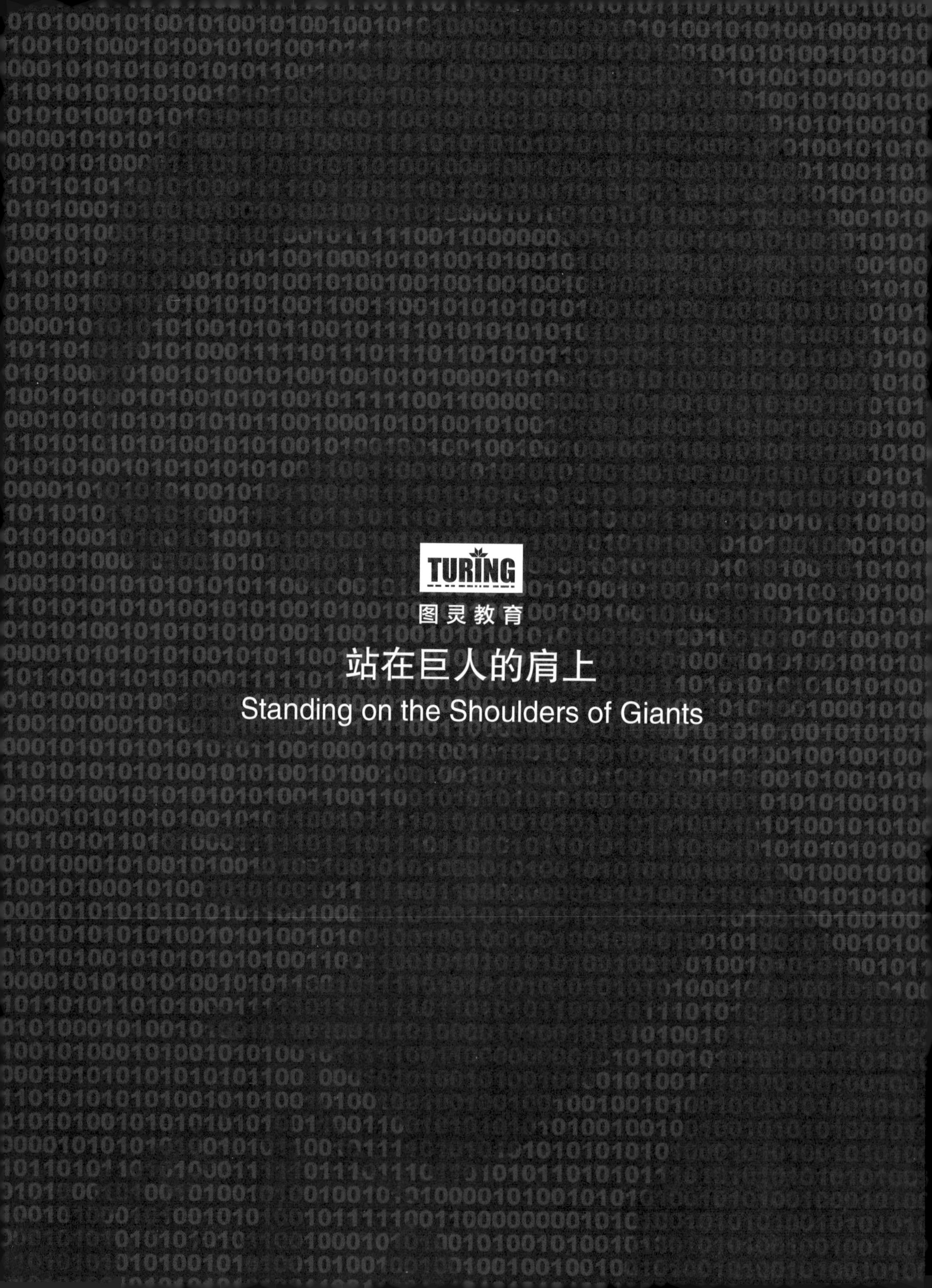
TURING
图灵教育
站在巨人的肩上
Standing on the Shoulders of Giants

征服C指针

第2版

TURING
图灵程序
设计丛书

[日] 前桥和弥 / 著　朱文佳 / 译

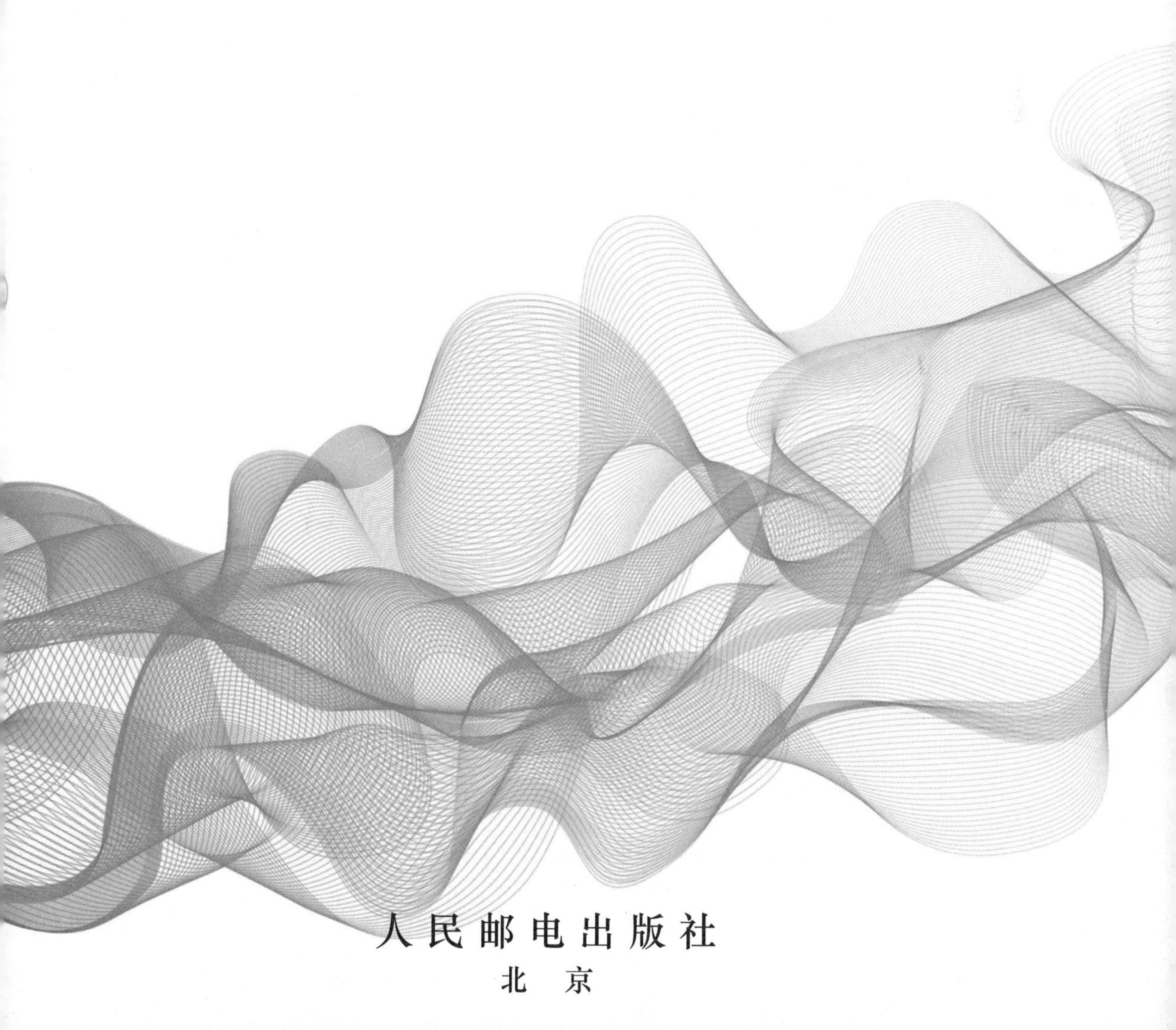

人 民 邮 电 出 版 社
北　京

图书在版编目(CIP)数据

征服C指针 / (日) 前桥和弥著 ; 朱文佳译. -- 2版
. -- 北京 : 人民邮电出版社, 2021.3
(图灵程序设计丛书)
ISBN 978-7-115-55489-5

Ⅰ. ①征… Ⅱ. ①前… ②朱… Ⅲ. ①C语言－程序设
计 Ⅳ. ①TP312.8

中国版本图书馆CIP数据核字(2020)第243962号

内 容 提 要

本书以C语言中的重难点“指针”为主题，提供了程序员所需的深入而完整的指针知识。作者结合多年的编程经验和感悟，从C指针的概念讲起，通过实验一步一步地揭示了指针和数组、内存、数据结构的关系，展现了指针的常见用法，揭示了各种使用技巧，还通过独特的方式告诉读者怎样解读C语言那些让人“纠结”的声明语法，以及如何绕过C指针的陷阱等。第2版基于64位操作系统对内容进行了大幅修订，新增了对ISO-C99、C11标准下相关内容的介绍等。

本书非常适合C语言中级学习者阅读，也可作为计算机专业学生学习C语言的参考。

◆ 著　　[日] 前桥和弥
　译　　朱文佳
　责任编辑　杜晓静
　责任印制　周昇亮

◆ 人民邮电出版社出版发行　　北京市丰台区成寿寺路11号
　邮编　100164　　电子邮件　315@ptpress.com.cn
　网址　https://www.ptpress.com.cn
　北京天宇星印刷厂印刷

◆ 开本: 800×1000　1/16
　印张: 21.5
　字数: 420千字　　　　2021年3月第2版
　印数: 12 301－15 300册　　2021年3月北京第1次印刷

著作权合同登记号　图字: 01-2018-5949号

定价: 99.00元

读者服务热线: (010)84084456　印装质量热线: (010)81055316

反盗版热线: (010)81055315

广告经营许可证: 京东市监广登字20170147号

版权声明

C GENGO POINTA KANZEN SEIHA

by Kazuya Maebashi

Copyright © 2017 Kazuya Maebashi

All rights reserved.

Original Japanese edition published by Gijyutsu-Hyoron Co., Ltd., Tokyo

This Simplified Chinese language edition published by arrangement with Gijyutsu-Hyoron Co., Ltd., Tokyo in care of Tuttle-Mori Agency, Inc., Tokyo

本书中文简体字版由 Gijyutsu-Hyoron Co., Ltd. 授权人民邮电出版社独家出版。未经出版者事先书面许可，不得以任何方式或途径复制或传播本书内容。

版权所有，侵权必究。

前 言

这是一本关于C语言的数组和指针的书。

可能有很多人感到纳闷："都什么年代了，还出版C语言的书。"

C语言确实是非常陈旧的语言。去书店逛逛就会看到，C语言的书铺天盖地，其中跟本书一样专门讲解指针的书也有很多。同类书一本接一本地出版，也恰好证明C指针多么难掌握。事实上，上网一搜就会看到，"C指针好难啊"的抱怨比比皆是。

那些为C指针感到苦恼的读者，请听我一言：

理解不了C指针不是你的错，是C语言的语法太坑人了，仅此而已!

特别是C语言中有关声明的语法，实在是太奇葩了。既然是奇葩，那就要把它当作奇葩来理解。但是，充斥在书店里的那些C语言书，即便是专门讲解指针的，也没有一本正面指出过这一点。

我也曾对数组和指针的相关语法感到非常纠结。

而我写本书[①]的初衷，就是希望和我一样曾为C指针感到苦恼的人，在阅读本书时，能够发自内心地感慨："要是那个时候上天能让我遇见这样一本书，那该多好呀!"

然而，本书第1版是2001年发行的，距今已将近17年[②]。虽说C语言是古老的（成熟的）语言，变化很慢，但毕竟已经过去17年了，围绕C语言的大环境多少还是有些变化的。2001年，刚刚制定不久的ISO-C99还没有完全替代原来的C语言标准，但如今已经拥有了相当数量的使用者。2011年，新的标准C11也发布了。同时，计算机也在不断发展，64位操作系统已成为主流。另外，随着互联网的普及，安全问题也日益突出。

针对这些变化，第2版相应地对内容进行了修订。

目前市面上的C语言入门书，在讲解指针时往往使用一些非常教科书式的生硬例子来说明。看多了这些例子，初学者多半会问："为什么非得要指针这种东西呀?"

然而，在C语言编程中，是不可能避开指针的。实际上，现实世界里所用的程序也确实运用了指针。

除了C语言（奇葩的）语法之外，本书还会对指针的实用方法进行说明。

在阅读本书的过程中，请注意以下几点。

- 本书的读者定位虽然是"在学习C语言的过程中，在学到指针部分时遇到了困难"的人，但本书中也不乏一些高难度的内容。

---

① 这里是指本书第1版，原版于2001年出版，中文版由人民邮电出版社于2013年2月出版。——编者注

② 这里是指原书第1版距原书第2版上市（2017年12月）的时间。——编者注

特别是对于初学者来说，不用非得从头开始按顺序阅读，不完全弄清楚就不往下继续。在遇到不太明白的地方时，不要过分纠结，先读下去再说。

在阅读时可以跳过某些章节，但前言和第 0 章最好按顺序阅读。要是觉得第 2 章难，可以先搞懂第 3 章，要是第 3 章也看不懂，那就试着读一下第 4 章——这种阅读方式也是可行的。

- 在本书中，我会经常指出一些“C 的问题点”和“C 的随意性”。可能会有一些读者认为我比较讨厌 C 语言。

  恰恰相反，我认为 C 是一门伟大的语言。倒不是因为什么“情人眼里出西施”或者“傻乎乎的孩子才可爱”，而是因为 C 语言毕竟是在开发现场常年使用的语言，其实力非同一般。虽然长得不太帅，但论才干，那绝对是“开发现场的老油条”——这就是我对 C 语言的看法。

  C 是一门实用的语言，现在依然值得学习。虽然我不希望看到阅读本书的读者厌恶 C 语言，但谁讨厌什么，这是我无法左右的。

在本书写作过程中，我得到了很多人的帮助。

感谢在百忙之中阅读拙稿并给予宝贵意见的林毅老师、曾田哲之老师、儿岛老师、梵天老师和丹羽健老师，以及耐心等待我修改原稿的技术评论社的熊谷裕美子老师，承蒙诸位的帮助，本书才得以付梓。在此，谨向他们致以深深的谢意。

前桥和弥

2017 年 10 月 29 日 21:58 J.S.T.

目　录

第 0 章
本书目标与读者对象 …… 1

0-1 本书目标 2

0-2 读者对象与内容结构 5

第 1 章
打好基础——预备知识和复习 …… 9

1-1 C语言是什么样的语言 10

1-1-1 C 语言的发展历程 …… 10
补充 是汇编语言还是汇编器 …… 11
补充 B 语言是什么样的语言 …… 12
1-1-2 不完备和不统一的语法 …… 13
1-1-3 C 语言“圣经”——*K&R* …… 13
1-1-4 ANSI C 之前的 C 语言 …… 14
1-1-5 ANSI C（C89/90）…… 16
1-1-6 C95 …… 16
1-1-7 C99 …… 17
1-1-8 C11 …… 18
1-1-9 C 语言的理念 …… 19
1-1-10 C 语言的主体 …… 20
1-1-11 C 语言曾是只能使用标量的语言 …… 21

1-2 内存和地址 23

1-2-1 内存和地址 …… 23
1-2-2 内存和变量 …… 25
补充 size_t 类型 …… 27
1-2-3 内存和程序运行 …… 27

1-3 关于指针 29

1-3-1 恶名昭著的指针究竟是什么 …… 29
1-3-2 和指针的第一次亲密接触 …… 30
1-3-3 地址运算符、间接运算符、下标运算符 …… 34
补充 关于本书中的地址值——16 进制表示法 …… 35
补充 混乱的声明——如何自然地理解声明 …… 35
补充 杂谈：hoge 是什么 …… 37
1-3-4 指针和地址之间的微妙关系 …… 38
补充 在运行时既没有类型信息，也没有变量名 …… 40
1-3-5 指针运算 …… 41
1-3-6 何谓空指针 …… 42
补充 NULL 和 0 和 '\0' …… 43
1-3-7 实践——从函数返回多个值 …… 46
补充 形参与实参 …… 50

1-4 关于数组 51

1-4-1 使用数组 …… 51
补充 C 语言的数组是从 0 开始的 …… 53
1-4-2 数组与指针的微妙关系 …… 54
1-4-3 下标运算符 [] 与数组毫无关系 …… 56
补充 语法糖 …… 59
1-4-4 为何存在指针运算这种奇怪功能 …… 59
1-4-5 别再滥用指针运算了 …… 61
补充 更改参数的做法可取吗 …… 62
1-4-6 试图将数组作为函数参数传递 …… 63
补充 如果对数组进行值传递 …… 65
1-4-7 声明函数形参的方法 …… 66
补充 C 语言为什么不进行数组边界检查 …… 67
1-4-8 C99 中的可变长数组 …… 68

第 2 章 做个实验——C 语言是怎样使用内存的 …… 71

2-1 虚拟地址 72

补充 关于 scanf() …… 75
补充 未定义、未指定、实现定义 …… 77

2-2 C语言中内存的使用方法 78

2-2-1 C 语言中变量的种类 …… 78
2-2-2 尝试输出地址 …… 80
补充 存储类说明符 …… 80

2-3 函数与字符串字面量 85

2-3-1 只读内存区域 …… 85
2-3-2 指向函数的指针 …… 86

2-4 静态变量 88

2-4-1 什么是静态变量 …… 88
2-4-2 分割编译与链接 …… 88

2-5 自动变量（栈） 91

2-5-1 内存空间的“重复使用” …… 91
2-5-2 函数调用究竟发生了什么 …… 91
补充 调用约定 …… 95
2-5-3 自动变量的引用 …… 95
补充 一旦函数执行结束，自动变量的内存空间就会被释放 …… 98
2-5-4 典型的安全漏洞——缓冲区溢出漏洞 …… 99
补充 操作系统针对缓冲区溢出漏洞给出的对策 …… 102
2-5-5 可变长参数 …… 103
补充 assert() …… 106
补充 试写一个用于调试的函数 …… 107
2-5-6 递归调用 …… 110
2-5-7 C99 中的可变长数组（VLA）的栈 …… 113

2-6 利用 malloc() 动态分配内存（堆） 116

2-6-1 malloc() 的基础知识 …… 116
补充 应该强制转换 malloc() 的返回值类型吗 …… 119

2-6-2 malloc() 是系统调用吗 …… 119
2-6-3 malloc() 中发生了什么 …… 120
2-6-4 free() 之后相应的内存空间会怎样 …… 122
补充 Valgrind …… 124
2-6-5 碎片化 …… 124
2-6-6 malloc() 以外的动态内存分配函数 …… 125
补充 假如 malloc() 参数为 0 …… 127
补充 malloc() 的返回值检查 …… 128
补充 程序结束时也必须调用 free() 吗 …… 129

2-7 对齐 131

补充 结构体的成员名称在运行时也是缺失的 …… 134

2-8 字节序 135

2-9 关于语言规范和实现——抱歉，前面的内容都是骗你的 137

第 3 章

语法揭秘——它到底是怎么回事 …… 139

3-1 解读C语言声明 140

3-1-1 用英语阅读 …… 140
3-1-2 解读 C 语言声明 …… 141
补充 近来的语言多数是将类型后置的 …… 144
3-1-3 类型名 …… 145
补充 如果把间接运算符 * 后置 …… 146

3-2 C语言数据类型的模型 147

3-2-1 基本类型和派生类型 …… 147
3-2-2 指针类型的派生 …… 148
3-2-3 数组类型的派生 …… 150
3-2-4 什么是指向数组的指针 …… 150
3-2-5 C 语言中不存在多维数组 …… 152
3-2-6 函数类型的派生 …… 154
3-2-7 计算类型的长度 …… 155
3-2-8 基本类型 …… 157
3-2-9 结构体和联合体 …… 159
3-2-10 不完全类型 …… 159

3-3 表达式 162

3-3-1 表达式和数据类型 …… 162
补充 对“表达式”使用 sizeof …… 164
3-3-2 什么是左值——变量的两张面孔 …… 166
补充 “左值”的由来 …… 167
3-3-3 数组→指针的转换 …… 168
3-3-4 与数组和指针相关的运算符 …… 169
3-3-5 多维数组 …… 171
补充 运算符的优先级 …… 173

3-4 解读C语言声明（续） 176

3-4-1 const 修饰符 …… 176
3-4-2 如何使用 const？可以用到哪种程度 …… 178
补充 const 可以代替 #define 吗 …… 181
3-4-3 typedef …… 181

3-5 其他 185

3-5-1 函数形参的声明（ANSI C 版）………… 185
补充 *K&R* 中关于函数形参声明的说明…… 186
3-5-2 函数形参的声明（C99 版）……………… 188
3-5-3 关于空的下标运算符 [] ………………… 189
补充 定义与声明 ……………………………… 191
3-5-4 字符串字面量………………………………… 192
补充 字符串字面量是 char 的数组 …………… 194
3-5-5 关于指向函数的指针引发的混乱……… 195
3-5-6 强制类型转换……………………………… 196
3-5-7 练习——解读复杂声明 ………………… 198

3-6 请记住：数组与指针截然不同 203

3-6-1 你为什么感到混乱 ……………………… 203
3-6-2 在表达式中 ……………………………… 204
3-6-3 在声明中…………………………………… 206

第 4 章 数组和指针的常见用法 209

4-1 基本用法 210

4-1-1 通过返回值以外的方法返回…………… 210
4-1-2 将数组作为函数的参数传递…………… 211
4-1-3 动态数组——通过 malloc() 分配的可变长数组 ……………………………… 212
补充 其他语言的数组……………………………… 214

4-2 组合使用 216

4-2-1 动态数组的数组…………………………… 216
补充 宽字符 ……………………………………… 223
4-2-2 动态数组的动态数组……………………… 225
4-2-3 命令行参数 ……………………………… 228
4-2-4 通过参数返回指针 ……………………… 230
补充 什么是“双指针”…………………………… 235
4-2-5 将多维数组作为函数的参数传递……… 236
4-2-6 将多维数组作为函数的参数传递（VLA 版）……………………… 237
4-2-7 通过 malloc() 分配纵横可变的二维数组（C99）……………………… 239
补充 C 语言中的多维数组是行优先的 ……… 240
补充 纵横可变的二维数组的 ANSI C 实现 …… 241
补充 Java 和 C# 的多维数组…………………… 242
4-2-8 数组的动态数组…………………………… 243
4-2-9 在考虑可变之前，不妨考虑使用结构体 ……………………………………… 244
4-2-10 可变长结构体（ANSI C 版）………… 246
补充 关于分配可变长结构体时的长度指定…………………………………… 248
4-2-11 柔性数组成员（C99）………………… 248
补充 指针可以指向数组的最后一个元素的下一个元素 ………………………………… 249

第 5 章 数据结构——指针的真正用法 251

5-1 案例学习 1：计算单词的使用频率 252

5-1-1 案例的需求 …… 252
补充 各种语言中指针的叫法 …… 253
补充 引用传递 …… 253
5-1-2 设计 …… 256
补充 关于头文件的写法 …… 259
5-1-3 数组版 …… 261
5-1-4 链表版 …… 265
补充 头文件的公有和私有 …… 271
补充 当需要同时处理多个数据时 …… 272
补充 迭代器 …… 273
5-1-5 添加查找功能 …… 275
补充 翻倍游戏 …… 277
5-1-6 其他数据结构 …… 277

5-2 案例学习2：绘图工具的数据结构 283

5-2-1 案例的需求 …… 283
5-2-2 表示各种图形 …… 284
补充 关于坐标系 …… 285
5-2-3 Shape 类型 …… 286
5-2-4 讨论——还有其他方法吗 …… 289
补充 能保存任何类型的链表 …… 293
5-2-5 图形的组合 …… 294
5-2-6 通过指向函数的指针的数组分配处理 …… 300
5-2-7 通往继承与多态之路 …… 302
补充 将 draw() 放入 Shape 中真的好吗 …… 302
5-2-8 指针的可怕之处 …… 304
5-2-9 那么，指针到底是什么呢 …… 305

第 6 章
其他——拾遗 …… 307

6-1 新的函数组 308

6-1-1 添加了范围检查的函数（C11）…… 308
补充 restrict 关键字 …… 310
6-1-2 无须使用静态存储空间的函数（C11）…… 311

6-2 陷阱 314

6-2-1 整数提升 …… 314
6-2-2 如果在（老式的）C 语言中使用 float 类型的参数 …… 316
6-2-3 printf() 与 scanf() …… 318
6-2-4 原型声明的光与影 …… 319

6-3 惯用写法 321

6-3-1 结构体声明 …… 321
6-3-2 自引用结构体 …… 322
6-3-3 结构体的相互引用 …… 323
6-3-4 结构体的嵌套 …… 324
6-3-5 联合体 …… 325
6-3-6 无名结构体和无名联合体（C11）…… 326
6-3-7 数组的初始化 …… 327
6-3-8 指向 char 的指针的数组的初始化 …… 328
6-3-9 结构体的初始化 …… 329
6-3-10 联合体的初始化 …… 330
6-3-11 指定初始化（C99）…… 331
6-3-12 复合字面量（C99）…… 332

参考文献 334

第 0 章

本书目标与读者对象

0-1 本书目标

在 C 语言的学习中，指针被认为是最大的难点。

在学习指针时，我们经常会听到下面这样的建议。

> “只要理解了计算机的内存和地址的概念，指针什么的就不在话下了。”
> “因为 C 是低级语言，所以先学习汇编语言比较好。”

的确，在理解 C 指针时，如果事先对内存和地址的概念有所了解，就会快很多（至于是否需要学习汇编语言，我表示怀疑）。但是，**仅懂得内存和地址的概念，是无法掌握指针的**。理解内存和地址的概念可能是理解指针的必要条件，但并不是充分条件。这只是“万里长征”的第一步。

观察一下初学者实际使用 C 指针的过程，就会发现很多下面这样的问题。

- 用 `int *a;` 声明指针变量……到这里还挺像样的，可是在将这个指针变量当作指针使用时，依然悲剧地写成了 `*a`。
- 写出了 `int &a;` 这样的声明（←拜托，这又不是 C++）。
- 什么是“指向 `int` 的指针”？指针不就是地址吗？怎么还有“指向 `int` 的指针”“指向 `char` 的指针”，难道它们还有什么不同吗？”
- 当学习到“给指针加 1，指针会前进*2 个字节或 4 个字节”时，可能会有这样的疑问：“指针不就是地址吗？在这种情况下，难道指针不应该是前进 1 个字节吗？”
- “对于 `scanf()`，在使用 `%d` 的情况下，需要在变量前加上 `&` 才能传递参数。可是，为什么在使用 `%s` 时就可以不加 `&` 呢？”
- 当学习到将数组名赋给指针时，将数组和指针混为一谈，犯下“把未分配内存空间的指针当作数组访问”或者“试图把指针赋给数组名”这样的错误。

* 这里所谓的“前进”，严格来说是指指针向高地址方向移动。——译者注

出现以上混乱情形，并不是因为没有理解“指针就是地址”，真正的原因是：

- C 语言奇葩的声明语法
- 数组与指针之间微妙的兼容性

看到我说 C 语言的声明语法奇葩，估计有些读者会不明所以。那么，大家是否有过如下疑问呢？

- 在 C 语言的声明中，[] 的优先级比 * 高，所以 char *s[10]; 这样的声明表示“指向 char 的指针的数组”——弄反了吧？
- 搞不明白 double (*p)[3]; 和 void (*func)(int a); 这样的声明到底应该怎样阅读。
- int *a; 表示把 a 声明为“指向 int 的指针”，但表达式中的 * 却也可以对指针进行解引用。明明是一样的符号，为啥意思却相反？
- int *a 和 int a[] 在什么情况下可以互换？
- 空的 [] 可以在什么地方使用，代表的又是什么意思？

本书就是为了对这样的疑问给出解答而编写的。

坦白地说，我也是在使用 C 语言好几年之后，才真正明白声明的语法的。

我不愿意承认自己技不如人，所以总是认为实际上只有极少的人能够精通 C 语言中的声明。毕竟，我自己在掌握 C 语言声明之前，已经勤勤恳恳地码了好几年代码了。即便是自认为“C 语言很简单嘛，指针我也已经完全掌握了”的各位看官，其实也可能只是知其一不知其二。

例如，你知道下面这些事实吗？

- 在引用数组中的元素时，a[i] 中的 [] 其实跟数组没半点关系。
- C 语言中不存在多维数组。

如果你在书店看到这本书，翻看几页后心想“什么呀？简直是奇谈怪论！”而默默地又把书放回书架了，那么你恰恰需要阅读本书。

因为 C 语言是模仿汇编语言的低级语言，所以要想理解指针，就必须理解内存和地址的概念——当听到这种说法时，你可能会认为：指针是 C 语言所特有的、底层而邪恶的功能。

事实并非如此。C 指针的确有其底层而邪恶的一面，但一般来说，指针也是构造链表、树形结构等数据结构所不可或缺的概念。如果没有它，就没法写出像样的应用程序。因此，只要是成熟的编程语言，就毫无疑问地存在指针。Pascal、Java、C#、Lisp、Ruby 和 Python 都是如此。虽然 Java 在一开始的时候宣称“Java 没有指针”，不过那只是以讹传讹而已，如今已经没什么人相信这种话了。

本书也会涉及指针的真正用法——构造数据结构。

指针是成熟的编程语言中必不可少的一个概念。

那么，为什么 C 语言的指针格外地晦涩难懂呢？这是拜 C 语言混乱的声明语法，以及指针和数组之间微妙的兼容性所赐。

本书将阐明 C 语言混乱的语法，先讲解 C 语言特有的指针用法，然后讨论 C 语言和其他语言通用的普遍的指针用法。

0-2 读者对象与内容结构

本书的读者对象为：

- 粗略地读过 C 语言的入门书，但对指针还是不太理解的人。
- 平时能够对 C 语言运用自如，但实际上对指针理解得还不够透彻的人。

本书并非 C 语言的入门书，所以关于编译方法、if 语句等就不进行说明了。很抱歉，有这方面学习需求的朋友请自行购买其他书。

本书的内容结构如下所示。

第 1 章：打好基础——预备知识和复习
第 2 章：做个实验——C 语言是怎样使用内存的
第 3 章：语法揭秘——它到底是怎么回事
第 4 章：数组和指针的常见用法
第 5 章：数据结构——指针的真正用法
第 6 章：其他——拾遗

第 1 章和第 2 章主要面向初学者，从“指针就是地址”这个观点开始讲解。

地址是一个通过 printf() 即可亲自确认其实际值的概念，非常具体且容易理解。通过在自己的机器上实际输出指针的值，可以相对简单地领悟指针的概念。

首先，第 1 章会对 C 语言的发展过程（C 是怎样“沦落”到现在这种样子的）、指针以及数组进行说明。

初学者一定会感到纳闷：为什么非用指针这个东西不可呢？有些入门书甚至将 a[i] 这样已经用数组写好的程序，特地重写成 *p++ 这样的指针运算形式，还说什么“这才是 C 语言的风格”。

> C 语言的风格？或许的确可以这么说，但是以此为由炮制出来的难懂的写法，到底好在哪里？什么？执行效率高？这是真的吗？

产生这些疑问是正常的，甚至可以说，这么想就对了。

一些老的 C 语言书（特别是 1-1 节提到的 C 语言“圣经”*K&R*[*]）多以使用指针运算的程序作为例题进行讲解，但实际上，如今看来非常地晦涩难懂。而了解了 C 语言的发展过程，就能理解 C 语言为什么会有指针运算这样奇怪的功能。

* *K&R* 指的是《C 程序设计语言》一书。——编者注

除此之外，我们还会讲到初学者前进路上的绊脚石——数组和指针的那些容易让人混淆的语法。

第 2 章将介绍 C 语言实际上是怎样使用内存的。

这里同样采用直观的方式将地址输出。请有 C 语言运行环境的读者务必实际输入示例程序，并尝试运行。

对于普通的局部变量、函数的参数、`static` 变量、全局变量和字符串字面量（用 "" 引住的字符串）等，了解了它们在内存中是如何保存的，就可以理解 C 语言的各种行为。

遗憾的是，大部分 C 语言程序甚至可以说完全没有执行运行时检查。如果在写入时发生数组越界，立刻就会引发内存损坏。虽然这类 Bug 很难避免，但知道了 C 语言怎样使用内存之后，至少可以在一定程度上推断出这类 Bug 的原因。

第 3 章将介绍与数组和指针相关的 C 语言语法。

C 语言到底为什么总被人抱怨“指针很难”呢？我们已经多次提到过，“指针就是地址”这个说法其实挺容易理解的，之所以说指针难，主要是因为 C 语言中数组和指针的语法太过混乱。

C 语言的语法乍一看比较严谨，实际上却存在很多例外情形。

那些我们常用的语法究竟是遵循什么规则运用的？哪些语法需要特殊对待？对于这些问题，第 3 章中将给出明确的回答。

那些自认为是 C 语言老手的读者，请信我一次，务必读一读第 3 章。

第 4 章是实践篇，将举例说明数组和指针的常见用法。理解了这部分内容，对付大多数程序应该不成问题。

对于第 4 章所举的例子，经常使用 C 语言的读者可能会很熟悉。但是，即便是平时都在使用这里介绍的写法的读者，对语法的理解也并不一定透彻，或者大多数情况下只是照着以前见过的代码“依葫芦画瓢”罢了。

读完第 3 章再读第 4 章的话，对于那些用惯了的写法，你会发现：“哦，原来是这个意思啊！”

另外，初学者就能够理解“指向指针的指针”（也有人称之为双指针）等并不是什么高深莫测的东西，只是单纯地将指针的用法组合起来了而已。

第 5 章将介绍指针真正的用法——数据结构的基础。

到第 4 章为止所举的例子基本上都是 C 语言所特有的，而第 5 章会涉及其他语言里也有的指针的话题。

无论使用什么语言，数据结构都是重中之重。在用 C 语言构造数据结构时，结构体和指针起到了至关重要的作用。

如果读者在学习 C 语言时不仅觉得指针难懂，连结构体也搞不太清楚，请务必阅读这一章。

第 6 章将对前几章未覆盖到的知识点进行补充说明，列举一些陷阱以及惯用语法。

本书与其他同类书相比，相当注重语法细节。

说到语法，不知为何总给人一种“就算不知道也没啥问题”的印象，就像人们经常批判日本的英语教学过于注重语法一样。的确，我们早在学会日语的动词变形之前就已经会说日语了嘛。

但是，C 语言并非日语这样复杂的自然语言，而是一门编程语言。

要按照语法来解释自然语言是很困难的。比如，在你申请客户办公室的访客证时，输入的是“fangkezheng”，却被输入法识别为“房客证”。编程语言只不过是用人类想出来的语法进行编写，并由所谓编译器的程序进行解释而已。

> “大家都这么写，那我这么写应该也能跑起来吧！”

这种想法真让人感到些许悲哀呢。

我希望不只是初学者，有一定经验的程序员也务必阅读一下本书。在深入理解了 C 语言的语法之后，对于那些迄今为止一直使用的惯用写法，想必就能够释然接受了吧。

反正都是要用的，那就做到“知其然知其所以然”吧。这样才有益于身心健康嘛。

关于本书的支持页面

本书的支持页面如下所示，书中所用的源代码可以从该页面下载。

ituring.cn/book/2638[①]

对于本书提供的源代码，无论是否用于商用用途，都可以自由地复制、修改、重新发布。但是，为了防止混乱，请在重新发布时注明是修改版。

声　明

- 本书中出现的产品名称等一般为各公司的注册商标或商标。
  正文中未使用™和 ® 等对其予以明确标记。
- 本书仅以提供信息为目的。请读者基于自己的判断使用本书。对于执行本书示例程序导致的损失等，出版社及作译者概不负责，敬请知悉。

① 请至“随书下载”处下载本书源代码。另外，关于与本书内容有关的链接，请点击页面下方的“相关文章”查看。
——编者注

第 1 章

打好基础

——预备知识和复习

1-1 C 语言是什么样的语言

1-1-1 C 语言的发展历程

众所周知，C 语言原本是为了开发 UNIX 操作系统而设计的语言*。

如此说来，似乎 C 语言应该比 UNIX 更早问世，但实际上并非如此。最早期的 UNIX 并不是用 C 语言开发的，而是用汇编语言开发的。

汇编语言几乎可以说是与机器语言一一对应的语言。例如，对于从 1 加到 100 的程序，C 语言代码如代码清单 1-1 所示，而汇编语言代码则如代码清单 1-2 所示。

* 在如今，Linux 比 UNIX 更有名。Linux 是由林纳斯·托瓦兹（Linus B. Torvalds）重写的类 UNIX 操作系统。

代码清单 1-1 assembly.c

```
int i;
int sum = 0;

for (i = 1; i <= 100; i++) {
    sum += i;
}
```

代码清单 1-2 assembly.s（节选自以C语言代码为基础，在x86-64的Linux环境里通过gcc的-S选项输出的代码）

```
        movl    $0, -4(%rbp)        ← 将0赋给代表变量sum的内存空间的-4(%rbp)
        movl    $1, -8(%rbp)        ← 将1赋给代表变量i的内存空间的-8(%rbp)
        jmp     .L2                 ← 跳转到标签L2处
L3:
        movl    -8(%rbp), %eax      ← 将变量i的值赋给寄存器eax
        addl    %eax, -4(%rbp)      ← 将寄存器eax的值加上变量sum
        addl    $1, -8(%rbp)        ← 变量i加1
L2:
        cmpl    $100, -8(%rbp)      ← 比较变量i和100
        jle     .L3                 ← 当比较结果为i<100时，跳转到标签L3处
```

在汇编语言代码的旁边有简单的说明，不过现在没必要去理解它。看过

代码清单 1-2 之后，就不难想象要用汇编语言写大型程序会多么地不容易。更何况，汇编语言还因 CPU 而异，不具备可移植性。

UNIX 之父肯·汤普森（Ken Thompson）考虑到不能再使用汇编语言来开发 UNIX 了，因而开发了一种称为 B 的语言。B 语言是剑桥大学的马丁·理查兹（Martin Richards）于 1967 年开发的 BCPL（Basic CPL）的精简版。BCPL 的前身是 1963 年剑桥大学与伦敦大学共同研究开发的 CPL（Combined Programming Language，组合编程语言）。

B 语言不直接生成机器码，而是先由编译器生成供栈式机使用的中间代码，然后由解释器来运行（类似于 Java 或者 UCSD Pascal）。因此，B 语言的运行十分耗时，最终人们放弃了在 UNIX 中使用它。

1971 年，肯·汤普森的同事丹尼斯·里奇（Dennis Ritchie）对 B 语言进行了改良，增加了 `char` 数据类型，并且使之能够直接输出 PDP-11 的机器码。B 语言曾在很短的一段时间内被称为 NB（New B）。

后来，NB 被改称为 C——C 语言诞生了。

当时大家都用汇编语言来编写操作系统这样的程序，早期的 UNIX 也是用汇编语言编写的，但如上所述，对于汇编语言，不论是编写还是维护，抑或是移植，都非常困难。因而，1973 年肯·汤普森用 C 语言几乎重写了整个 UNIX。

总的来说，C 语言是一线开发人员为满足自己的使用需求而创造出来的语言。之后 C 语言也主要是迎合使用 UNIX 的程序员的需求，一边接受各方的意见建议，一边**顺其自然**地不断扩展着各种功能。

然后，C 语言迎来爆炸式的普及，除了操作系统，还广泛应用于应用程序的开发。不过，希望大家牢记，**C 语言一开始只是汇编器的替代品**（至今还有人揶揄其为“结构化的汇编器”）。

补充 是汇编语言还是汇编器

上文中同时出现了“汇编语言”和“汇编器”两个词，这并非是作者和编辑粗心大意。

众所周知，计算机（CPU）只能执行机器语言。而因为机器语言只是单纯地罗列数字，所以人类是很难读写的*。在用机器语言写程序时，实际上是先编写跟机器语言一一对应的汇编语言代码，然后手工改写成机器语言（称为手工汇编），或者由被称为汇编器的程序改写成机器语言。也就是说，把汇编语言重写成机器语言这项工作称为汇编，而自动

* 不过以前也经常会有“大神”手工读写机器码。

实现该功能的程序叫作汇编器。作为一种习惯，“用汇编语言写程序”就意味着“用汇编器来写”，所以也可以说成是“用汇编器写程序”。

对于汇编前的语言，现在通常称为“汇编语言”，有时也可以称为“汇编器语言”。从前，JIS* 将它规定为“汇编器语言”，如今在信息处理工程师考试的大纲里依然保留着“汇编器语言”的称呼（2016 年 10 月的版本）。因此，这两个词可以认为是同一个意思。

* JIS 是 Japanese Industrial Standards（日本工业标准）的简称。——译者注

补充 B 语言是什么样的语言

C 语言的入门书中经常会提到，C 语言是 B 语言的进化版，但几乎所有的书对 B 语言的介绍就仅此而已，并没有具体说明 B 语言究竟是一门什么样的语言。

如前所述，B 语言是在虚拟机上运行的解释型语言，但它并没有像 Java 那样追求“到处运行”（Run anywhere）的崇高目标，而是因为受到最初运行 UNIX 环境的 PDP-7 的硬件限制，只能使用解释器这样的实现方式。

B 语言是“没有类型”的语言。现在一提到没有类型的语言，人们就会想到 JavaScript、Python、Ruby 等“变量没有数据类型，什么类型的值都能进行赋值”的语言，但 B 语言并不是这样的，它只能使用 `word` 类型（即依赖于硬件种类来确定位数的整数类型。在 PDP-11 上是 16 位）。对于本书的主题——指针，在 B 语言中也是和整数一样处理的。指针，简而言之就是内存中的地址，因而在有的机器中也可以当作整数类型来处理（关于这一点，本章会详细介绍）。

关于 B 语言的语法，可以参考论文“User's Reference to B”。看到该论文中的示例程序，你就会发现 B 语言中已经出现了像 `adx = &x1` 和 `x = *adx++` 这类在现今的 C 语言里也能看到的写法。

作为 B 语言的进化版，NB 是具有数据类型的语言。为了把指针和整数混为一谈的 B 移植到 NB，丹尼斯 · 里奇在指针的处理上下了很大功夫。C 语言的指针变得如此纷繁复杂，可能也有这方面的原因。

1-1-2 不完备和不统一的语法

C 语言是开发现场的人们根据自己的需求创造出来的，所以具备极强的实用性。但从人类工程学的角度来看，它就不是那么完美了。

比如，相信大家都犯过下面这样的错误。

```
if (a = 5) { ⬅把本该写成==的地方写成了=
```

在日语键盘上，“-”和“=”是同一个按键，因此经常会发生下面的问题。

```
for (i - 0; i < 100; i++) { ⬅忘记同时按下Shift键
```

即便是这种情况，编译器也往往并不报错。现在的编译器可能会给出警告，但是早期的编译器对这样的错误是全部无视的。

使用 switch case 时忘记写 break 也是易犯的错误。

幸运的是，对于易犯的语法错误，现在的编译器已经可以在很多地方给出警告了。因此，无视编译器的警告是不行的。我们应该尽可能提高编译器的警告级别，使编译器能够指出尽可能多的错误。

换句话说，在编译器给出错误和警告时，不要抱怨：“净给我找事儿，这个混蛋!”而是应该心怀感激地说一声：“谢谢您了，编译器先生。”然后认真地把 Bug 修改掉。

要点

尽可能调高编译器的警告级别。

不可以无视或者阻止编译器的警告。

1-1-3 C 语言“圣经”——*K&R*

被称为 C 语言“圣经”的 *The C Programming Language*[1] 第 1 版发行于 1978 年。

人们将布莱恩·柯林汉（Brian Kernighan）和丹尼斯·里奇（Dennis

Ritchie）两位作者的英文名首字母合起来，称该书为 *K&R*。在后面提到的 ANSI 标准制定之前，该书一直被作为 C 语言语法的参考基准使用。

据说在最初发行该书时，出版方，即英国培生出版社曾预估在当时的 130 个 UNIX 站点里，平均每个站点可以卖出 9 本（摘自 *Life with UNIX*[2]）。

结果，仅 *K&R* 第 1 版的销量就比培生出版社最初的预计多出了 3 位数*。原本只是为了满足自己的需求而开发的 C 语言，历经坎坷，最终成为全世界广泛使用的开发语言。

* 根据亚马逊上的本书试读章节，截至 2008 年 9 月 20 日，*K&R* 第 2 版仅日文版就已经印刷 321 次了！这个行业的图书能有这样的业绩，确实称得上现象级畅销书。

之后，在 1989 年，也就是 ANSI C 正式发布前不久，*K&R* 第 2 版问世，并成了 ANSI C 的依据。

在 ANSI C 尚未出现之时，*K&R* 是事实上的 C 语言标准，因此也有人将 ANSI C 之前的旧式 C 语言称为“K&R C”。不过考虑到目前在售的 *K&R* 是 ANSI C 的依据，这种叫法容易遭人误解。因此，在本书中，在提到 ANSI C 之前的 C 语言时，我们还是尊重事实，称之为“ANSI C 之前的 C 语言”。

另外，本书在下文提到 *K&R* 时，指的是日文版的第 2 版*。

* 中文版请参考《C 程序设计语言（第 2 版）》。——译者注

K&R 多年以来都被奉为 C 语言“圣经”。的确，书中附录 A 和附录 B 精心整理了 C 语言的规范和标准库，使用起来十分便利，但可能由于该书的定位是入门书，所以正文部分写得不够严谨，其中有些表述容易遭人误解或不够准确。特别是例题中的示例程序，以目前的眼光来看，我觉得相当不合适。

话虽如此，作为一名 C 程序员，就算是为了了解 C 语言的历史，也应该买一本放在书架上。但要是打算靠这一本书来理解 C 语言，即便说不上鲁莽，对大多数人来说也是低效的。更何况，这本书也不支持后面我们要讲的那些新标准（C95、C99 和 C11）。

1-1-4 ANSI C 之前的 C 语言

ANSI C 标准制定于 1989 年，其实已经非常陈旧了。或许有人会觉得，比这还要陈旧的 C 语言知识，学了可能也没什么用。实际上我也这么觉得，但老式的 C 语言规范对现在的 C 语言也是有一定影响的，所以我们还是耐着性子看一下吧。

在 ANSI C 制定之前，C 语言一直在不断扩展。

比如关于结构体的整体赋值，虽然 *K&R* 第 1 版里并没有介绍，但其实在 *K&R* 出版之前，这个功能就已经在丹尼斯 · 里奇的 C 编译器里实现了。从某种意义讲，*K&R* 第 1 版刚出版就已经过时了。不过，这在计算机图书界是常有的事。

在 ANSI C 里，变化比较大的是函数定义的语法和原型的声明。

在 ANSI C 制定之后，函数定义是下面这样的。

```
void func(int a, double b)
{
   ⋮
}
```

而在 ANSI C 之前的 C 语言中则是下面这样：

```
void func(a, b)
int a;
double b;
{
   ⋮
}
```

说起来，关于 C 语言中花括号 {} 的位置，有人是像下面这样，写在 `if` 等语句的右边（这是 *K&R* 里面的书写风格，所以这里称之为“K&R 风格”）。

```
  if (a == 0) {
```

可是在函数定义的时候，他们又把 { 写在了代码行的开头，这让人很是困惑*。其实这是 ANSI C 之前的 C 语言写法的遗留问题（也因为有些工具以代码行开头的花括号作为判断函数起始的依据）。

* 毕竟，Java 等语言的方法定义也是把 { 写在右边的。

此外，老式的 C 语言里没有函数的原型声明。如果在 ANSI C 里写出如下原型声明，那么在调用该函数时，当参数的个数或类型发生错误时，编译器会报错。

```
void func(int a, double b);
```

但是，因为老式 C 语言里没有这个功能，所以正确指定参数的责任就落在了程序员身上。如今看来，这是一个非常危险的规则，但说到底，那时候的 C 语言只是汇编器的替代品，所以没人觉得不妥。

然而，对于有返回值的函数，假如不明确其返回值的类型，编译器就无法生成接收返回值的那部分的机器码。因此，比如对于三角函数 `sin()`，就需要像下面这样，仅声明返回值的类型*。

* 如果不声明，该函数就会作为整体被当作返回 int 的函数处理。

```
double sin();  ⬅请注意，括号中是空的
```

在现代的 C 语言里，在声明没有参数的函数原型时，必须像下面这样在括号里写上 void。

```
void func(void);
```

这是为了与老式 C 语言的函数声明兼容（为了区别到底是由于使用老式声明而不进行参数检查，还是在明确指出该函数不接收参数）*。

* C++ 放弃了兼容老式 C，所以不需要这个 void。

1-1-5 ANSI C（C89/90）

如前所述，*K&R* 第 1 版里并没有记载在它出版后才实现的功能，其中的介绍也不一定就是严密的，因此程序的动作会因运行环境的不同而有所差异。

鉴于这些情况，经过一番争论，终于在 1989 年，美国国家标准学会（American National Standards Institute，ANSI）通过了 C 语言的标准规范。

顾名思义，美国国家标准学会是美国的标准。ANSI C 后来被国际标准化组织（International Organization for Standardization，ISO）采用，成为标准 ISO/IEC 9899:1990*。由于 ANSI C 发布于 1989 年，而 ISO 的标准发布于 1990 年，所以这个版本的 C 有时被称为 C89，有时被称为 C90。看上去有些混乱，其实内容都一样。

* 相应的中国国家标准为 GB/T 15272-1994。——译者注

由于 C89 和 C90 的称呼容易与后面将介绍的 C95 和 C99 混淆，所以本书将该版本的 C 叫作 ANSI C*。

* 事实上，C95、C99 和 C11 都是经过 ANSI 认可的标准，但通常在提到 ANSI C 时，指的是 C89 和 C90，所以本书也仿而效之。

随后，ISO/IEC 9899:1990 被日本的 JIS 标准采用，成为 JIS X3010:1993。

1-1-6 C95

ISO/IEC 9899:1990 于 1995 年增加了处理宽字符的库，成为 ISO/IEC 9899/AMD1:1995。所谓 AMD1，是指 Ammendment1，其中的 Ammendment 是“标准的修正”的意思。

这次修订增加了可以处理**宽字符**、实现宽字符和**多字节字符**的转换的函数集。

在 C 语言中，字符串基本上就是 char 的数组，而 char 类型的长度为 1 个字节（通常是 8 位）。对美国人来说，这就已经能够满足使用需求了，但因为我们使用汉字等多种字符，所以无法用 1 个字符对应 1 个字节来表示。

我们多使用 GB2312、GBK 或 UTF-8 这些字符编码，用多个字节构造中文的字符串。例如“"abc 一二三四五"”这个字符串，如果用 GB2312 表示，那么“abc”的部分是 1 个字符对应 1 个字节，而“一二三四五”的部分是 1 个字符对应 2 个字节，这种表示方法就是多字节字符串。但是在使用这种方法的情况下，每个字符的长度都是可变的，因此在以字符为单位分割字符串时会很麻烦。例如我们要制作一款文字编辑器这样的程序，那么在前后移动光标时，就无法立刻辨别表示字符位置的变量到底是要移动 1 个字节，还是要前进 2 个字节。

因此，宽字符适时登场。如果使用宽字符，就可以用固定长度的 wchar_t 类型来定义单个字符。wchar_t 类型早在制定 ANSI C 时就已经被定义过了，但实际使用它的输入输出函数以及转换函数在 ISO/IEC 9899/AMD1:1995 中才被定义。

C95 并非主流称呼，而且后来的 C99 里也包含了这里增加的函数，所以无须区别对待 ISO/IEC 9899/AMD1:1995。只不过对于我们来说，不可避免地要处理汉字字符，所以这里简单介绍了一下。

长久以来，“C 的字符串就是 char 的数组”算是一个常识，但现在这一常识已经被打破了。不过，考虑到大部分读者是初学者，所以本书总体上还将基于“C 的字符串就是 char 的数组”来讲解。

1-1-7　C99

C99 是 1999 年 12 月 1 日由 ISO 制定的 C 语言标准，其正式名称为 ISO/IEC 9899:1999。

在标准制定之前，C99 的代号为 C9*x*。之所以起这个代号，是因为当初预计该标准可以在 20 世纪 90 年代中期确定。可是，最终决策直到 1999 年 12 月才完成，真是一直争论到了最后一刻。不过到底是没白争论这么久，C99 最终增加了许多功能，如下所示。

- 以 // 开头的单行注释（C++ 从前就有这个写法）
- 变量也可以不在代码块的开头声明（这也是 C++ 从前就有的功能）
- 预处理器的功能扩展、可变长参数等
- 增加了复数类型、_Bool 类型
- 对类型定义更加严格。废除了如 1-1-4 节的注释里所说的“没有声明的函数就返回 int”等规则*
- 指定初始化器（6-3-11 节）
- 复合字面量（6-3-12 节）
- 可变长数组（Variable Length Array，VLA）
- 柔性数组成员

* *K&R* 开头的程序“hello, world.”并没有在 main() 中指定返回值的类型，这是违反 C99 的语法的。

本书是关于数组和指针的，所以将重点讲解最后两项，即可变长数组和柔性数组成员。不过，由于并不是所有读者都使用 C99 的运行环境，所以对于 C99 特有的功能，我们会在编程时明确指出。

C99 也为 JIS 标准所采用，其标准号为 JIS X3010:2003。从日本标准协会的网页上可以购买其纸质版或 PDF 版。

在本书中，当“标准”一词单独出现时，特指 JIS X3010:2003，因为其标准文档是目前最容易获取的。

另外，虽然该标准文档的 PDF 版可以从网页下载，但为了防止不法之徒通过廉价出售大量复制的文件牟利，文档的每一页上都会嵌入购买者的姓名。说句题外话，个人希望除了 JIS 的标准文档，电子书也能尽量采取这种形式出售，以满足读者在其他终端上阅读或备份的需求。

1-1-8 C11

C11 是 2011 年 12 月 8 日制定的 C 语言标准，其正式名称为 ISO/IEC 9899:2011，这是截至 2017 年的最新版本*。

* 现行的 C 语言标准是 ISO/IEC 9899:2018，发布于 2018 年 7 月。——编者注

C11 里增加了多线程支持、Unicode 支持以及无名联合体等功能，不过这些功能和本书的主题——数组和指针关系不大。关于库函数的部分内容，我们将在 6-1 节讲解。

C11 的标准文档目前还未经 JIS 处理，因而只有英文版。我们可以从 ISO 的 Web 站点购买 PDF 版，草案可以从开放标准网下载。

1-1-9 C 语言的理念

ANSI C 标准附有一份 Rationale（理论依据）文件资料（但它并非该标准的一部分）*。

* 对于以下引用部分，C99 版与当初的 ANSI C 是一样的。

其中提到了“Keep the spirit of C”（保持 C 的精神），关于“C 的精神”是这样介绍的：

- 相信程序员（Trust the programmer.）
- 不要阻止程序员做应该做的（Don't prevent the programmer from doing what needs to be done.）
- 保持语言的小巧和简单（Keep the language small and simple.）
- 对每种操作仅提供一种方法（Provide only one way to do an operation.）
- 即使损失可移植性，也要追求运行效率（Make it fast, even if it is not guaranteed to be portable.）

开头两点最重要——好吧，这么胡闹的事情还真能说出口。

C 是危险的语言。一着不慎全盘皆输的陷阱随处可见。

尤其是，可以说几乎所有的 C 语言实现都没有进行运行时检查。例如，在向超出数组范围的地址执行写入操作时，现在大部分语言可以当场报错，但 C 语言的大部分运行环境却是默默地执行写入操作，最终导致无关区域的内存数据遭到破坏。

C 语言是基于**程序员无所不能**的理念设计出来的。在设计 C 语言时，优先考虑的是：

- 如何才能简单地实现编译器（而不是让 C 语言的使用者能够简单地编程）
- 如何才能写出能够生成高效率的执行代码的程序（而不是优化编译器，使之生成高效率的执行代码）

而安全性的问题被完全忽略了。不管怎么说，C 语言原本就只是 UNIX 的开发者为了满足自己的使用需求而开发出来的。

幸运的是，如今的操作系统可以在程序明显出现问题时立刻终止程序运行。UNIX 会报出“段错误”（segmentation fault）或“总线错误”（bus error）这类错误提示，而 Windows 则会弹出“xx.exe 已停止工作”这样的消息。

同样，这时也不能抱怨“净给我找事儿，这个混蛋!”而应该心怀感激地说一声:“谢谢您了，操作系统先生!”然后认真地去调试。

话虽如此，靠操作系统来终止程序，说到底是沾了运气好的光。在程序明显是要访问奇怪的内存位置时，操作系统多半会替我们终止程序的运行。但麻烦的是那种在只越界几个字符的位置进行写入的情况。要追踪这类 Bug 非常困难，因为这些错误的症状很少会马上显现。

第 2 章将说明 C 语言具体是怎样使用内存的。理解了这一点，对解决此类 Bug 多少会有些帮助。

要点

操作系统帮助我们终止程序，这是运气好的情况。
麻烦的是操作系统无法终止的“一点点的”内存空间损坏。

1-1-10 C 语言的主体

这里先出个题目考考大家。

请从下面的单词中，选出 C 语言规定的关键字（保留字）。

```
if  printf  main  malloc  sizeof
```

正确答案是 if 和 sizeof。

“printf 和 malloc 不必多说，连 main 也不是 C 语言的关键字吗?”

有这样想法的读者，请拿起手头的书查一查。相信大部分 C 语言入门书会给出 C 语言的关键字列表。

C 语言之前的许多语言把输入输出作为语言自身功能的一部分。比如 Pascal 是用 write() 这样的标准过程* 来实现相当于 C 语言的 printf() 功能的。Pascal 的语法规则对它有特殊处理*。

与此相对，C 语言将 printf() 这样的输入输出功能从语言主体剥离，使之成为单纯的库函数。对于编译器来说，printf() 函数和一般程序员所写的函数并无差异*。

在程序员看来，输入输出只需调用一下 printf() 即可实现，但其实背后的处理相当复杂，需要向操作系统提出各种各样的请求等。C 语言并没

* Pascal 中有函数（function）和过程（procedure）两种概念，write() 属于标准过程。——译者注

* 根据 JIS X3008 中 6.6.4.1 的备注内容，“标准过程及标准函数不一定遵从过程和函数的一般规则”。

* 现在也有可以帮我们检查 printf() 的参数的编译器。

有把这类复杂处理归拢在语言主体里，而是全都放到了库里。

很多编译型语言会将被称为“运行时例程”（run-time routine）的机器码“悄悄地”嵌入编译（链接）后的程序中。输入输出这样的功能就包含在运行时例程里。但 C 语言里几乎没有必须要“悄悄地”嵌入运行时例程的复杂功能*。由于稍微复杂一点的功能全都被封装到了库里，所以程序员只需显式地调用函数。

* 当初在 PDP-11 的运行环境上，似乎是悄悄地嵌入了 32 位的乘除运算，以及处理函数入口和出口的运行时例程。

这既是 C 语言的缺点，也是它的优点。正因为这个优点，C 语言程序开发和学习才变得容易了一些。

1-1-11 C 语言曾是只能使用标量的语言

对于**标量**（scalar）这个词，大家可能有些陌生。

简单地说，标量指的就是 char、int、double、枚举型等算术类型以及指针。相对地，像数组、结构体和联合体这样由多个标量组合而成的类型，我们称为**聚合类型**（aggregate）。

早期的 C 语言**能够一起处理的只有标量**。

我经常听到初学者有以下疑问。

> if (str == "abc")
> 写了这样的代码，但是无法运行。我确实已经把 abc 赋给 str 了，但是条件表达式就是无法判为真。为什么呢？

对于这个疑问，可以给出这样的回答：“这个表达式并没有进行字符串的比较，只是比较了指针。”除此之外，我们也可以换一个角度来说明：

> 字符串其实就是 char 类型的数组，也就是说它不是标量，所以在 C 语言中不能用 == 一下子对数组里的所有元素进行比较。

说到早期的 C 语言能够一起实现的功能，那就只有将标量这种“小巧的”类型从右边放到左边（赋值），或者标量之间的运算、标量之间的比较等。

C 就是这样一门语言，输入输出自不必说，就连数组和结构体，C 也放弃了通过语言自身的功能进行整合利用。

但是，得益于以下几个功能，ANSI C 中能够整合利用聚合类型了。

- 结构体的整体赋值
- 将结构体作为函数参数传递
- 将结构体作为函数返回值返回
- auto 变量的初始化

这些当然都是非常便利的功能，虽然如今这些功能都可以积极地使用了（不如说是应该使用），但在早期的 C 语言里，根本没有这些功能。在理解 C 语言的基本原则时，以早期的 C 语言为基准来理解也不是什么坏事。

特别要指出来的是，别说 ANSI C 了，即便是 C99 和 C11，也还不能做到对数组进行整合利用。将数组赋值给另外一个数组，或者将数组作为参数传递给其他函数等做法在 C 语言中是不存在的。

但是，因为结构体是可以被整合利用的（但不能进行比较），所以在实际的编程中，应该积极地使用其可用的功能*。

* 话虽如此，在将结构体当作参数传递时，如果结构体的长度太长，在运行效率上可能会出现问题。

1-2 内存和地址

第 0 章里提到：

> 的确，在理解 C 指针时，如果事先对内存和地址的概念有所了解，就会快很多（至于是否需要学习汇编语言，我表示怀疑）。但是，**仅懂得内存和地址的概念，是无法掌握指针的**。理解内存和地址的概念可能是理解指针的必要条件，但并不是充分条件。这只是“万里长征”的第一步。

既然内存和地址的概念是理解指针的必要条件，那么下面就来了解一下它们。

1-2-1 内存和地址

现在的计算机主要将动态随机存取存储器（Dynamic Random Access Memory，DRAM）用作**主存储器**。DRAM 又称为“动态 RAM”，它可以根据一种非常小的电容的充电情况（充电或未充电）* 来表示数据是 0 还是 1。

* 由于电容太小，因而电能过一段时间就会释放殆尽，所以需要定期重写（刷新），动态 RAM 就是由此得名的。

因为可以用 1 位表示数据是 0 还是 1，所以如果使用 **2 进制数**，就可以用 8 位表示 0 ~ 255 的数值。平时我们使用的 10 进制数的 1 位由 0 ~ 9 表示，逢 10 进位，而 2 进制数的 1 位由 0 ~ 1 表示，逢 2 进位。但是，2 进制数的位数太长，难以处理，所以人们也经常使用另一种方便阅读的表示方法，即 **16 进制数**。通过对 2 进制数每 4 位读取 1 次，可以将其转换成 16 进制数。由于 16 进制数的 1 位需要由 0 ~ 15 来表示，为避免与 10 进制数字混淆，所以需要使用字母 A ~ F（表 1-1）。

表 1-1
10 进制数、2 进制数和 16 进制数

10进制数	2进制数	16进制数
0	0	0
1	1	1
2	10	2
3	11	3
4	100	4
5	101	5
6	110	6
7	111	7
8	1000	8
9	1001	9
10	1010	A
11	1011	B
12	1100	C
13	1101	D
14	1110	E
15	1111	F

10进制数	2进制数	16进制数
16	10000	10
17	10001	11
18	10010	12
19	10011	13
20	10100	14
21	10101	15
22	10110	16
23	10111	17
24	11000	18
25	11001	19
26	11010	1A
27	11011	1B
28	11100	1C
29	11101	1D
30	11110	1E
31	11111	1F

现在大部分计算机是以 8 位为一个单位处理数据的，我们称之为**字节**（byte）。将多个可表示 1 字节的内存排列起来，就可以表示与所排列的字节数相对应的信息。比如某计算机的内存为 16 GB，这里的 16 GB 就是指 16 000 000 000（160 亿）个* 可表示 1 字节的内存的排列——如此大容量的内存只要 1 万多日元就能买到，我们真是赶上了一个了不起的时代。

为了对内存进行读写，必须指定要访问的是庞大的内存空间里的哪个位置，这时使用的就是**地址**（address）。现在仅考虑以下情况：内存中的每个字节都有一个地址，地址编号从 0 开始顺序递增*（图 1-1）。

* 由于 1 GB = 1024 MB，1 MB = 1024 KB，所以准确来说这里应该是 17 179 869 184 字节。

* 实际上，这种地址是**物理地址**，与现代计算机中程序员一般使用的地址（**虚拟地址**）是不同的。关于虚拟地址，请参考 2-1 节。

图 1-1
内存和地址

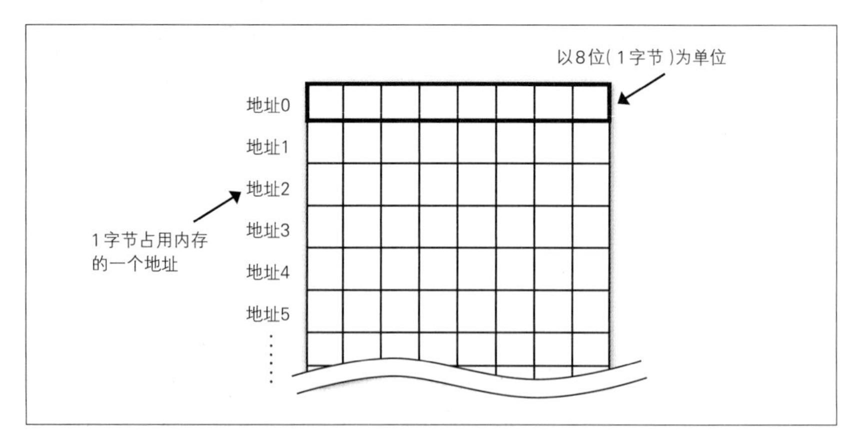

虽然 1 字节（8 位）只能表示 0 ~ 255 的数，但只要增加 1 位，可表示

的数就会倍增，所以可以将多个字节组合起来，比如使用 2 字节（16 位）表示 0 ~ 65 535 的数，使用 4 字节（32 位）表示 0 ~ 4 294 967 295 的数。

由于地址也是由 2 进制数组成的，所以 32 位计算机（32 位的操作系统的计算机大多如此）只有 4 GB 的寻址能力。“32 位计算机不支持 4 GB 以上的内存”说的就是这个意思。近年来 64 位计算机（64 位的 CPU 和操作系统的计算机）也已普及，其寻址空间可达 2^{64} 字节，即约 1680 万太字节（TB）*。

* 话虽如此，实际上为了节省电路，64 位的计算机上无法配置那么多的内存。从现实情况来看，也没有那个必要。

1-2-2 内存和变量

C 程序里使用的变量值是保存在内存中的。

也就是说，各个变量都被分配了某个地址的内存。向变量赋值，就是把值保存在这个地址的内存中。

在 C 语言中，单是保存整数的变量就有诸如 `char` 类型、`short` 类型、`int` 类型和 `long` 类型等多种类型。不同类型的变量各自有不同的取值范围。这是因为，变量在内存里所占的字节数因数据类型不同而不同。

如前所述，比如 `int` 类型是 4 字节（32 位），如果只表示正数（在 `unsigned int` 的情况下），则可以表示 0 ~ 4 294 967 295 的数；如果也要表示负数，比如使用“2 的补码表示”—— 把 `ffffffff` 作为 –1，`fffffffe` 作为 –2，将一半用于负数，那么 32 位可以表示 –2 147 483 648 ~ 2 147 483 647 的数。

`double` 类型和 `float` 类型这样的浮点型是以不同于整数的方式保存在内存中的。现在的运行环境使用的大多是符合 IEEE 754 标准的方式*。

* C 语言并不强制遵守该标准，但 Java 和 C# 的语言规范里规定必须遵守该标准。

关于各种数据类型分别占多少个字节，可以通过 `sizeof` 运算符确认（代码清单 1-3）。

代码清单 1-3 sizeof.c

```
1  #include <stdio.h>
2
3  int main(void)
4  {
5      printf("_Bool..%d\n", (int)sizeof(_Bool)); // C99以后支持
6      printf("char..%d\n", (int)sizeof(char));
7      printf("short..%d\n", (int)sizeof(short));
8      printf("int..%d\n", (int)sizeof(int));
```

```
 9      printf("long..%d\n", (int)sizeof(long));
10      printf("long long ..%d\n", (int)sizeof(long long)); // C99以后支持
11      printf("float ..%d\n", (int)sizeof(float));
12      printf("double ..%d\n", (int)sizeof(double));
13  }
```

在我的计算机运行环境中，结果如下所示。

```
_Bool..1
char..1
short..2
int..4
long..8
long long ..8
float ..4
double ..8
```

但是，关于各种数据类型分别占多少字节，C 语言的标准并没有严格规定。不过，C 语言规定了对 char 和 unsigned char 执行 sizeof 的结果为 1。另外，对于各个整数类型，C 语言的标准规定了至少要能表示多少数（表 1-2）。

表 1-2
标准规定的整数类型的取值范围

类　型	标准规定的范围
signed char	– 127~127
unsigned char	0~255
short	– 32 767~32 767
unsigned short	0~65 535
int	– 32 767~32 767
unsigned int	0~65 535
long	– 2 147 483 647~2 147 483 647
unsigned long	0~4 294 967 295
long long（C99以后支持）	– 9 223 372 036 854 775 807~9 223 372 036 854 775 807
unsigned long long（C99以后支持）	0~18 446 744 073 709 551 615

首先，前面提到 32 位可以表示 –2 147 483 648 ~ 2 147 483 647 的数，然而表 1-2 里 long 的下限却是 –2 147 483 647。这是为了顾及那些在表示负数时没有利用广泛应用的“2 的补码表示”，而是使用了“1 的补码表示”的运行环境（这里读者不理解也没有关系）。

另外，关于 int 可以表示的整数范围，标准只保证了其上限略大于 3 万，可能你会觉得，无论怎么说这都太少了。更何况，在实际运行的 C 语

言程序中，肯定有很多程序需要使用远大于它的数对 int 赋值。当然，如果把这些程序放到符合标准的其他运行环境下执行，确实有可能跑不起来。因为它们并不是**严格遵守标准的程序**（strictly conforming program）。但现实问题是，哪怕是能在如今的计算机上运行的程序，如果将其放到 int 为 2 字节的运行环境* 中，也还是会发生一些其他问题（比如内存不足），所以不管多在意标准规定的范围也无济于事。

* C 语言也经常被用在家电等的嵌入式程序上，因此 int 为 2 字节的运行环境也是存在的。

在 C 语言中，用来保存变量的内存上的空间叫作**对象**（object），而被保存为对象的数据类型（比如 int、double）叫作**对象类型**（object type）*。

* 数组和指针也是对象类型，具体请参考 3-2-6 节。

补充 size_t 类型

在代码清单 1-3 中，由运算符 sizeof 获取的各类型的长度是在转换成 int 之后显示的。

这是因为，运算符 sizeof 的返回值是 **size_t 类型**，而 printf() 的 %d 所能显示的是 int 类型。在我的运行环境下，size_t 类型被 typedef 定义为 long unsigned int 类型了。

对 32 位操作系统来说，由于在大多数运行环境里 int 类型和 long 类型是 32 位，所以在这种情况下即使用 %d 显示 size_t 类型，基本上也没问题*，但如今 64 位操作系统也很常用，而且 int 和 size_t 的长度大多是不同的，因此如果就这么直接使用 %d，则无法显示数据类型的长度。

* 在此请允许我忏悔一下：本书第 1 版里用 %d 显示了 sizeof 的结果。

从 C99 开始，printf() 的输出格式里增加了 %zd，使用它就可以正确显示 sizeof 的结果。不过，鉴于并非所有读者都使用 C99 的运行环境，所以本书中依然会保留类型转换的处理。

1-2-3 内存和程序运行

大家用 C 语言所写的代码，在编译后生成的机器码程序（**可执行文件**，executable file）可能一度是保存在硬盘* 上的，但到了要执行的时候，就会被放到内存里。

* 最近比较常用的或许是 SSD（Solid State Drive，液态硬盘）。

然后，CPU 一边读取保存在内存里的机器码程序，一边按顺序执行。

由于程序是按顺序执行的，所以就需要有能够表示现在正在执行的是哪个地址的机器码命令的计数器，我们称之为**程序计数器**（program counter）。程序计数器一般是每执行一个命令就加 1，然后指向下一个命令，但在有条件分支或者循环时，它会突然增加以跳过某些命令，或者突然减小以回到之前的位置。

在程序引用变量值，或者把值保存到变量中时，CPU 会对保存变量的地址所指向的内存进行读写*。

* 在如今的计算机中，在 CPU 和主存储器之间还存在多段缓存（cache）。缓存的访问速度很快，但因为比较昂贵，所以容量很小，这里不再详细说明。

另外，CPU 内部有一种被称为**寄存器**（register）的部件，类似于机器语言中的变量。CPU 对寄存器的访问速度比对主存储器的访问速度快得多，但寄存器数量很少，所以通常用来保存访问频率极高的变量，或者计算过程中的临时数据。其中，访问频率极高的变量是通过编译器的优化自动分配给寄存器的。有些寄存器具有特殊意义，例如前面提到的程序计数器也是一个寄存器。

本节内容的总结如图 1-2 所示。

图 1-2
程序的执行

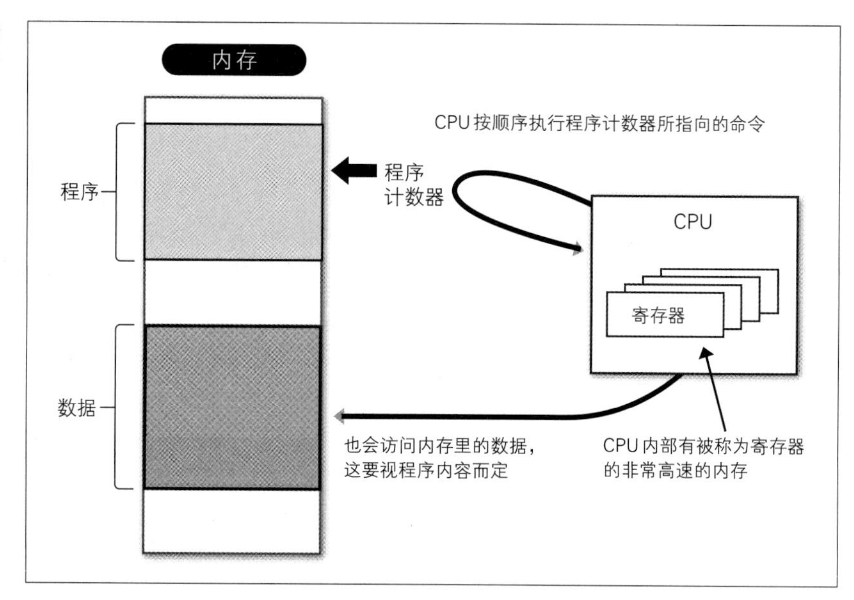

关于内存和地址，我们已经在接近机器语言的层面进行了说明。

如果是现今的高级程序语言，可能无须在意这些内容。但在理解 C 语言时，这种“低级”* 的知识很有必要。

* 这里的“低级”可不是在贬低 C 语言，而是一个表示“接近于硬件”这个意思的技术用语。

1-3 关于指针

1-3-1 恶名昭著的指针究竟是什么

关于指针，*K&R* 中有如下说明（见该书第 5 章章首）。

> 指针是一种保存变量地址的变量。在 C 语言中，指针的使用非常广泛。

1-2 节已经对地址进行了说明，相信对于“变量地址”，大家已经不再陌生了。

下面，我必须吹毛求疵地指出，从表达上来说，*K&R* 的这段说明是有很大问题的，这会让人感觉指针就是“变量”，但实际上并非总是如此。

此外，C 语言标准对于“指针”一词是如下定义的。

> **指针类型**（pointer type）可以由函数类型、对象类型或不完全类型派生，派生指针类型的类型称为**被引用类型**（referenced type）。指针类型描述了一种对象，其值用于引用被引用类型的实体。由被引用类型 T 派生的指针类型称为“指向 T 的指针”。由被引用类型构造指针类型的过程称为“指针类型的派生”。
> 这些构造派生类型的方法可以递归地应用。

这段话也许会让你一头雾水（毕竟是标准文档，没那么好懂的）。那就先把注意力放在第一句话上，其中出现了“指针**类型**”一词。

提到类型，立刻会让人想起 `int` 类型、`double` 类型等。同样地，在 C 语言里还有指针类型。

但是——我得赶紧补充一下——指针类型其实不是单独存在的，它是由其他类型**派生**而成的。上面引用的 C 语言标准中也提到了“由被引用类型 T 派生的指针类型称为‘指向 T 的指针’”。

也就是说，实际上存在的类型是“指向 int 的指针类型”或“指向 double 的指针类型”。

因为指针类型是类型，所以它和 int 类型、double 类型一样，也存在“指针类型的变量”和“指针类型的值”。糟糕的是，指针类型、指针类型的变量和指针类型的值，经常被简单地统称为“指针”，所以请提高警惕，务必不要将其混为一谈。

要点

先有指针类型。
因为有了指针类型，所以有了指针类型的变量和指针类型的值。

例如，在 C 语言中，int 类型用来表示整数。因为 int 是“类型”，所以存在用于保存 int 类型的变量，当然也存在 int 类型的值（比如 5）。

指针类型同样如此，既存在指针类型的变量，也存在指针类型的值。

所谓指针类型的值，实际上就是内存的地址。

为了更快理解这一点，我们还是写一个程序来验证一下。

1-3-2 和指针的第一次亲密接触

下面我们通过实际编程来尝试输出指针的值（代码清单 1-4）。

代码清单 1-4 pointer.c

```
 1 #include <stdio.h>
 2 
 3 int main(void)
 4 {
 5     int      hoge = 5;
 6     int      piyo = 10;
 7     int      *hoge_p;
 8 
 9     /* 输出各变量的地址 */
10     printf("&hoge..%p\n", (void*)&hoge);
11     printf("&piyo..%p\n", (void*)&piyo);
12     printf("&hoge_p..%p\n", (void*)&hoge_p);
```

```
13
14      /* 将hoge的地址赋给指针变量hoge_p */
15      hoge_p = &hoge;
16      printf("hoge_p..%p\n", (void*)hoge_p);
17
18      /* 通过hoge_p输出hoge的值 */
19      printf("*hoge_p..%d\n", *hoge_p);
20
21      /* 通过hoge_p更改hoge的值 */
22      *hoge_p = 10;
23      printf("hoge..%d\n", hoge);
24
25      return 0;
26  }
```

在我的环境（Ubuntu Linux 14.04 LTS x86_64）中，输出结果如下所示。

```
&hoge..0x7fffe0848e80
&piyo..0x7fffe0848e84
&hoge_p..0x7fffe0848e88
hoge_p..0x7fffe0848e80
*hoge_p..5
hoge..10
```

第 5 行 ~ 第 7 行声明了 int 类型的变量 hoge、piyo 和“指向 int 的指针”类型的变量 hoge_p。对 hoge 感到疑惑的读者，请读一读 1-3-3 节的补充内容。

第 7 行中 hoge_p 的声明语句如下所示。

```
int *hoge_p;
```

这个语句看似在声明变量 *hoge_p，实际上并非如此，这里声明的是变量 hoge_p，其类型为“指向 int 的指针”。这一点很难理解，请参考 1-3-3 节的补充内容。

int 类型的变量 hoge 和 piyo 在声明的同时分别被赋值为 5 和 10。

第 10 行 ~ 第 12 行表示使用**取地址运算符** & 输出各变量的地址。在我的环境中，变量应该是以如下形式保存在内存中的（图 1-3）。

图 1-3
变量的保存情况

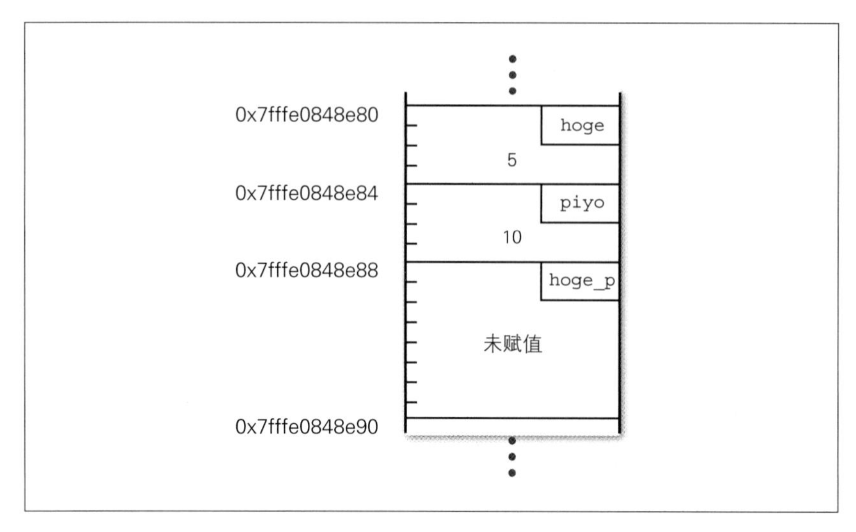

从这次的结果来看，似乎只要变量是按照 hoge、piyo、hoge_p 的顺序声明的，那么在内存里就也会按这样的顺序排列，但其实这只是碰巧了而已，并非总是如此。变量在内存中的排列顺序与声明时不同的情况是很常见的。

关键点

变量不一定按照声明的顺序保存在内存中。

前面提到，因为有了指针类型，所以有了指针类型的变量和指针类型的值。这里输出的地址就是指针类型的值。

不过，在使用 printf() 输出指针值时，要如上例所示使用 %p。此外，由于 %p 要接收的是指向 void 的指针，所以代码清单 1-4 将相应的参数转换成了 void* 类型*。

* void* 是可以指向任何类型的指针类型，具体见 1-3-4 节。

第 15 行将 hoge 的地址赋给了指针变量 hoge_p。因为 hoge 的地址是 0x7fffe0848e80，所以这时内存变为图 1-4 所示的状态。

图 1-4
将hoge的指针值赋给hoge_p

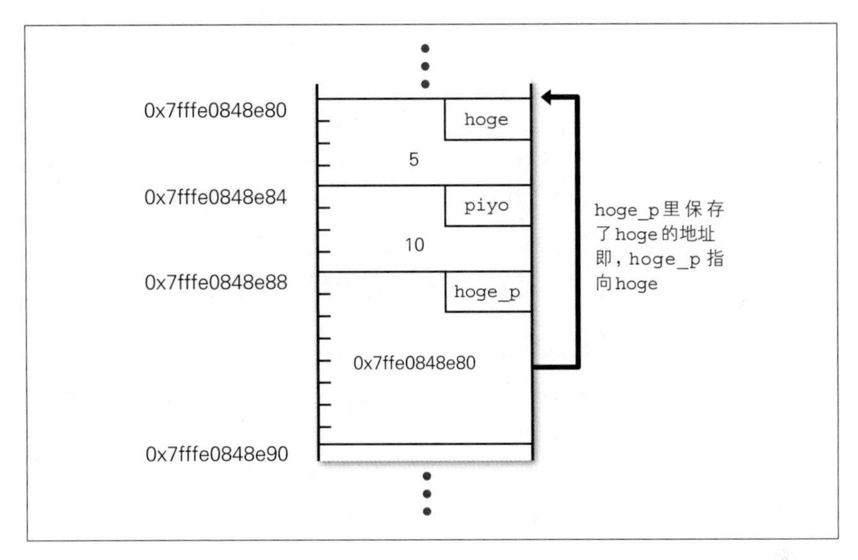

像这样，当指针变量 hoge_p 保存了另外一个变量 hoge 的地址时，就称为“hoge_p 指向 hoge”。

此外，对 hoge 执行 & 运算得到的就是“hoge 的地址”。有时也称“hoge 的地址”的值为“指向 hoge 的指针”（此时的“指针”指的是“指针类型的值”）。

但是，正如前面提到的那样，变量并不一定是按照声明的顺序保存在内存中的。也就是说，纠结于 hoge、piyo、hoge_p 究竟以什么样的顺序排列没有意义。因此，图 1-4 还可以画成图 1-5 所示的样子。

图 1-5
图1-4的另一种呈现方式

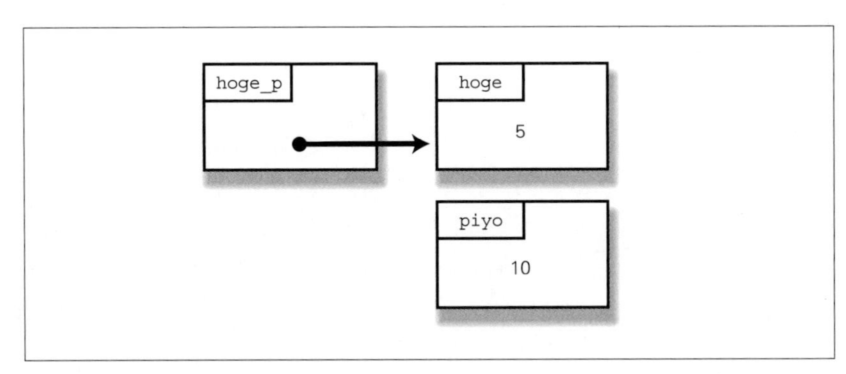

上图能更直观地表现“hoge_p 指向 hoge”这个含义。

第 19 行使用**间接运算符** *，沿着 hoge_p 按图索骥，从而输出了 hoge 的值。

在指针前面加上 *，可以表示指针指向的变量。

hoge_p 指向了 hoge，所以 *hoge_p 和 hoge 表示相同的内容。因此，一旦要求输出 *hoge_p，程序就会输出 hoge 中保存的值 5。

由于 *hoge_p 等同于 hoge，所以它不只可以用来输出 hoge 的值，还可以用来赋值。第 22 行将 10 赋给了 *hoge_p，从而改变了 hoge 的值。第 23 行输出了 hoge 的值，运行结果为 10。

关于指针的基础知识就介绍到这里。以下是本节要点。

要点

- **对变量使用 & 运算符，可以获取该变量的地址，这个地址称为指向该变量的指针。**
- **在指针变量 hoge_p 保存了指向另外一个变量 hoge 的指针的情况下，可以说“hoge_p 指向 hoge”。**
- **对指针使用 * 运算符，可以表示该指针指向的变量。若 hoge_p 指向 hoge，则 *hoge_p 等同于 hoge。**

1-3-3　地址运算符、间接运算符、下标运算符

上一节我们将 & 称为取地址运算符，将 * 称为间接运算符。

所谓**运算符**（operator），是指以加法运算中的 + 为代表的符号，用于对表达式（有时为多项表达式）进行某种运算，并返回作为运算结果的表达式。

在 C 语言中，获取变量地址的 &、引用指针指向内容的 * 也都是运算符。另外，用来引用数组元素的 [] 也是运算符，我们称之为**下标运算符**。如 a + b 所示，+ 取两个对象（又称为**操作数**，operand），因而称为二目运算符，而 & 或 * 只取一个操作数，称为单目运算符。另外，由于下标运算符 [] 取数组和下标这两个操作数 *，所以似乎也可以称为二目运算符，但在 C 语言标准中，它却被归类于后置运算符。

* 准确来说是“指针和下标这两个操作数”。1-4-3 节将对此予以说明。

不同于加法运算符 + 等，间接运算符和下标运算符可以像“*a = 5;”这样向运算结果的表达式赋值，因此我们说运算结果的表达式是**左值**（lvalue），具体请参考 3-3-2 节。

比较容易混淆的是如下声明里的 * 这种用于声明指针或数组的 * 或 []。

```
int *hoge_p;
```

这里的 * 对于 C 语言来说不是运算符。虽然 ANSI C（JIS X3010:1993）中“6.1.5 运算符”里列举了 *、&、[]，但声明时所用的 * 或 [] 是归入“6.1.6 定界符”的*。换言之，**声明时所用的 *、[]，与表达式中的运算符 *、[] 是风马牛不相及的。**

* 麻烦的是，在 C99 里，运算符成了定界符的一种，而在 C++ 里，运算符又被称为声明识别符。

补充 关于本书中的地址值——16 进制表示法

在解释地址的概念时，市面上的 C 语言入门书经常使用“地址 100”这种极其小的 10 进制值。

确实，对于初学者来说，可能这样更容易入门，但本书偏执地使用了 16 进制来说明。这是因为，想要了解地址的真正面目，把地址实际地输出出来才是最好的方式。

本书示例程序的运行结果中输出的所有地址，全部都是在我的环境中实际运行程序后获得的。

如果你还是不太理解指针，不妨实际敲一遍示例程序，然后在自己的环境中验证一下究竟会输出什么样的地址。可以毫无疑问地说，你所看到的值同我的环境里的值是不同的，但其中的思路是一样的。

补充 混乱的声明——如何自然地理解声明

通常，C 语言的变量声明是像下面这样，即“类型 变量名 ;”的形式。

```
int hoge;
```

然而，像“指向 int 的指针”类型的变量，却要像下面这样声明。

```
int *hoge_p;
```

这里并没有采取“类型 变量名 ;”的形式，所以有人会将 * 写在靠近类型的那边，如下所示。

```
int* hoge_p;
```

如此一来，的确符合了“类型 变量名;”的形式，但在同时声明多个变量时，就会出现漏洞。

```
/* 未能声明两个“指向int的指针”类型的变量!* */
int* hoge_p, piyo_p;
```

* 如果需要同时声明两个指向int的指针，可以使用“int *a, *b;”的形式。——译者注

另外，在C语言中，数组也算作一种类型，比如在声明“int的数组”类型的变量时，要写成下面这样。

```
int hoge[10];
```

这里无法写成“类型 变量名;”的形式。

说一些题外话，Java在声明“int的数组”类型的变量时，通常写成下面这样*。

* 之所以没有写元素个数，是因为Java里数组的元素个数是在new时定义的。

```
int[] hoge;
```

这样就符合“类型 变量名;”的形式了。至少在这一点上，Java的变量声明语法要比C语言显得更为合理。不过，或许是为了让C程序员能够更方便地转到Java开发上，Java竟然也同时允许使用“int hoge[];”这样的写法。这种**不伦不类**的做法倒还真是Java的一贯作风。

我们换一个角度考虑问题，对于下面这个声明。

```
int *hoge_p;
```

由于在hoge_p前面加上间接运算符*时，它就会变为int类型，所以有人可能会产生下面的想法。

> 看吧，一旦在hoge_p前面加上*，就可以当作int类型处理了。也就是说，这个声明意味着加上*的hoge_p就是int类型。

这种想法确实也能在一定程度上说得通（例如，数组同样可以这么说）。而且，针对C语言的声明语法，*K&R*也写道：“这种声明变量的语法与声明该变量所在表达式的语法类似。”（见该书5.1节）因此上面的说法也可以说是顺应了C语言作者的想法。但是，假如像下面这样写，还能把hoge作为int类型的变量来声明吗?

```
int *&hoge;
```

一试便知，这会导致一个语法错误。

而且，当声明中出现 const 时，这种说法也会出现破绽（表达式中是不可以出现 const 的）。当我们在指针类型上使用下标运算符，或者对指向函数的指针使用函数调用运算符时，所组成的表达式也无法作为声明来使用。

以我的经验来看，一切关于“如果这样考虑，是不是就可以很自然地解释 C 语言的声明了?”的尝试，可以打包票跟你说，最后都会无功而返。究其原因，还是 **C 语言的声明语法本来就是不自然、奇怪而又变态的**。

第 3 章会详细解释关于声明的语法。目前先知道它是怎么回事就行，姑且带着问题继续往下阅读吧。

补充 杂谈：hoge 是什么

本书的示例程序里经常使用 hoge 或 piyo 作为变量名。

可能很多人会想:“这是啥?”在日本，hoge 这个名称使用得非常广泛*。

* 不过，因为是很多年前就在用的词，所以也有人说现在只有大叔才会使用……

在不知该给变量或文件起什么名字时，就可以请 hoge 帮忙。

一般来说，应该给变量取一个有意义的名称，但在像本书这样对 C 语言语法本身进行说明时，有时很难取什么有意义的名称。当然，哪怕使用 a 或 b 这样的名称，编译器也不会有什么怨言，但我觉得在面向初学者的书里使用这种单个字母的变量名似乎不太合适。因为有人会依葫芦画瓢，在非示例程序的正式程序里也使用单字母变量名。

这么看来，既能明确地表示出变量名无意义，又不那么长（虽说有 4 个字母）的 hoge 就是一个很好的选择。没人知道是谁最早开始使用 hoge 的。目前较有力的说法是，在 20 世纪 80 年代前半期，日本多地开始广泛使用 hoge。

但是，即便发现了最早使用 hoge 的案例，也不能肯定那个 hoge 就和现在使用的 hoge 有所关联，因此关于其严密的起源，看来是无从得知了。

1-3-4 指针和地址之间的微妙关系

本章 1-3-1 节中写道：

> 所谓指针类型的值，实际上就是内存的地址。

对于这句话，有人也许会产生下面的疑问。

> 【常见疑问之 1】
> 所谓指针，归根结底就是地址，而地址就是内存里被分配的位置，对吧？那么，说到底指针类型不就和 int、long 这样的整数类型一样吗？

其实，从某种意义上来说，这种想法也不无道理。

C 语言的前身 B 语言对于指针和整数是不进行区分的。此外，虽然在显示指针值时，通常在 printf() 里使用 %p，但在 int 和指针的长度相同（32 位的 Windows 或者 Linux 等系统大多如此）的环境中，哪怕使用 %x，也可以正常输出指针值*。对于不太擅长 16 进制的人来说，使用 %d 基本上可以通过 10 进制来查看结果。

* 但编译器可能会发出警告。

在 64 位的操作系统中，在大多数情况下 int 和指针的长度是不同的，于是有人就会这样想："如果在 64 位的操作系统中把指针看作 long 等与指针长度相同的整数类型*，是不是就可以认为指针和整数类型相同呢？"实际上，这种想法也不成立。正如 1-3-5 节的"常见疑问之 3"提到的那样，像"加 1"这样的操作，对指针和整数来说就是完全不同的。

* 从 C99 开始，C 就准备了可以与（指向对象的）指针相互转换的整数类型，即 intptr_t 类型。

另外，在以前广为使用的 MS-DOS（Microsoft Disk Operating System，微软磁盘操作系统）的运行环境下，由于 Intel 8086 的功能限制，需要将两个 16 位的值组合起来表示 20 位的地址。在这种情况下，就不能单纯地将 20 位的地址等同于整数类型。

还有——算了，还是先回答下一个疑问吧。

> 【常见疑问之 2】
> 所谓指针，归根结底就是地址，对吧？那么，不论是指向 int 的指针，还是指向 double 的指针，说到底不都是一样的吗？有必要进行区分吗？

从某种意义上来说，这种想法也有一定道理。

在大多数运行环境中，当程序运行时，不论是指向 int 的指针，还是指向 double 的指针，其表示形式都是相同的（偶尔也会有一些运行环境，对于指向 char 的指针和指向 int 的指针使用不一样的内部表示形式）。

不仅如此，ANSI C 还为我们准备了“可以指向任何类型的指针类型”，即 void* 类型。

```
1  int hoge = 5;
2  void *hoge_p;
3
4  hoge_p = &hoge;   ⬅不会报错
5  printf("%d\n", *hoge_p); /* 输出hoge_p所指向的内容 */
```

但是，像第 5 行这样在 hoge_p 前面加上了 * 的代码……在我的环境中会报出如下错误。

```
warning: dereferencing `void *' pointer
error: invalid use of void expression
```

稍微思考一下就会发现报错是理所当然的。只告知了内存上的地址，却没有告知那里保存的是什么类型的数据，当然无法读取。

但如果把上面的第 5 行代码修改成下面这样，不但能够顺利通过编译，甚至能够正常运行。

```
5: printf("%d\n", *(int*)hoge_p); /* 将hoge_p转换成int */
```

这里通过把“所指类型不明的指针”hoge_p 转换成“指向 int 的指针”，为编译器提供了类型信息，从而实现了 int 类型的值的读取。

但现实问题是，每次都这样写恐怕会让人不胜其烦。不妨事先写一个下面这样的声明。

```
int *hoge_p;
```

如此一来，**编译器就能记住“hoge_p 是指向 int 的指针”**，当想要通过指针获取值时，只要在 hoge_p 前加上 * 就可以了。

前面也提到，在大多数运行环境中，不论是指向 int 的指针，还是指向 double 的指针，在程序运行时其表示形式都是相同的。但是，如果先在 int 类型变量前加上 & 获取它的指针，再用该指针获取值，那么所获取的值肯定是 int 类型。毕竟 int 和 double 的内部表示形式是完全不同的。

因此，在如今的运行环境中，要是像下面这样获取指向 double 类型变量的指针，并将其赋给指向 int 的指针变量，那么编译器必定会发出警告。

```
int *int_p;
double double_variable;
/* 将指向double类型变量的指针赋给指向int的指针变量(乱来) */
int_p = &double_variable;
```

顺便提一下，在我的环境里出现了以下警告。

```
warning: assignment from incompatible pointer type
```

在下一节所讲的指针运算中，“编译器会帮我们记住指针指向的是哪种类型”这一事实将具有重大意义。

补充 在运行时既没有类型信息，也没有变量名

上面一段提到“编译器会帮我们记住指针指向的是哪种类型”。

在 C 语言中，记录指针指向何种类型是只到编译器为止的，到了运行的时候就已经没有相关信息了。在运行时，指针的值就只是单纯的地址而已。“要从这个地址里取出哪种类型的值”这一信息只残留在编译器生成的机器码中。无论是在指针的值中，还是在指针指向的变量的内存空间中，都没有类型的信息。因此，如果把指向 int 的指针转换成了 void*，就不可能再知道它原来是指向 int 的了。

另外，对于非 static 局部变量（自动变量），通常其变量名也不残留在编译后的目标文件中。不过，通过添加调试选项倒是可以使之在编译后残留，而且对于 static 的局部变量和全局变量，直到链接（见第 2 章）时都还是需要使用变量名的。但不管怎么说，到运行的时候就不再需要使用变量名了。在图 1-3 中，虽然变量内存空间的右上角写着变量名 hoge，但那只是为了方便说明而已。

编译、链接后的机器码在引用变量时最终使用的是地址，而不是变量名。

那么这个地址是如何确定的呢？第 2 章将予以说明。

1-3-5 指针运算

C 语言的**指针运算**是其他语言所罕见的功能。

所谓指针运算，就是对指针进行整数加减运算，以及指针之间进行减法运算的功能。

下面我们先来看一下示例程序的运行（代码清单 1-5）。

【注意！】

其实严格来说，代码清单 1-5 并没有遵守 C 语言的标准。

对于指针的加减运算，标准只允许指针指向数组元素，或超过数组末尾 1 个元素的位置，并且加减运算的结果也指向数组元素，或超过数组末尾 1 个元素的位置（4-2-11 节）。对于除此以外的情况，标准没有定义。

这次的示例程序最终向 hoge_p 加了 4，所以这是违反标准规定的，哪怕最后并没有通过该指针进行内存访问。

不过，我觉得这个程序在大部分运行环境中是能够运行的，所以比起严守标准，这里还是选择了程序的简单性。

代码清单 1-5
pointer_calc.c

```
 1  #include <stdio.h>
 2
 3  int main(void)
 4  {
 5      int hoge;
 6      int *hoge_p;
 7
 8      /* 将指向hoge的指针赋给hoge_p */
 9      hoge_p = &hoge;
10      /* 输出hoge_p的值 */
11      printf("hoge_p..%p\n", (void*)hoge_p);
12      /* hoge_p加1 */
13      hoge_p++;
14      /* 输出hoge_p的值 */
15      printf("hoge_p..%p\n", (void*)hoge_p);
16      /* 输出hoge_p加3后的值 */
17      printf("hoge_p..%p\n", (void*)(hoge_p + 3));
18
19      return 0;
20  }
```

在我的环境中，结果如下所示。

```
hoge_p..0x7fffc7d60af4 ⬅最初的值
hoge_p..0x7fffc7d60af8 ⬅加 1 之后的值
hoge_p..0x7fffc7d60b04 ⬅加 1 之后再加 3 的值
```

第 9 行用于将指向 hoge 的指针赋给 hoge_p，第 11 行用于输出该值。在我的环境中，hoge 是存放在地址 0x7fffc7d60af4 里的。

第 13 行是使用 ++ 运算符对 hoge_p 加 1。

试着输出结果……本来以为加 1 之后地址也增加 1，可不知为何，地址从 0x7fffc7d60af4 变成了 0x7fffc7d60af8，增加了 4。

第 17 行用于输出 hoge_p 加 1 之后再加 3 的结果，不过结果是从 0x7fffc7d60af8 变成 0x7fffc7d60b04，增加了 12。

这正是指针运算的特征。在 C 语言中，对指针加 1 后，其地址就增加**该指针所指向的类型的长度**。示例程序中的 hoge_p 是指向 int 的指针，而在我的环境中 int 的长度是 4，所以对地址来说，加 1 就是前进 4 字节，加 3 就是前进 12 字节。

要点

对指针加 n，则指针前进“该指针所指向的类型的长度 × n”。

> 【常见疑问之 3】
> 所谓指针，归根结底就是地址，对吧？
> 那么，给指针加 1，指针难道不应该前进 1 字节吗？

这个疑问非常合理，但要想真正理解，需要先弄清楚 C 语言中数组与指针的微妙关系——为何 C 语言中存在指针运算这样奇怪的功能呢？

对此，我们会在稍后予以说明，现阶段姑且带着疑问继续往下阅读吧。

1-3-6 何谓空指针

空指针（null pointer）是一个特殊的指针值。

它是一个保证不指向任何地址的指针。我们通常使用宏定义 NULL 作为表示空指针的常量值。

由于空指针可以确保与任何非空指针进行比较都不相等，所以经常作为返回指针的函数发生异常时的返回值使用。另外，对于第 5 章将介绍的链表这种数据结构，我们也会在其末尾放入空指针，表示“后面已经没有数据了哦”。

如今在大部分情况下，应用程序一旦试图通过空指针引用对象，操作系统就会检出异常，并立刻终止程序，所以只要每次都用 NULL 初始化指针，那么在误用了无效（未初始化）的指针时，就能够立刻发现 Bug。

对于一般的指针，我们可以根据其指向的类型明确地进行区分。如果把指向 int 的指针赋给指向 double 的指针变量，则如前所述，如今的编译器会发出警告。但唯独 NULL，不论对方是指向什么类型的指针，都可以进行赋值和比较。

我曾见过一段在特地对空指针执行类型转换之后进行赋值和比较的程序，这不仅**徒劳无功**，反而使得代码难以阅读。

补充 NULL 和 0 和 '\0'

我们经常会见到这样一种错误的代码写法：在字符串的末尾使用 NULL。

```
/*
 * C语言的字符串是以'\0'结尾的，而strncpy()是一个麻烦的函数
 * 当src的长度大于len时就无法以'\0'结尾
 * 所以就想写一个能够将字符串整理成符合C语言字符串格式的函数
 */
void my_strncpy(char *dest, char *src, int len) {
    strncpy(dest, src, len);
    dest[len] = NULL; ⬅没想到这里却使用NULL来结束字符串!
}
```

字符串使用 NULL 结尾！

这段代码虽然在某些环境中是能够运行的，但它的确是错误的代码。字符串要以**空字符**（'\0'）结尾，而不能使用空指针来结尾。

C 语言标准里对空字符的定义是“所有位均为 0 的字节称为空字符（null character）”。也就是说，空字符是值为 0 的 char 类型。

空字符通常使用 '\0' 表示。因为 '\0' 是字符常量，所以实际上等同于常量 0。可能你会感到惊讶，但 '\0' 或者 'a' 之类的，它们的数据类型其实并不是 char 而是 int*。

* 但到了 C++ 里，情况就又不一样了。

另外，在我的环境中，NULL 在 stdio.h 里的定义如下所示*。

```
#define NULL ((void*)0)
```

0 被强制转换成了 void*，也就是说成为了指针，所以在将它赋给 char 的数组时，现在的编译器应该会发出警告。

可是，看到 NULL 的这个定义，可能有人会产生下面的想法。

> 什么呀，所谓空指针，不就是零地址嘛。
> 在 C 语言中，零地址上肯定是不能存放有效数据的吧？虽然在某些情况下会浪费 1 字节的空间，不过这也没什么大不了的。

这个推测看似很有道理，但还是稍稍跑偏了一点。

的确，大部分运行环境是把零地址当作空指针处理的。然而，在某些运行环境中，硬件状况等也可能会导致其空指针的值并不是 0。

有人会在获取结构体之后先用 memset() 将结构体内存清零再使用。另外，虽然 C 语言提供了动态内存分配函数 malloc() 和 calloc()，但有些人认为有清零操作比较好，因而偏好使用 calloc()。从避免再现性差的 Bug 的角度来说，这也许是一个有效的策略，但是……

使用 memset() 或 calloc() 将内存空间清零，其实只是单纯地使用 0 填充位而已。因此，当以这种方式清零后的结构体成员中含有指针时，这个指针是否能被用作空指针呢？这说到底还是取决于运行环境。

顺便说一下，浮点数也是这样的，即便它的位模式为 0，其值也不一定就是 0*。

说到这里，或许有人会恍然大悟：

> 哦，原来如此，怪不得要用宏定义 NULL 呢。在空指针的值不为 0 的运行环境中，NULL 的值被 #define 定义成别的值了啊。

但是，**实际上这种想法也跑偏了**，而这正是这个问题之所以深奥的原因所在。

例如，我们来试着编译下面的程序。

```
int *p = 3;
```

在我的环境里，编译器会给出以下警告。

* 虽然如今的头文件一般都会嵌套使用，或者使用 #ifdef 代码块等，但如果通过 gcc 的 -E 选项只进行预编译，那就可以查看自己的环境里具体是怎样定义的。

* 虽然整数类型的值会变成 0，但我依然认为，依赖这种方式编写的代码是非常脏乱的。

```
warning: initialization makes pointer from integer without a
cast
```

3 肯定是 int 类型，而指针和 int 的数据类型不同，所以编译器会给出警告。如今的运行环境基本上都会给出警告。

那么，接下来再试着编译下面的程序。

```
int *p = 0;
```

这次竟然没有给出警告。

如果说是将 int 类型的值赋给指针而导致编译器给出警告的，那么赋 3 会给出警告，而赋 0 却不会，这简直匪夷所思！

这是因为，在 C 语言中，“在应当作为指针处理的上下文中，0 这个常量会被作为空指针处理”。在这次的示例中，因为赋值对象是指针，所以编译器判断当前为“应当作为指针处理”的情况，因而将常量 0 解读成了空指针。

像这样，在应当作为指针处理的上下文中，编译器无论如何都会对常量 0 进行特别处理，所以在空指针的值不为 0 的运行环境中，以常量 0 替代空指针也是合法的。

因此，在有些运行环境中，NULL 的定义如下所示。

```
#define NULL 0
```

但是，编译器也会遇到无法识别“应当作为指针处理的上下文”的情况，比如：

- 未进行原型声明的函数的参数
- 可变长参数函数中可变部分的参数

由于 ANSI C 里引入了原型声明，所以只要正确使用原型声明，编译器是能够理解“要传递指针”这个情况的。

但是，对于以 printf() 为代表的可变长参数函数中可变部分的参数类型，编译器是无法理解的。另外，麻烦的是，常量 NULL 会被用于表示可变长参数函数中参数的结束（典型的是 UNIX 的系统调用函数 execl()）。

在这种情况下，单单传递常量 0 的程序，可以说是可移植性差的程序*。

* 对此，史蒂芬·萨米特在《你必须知道的 495 个 C 语言问题》[3] 中耗费了一整章的篇幅进行了讨论。

嗐！明明只是要补充一点内容，却不知不觉写了这么多。总之，各位初学者只要先记住以下内容就可以了。

- NULL 表示空指针
- '\0' 表示空字符

然而，C++ 之父本贾尼·斯特劳斯特卢普却推荐使用 0 表示空指针……可真麻烦啊！

1-3-7 实践——从函数返回多个值

一旦开始讲解 C 指针，就会有人说："真搞不懂为什么非得使用指针这种东西！"

对于这个疑问，经常有人回答说"因为用指针能写出相对高效的程序"或者"因为能写出贴近硬件的程序"。但是，即便不在意运行速度，或者不写与硬件密切相关的程序，要用 C 语言写出实用的程序，也必须使用指针，比如以下情况。

1. 从函数返回多个值
2. 访问数组（在 C 语言中，访问数组必须使用指针，详见 1-4-3 节）
3. 表示链表、树形结构这样的数据结构（第 5 章）

本节我们来讲解一下第 1 点。

如果函数仅返回一个值，使用返回值即可。但是，例如想要编写获取某个点的 x 坐标和 y 坐标的函数，就必须返回 x 坐标和 y 坐标这两个值。在这种情况下，可以将指针传递给参数。

代码清单 1-6 将 main() 函数的变量 x 和 y 的地址传递给了函数 get_xy()，然后 get_xy() 将值保存到了这两个地址里。

代码清单 1-6
get_xy.c

```
1 #include <stdio.h>
2
3 void get_xy(double *x_p, double *y_p)
4 {
```

```
 5     /* 输出形参x_p和y_p的值及地址 */
 6     printf("x_p..%p, y_p..%p\n", (void*)x_p, (void*)y_p);
 7     printf("&x_p..%p, &y_p..%p\n", (void*)&x_p, (void*)&y_p);
 8
 9     /* 将值保存到以参数传递进来的地址中 */
10     *x_p = 1.0;
11     *y_p = 2.0;
12 }
13
14 int main(void)
15 {
16     double x;
17     double y;
18
19     /* 输出变量x和y的地址 */
20     printf("&x..%p, &y..%p\n", (void*)&x, (void*)&y);
21
22     /*
23      * 将变量x和y的地址作为参数传递
24      * get_xy()将值保存到这两个地址里
25      */
26     get_xy(&x, &y);
27
28     /* 输出接收的值 */
29     printf("x..%f, y..%f\n", x, y);
30
31     return 0;
32 }
```

在我的环境中，结果如下所示。

```
&x..0x7fffef685f20, &y..0x7fffef685f28
x_p..0x7fffef685f20, y..0x7fffef685f28
&x_p..0x7fffef685ef8, &y_p..0x7fffef685ef0
x..1.000000, y..2.000000
```

可以看到，`get_xy()` 里指定的值 1.0 和 2.0 已经返回给 `main()` 函数了。

另外，我做了一个实验，通过第 20 行输出了变量 `x` 和 `y` 的地址，通过第 6 行输出了 `get_xy()` 中的**形参** `x_p` 和 `y_p` 的值，并通过第 7 行输出了地址，具体如图 1-6 所示。

图 1-6
从函数返回多个值

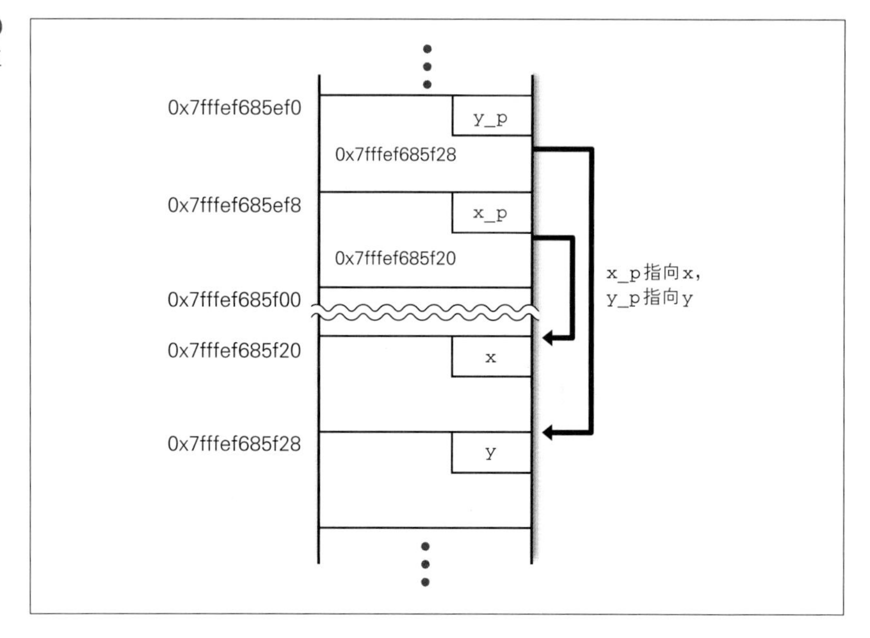

由此可见，程序将 main() 函数的 x 和 y 的指针作为参数传递给了函数 get_xy()，并通过它们对函数 get_xy() 执行了写值操作。在 C 语言中，这种情况不用指针是无法实现的。

或许有人觉得像代码清单 1-7 这样也能够实现对 x 和 y 赋值，但事实并非如此。

代码清单 1-7
get_xy_bad.c

```
 1 #include <stdio.h>
 2 
 3 void get_xy(double x, double y)
 4 {
 5     /* 输出形参x和y的值及地址 */
 6     printf("get_xy: x..%f, y..%f\n", x, y);
 7     printf("get_xy: &x..%p, &y..%p\n", (void*)&x, (void*)&y);
 8     x = 1.0;
 9     y = 2.0;
10 }
11 
12 int main(void)
13 {
14     double x = 10.0;
15     double y = 20.0;
16 
17     printf("main: &x..%p, &y..%p\n", (void*)&x, (void*)&y);
```

```
18        get_xy(x, y);
19
20        printf("x..%f, y..%f\n", x, y);
21
22        return 0;
23    }
```

在我的环境中，代码清单 1-7 的运行结果如下所示。如你所见，没能将 1.0 和 2.0 赋给 main() 函数的 x 和 y。x 和 y 的值还是通过第 14 行～第 15 行实现初始化时的值，即 10.0 和 20.0。

```
main: &x..0x7fff78ba6cf0, &y..0x7fff78ba6cf8
get_xy: x..10.000000, y..20.000000
get_xy: &x..0x7fff78ba6cc8, &y..0x7fff78ba6cc0
x..10.000000, y..20.000000
```

代码清单 1-7 的第 17 行输出了 main() 函数中 x 和 y 的地址，第 6 行～第 7 行输出了 get_xy() 函数中 x 和 y 的值及地址。如你所见，它们分别保存在不同的地址中，所以是不同的变量。无论怎么修改 get_xy() 函数中 x 和 y 的值，都无法改变 main() 函数中 x 和 y 的值。

在 C 语言中进行函数调用时，参数是作为值传递的，这称为**值传递**（call by value）。

即使像 get_xy(x, y) 这样想要传递变量 x 和 y，实际传递给被调用方函数的也还是那个时间点的 x、y 中所赋的值（从实际情况来看，代码清单 1-7 第 6 行的 printf() 输出的是 10.0 和 20.0）。然后，这些值被赋（复制）给被调用方函数的形参，接下来形参就可以像普通的局部变量一样使用了。

不论是像代码清单 1-6 那样传递指针，还是像代码清单 1-7 那样传递 double 类型，这个处理过程都是一样的。

“从函数返回多个值”的情况在实际的程序中也是很常见的。特别是函数的返回值经常用于返回成功或失败的状态，因此，如果除此之外还要返回其他值，那就只能像这样通过指针实现。scanf() 是一个连初学者都很熟悉的函数，用于从键盘输入值。scanf() 也是用 &hoge 这样的方式来传递指向变量的指针，然后在 scanf() 里把值装载进去的。

另外，在 C++ 和 C# 中，有一个称为**引用传递**的功能，使用这个功能，即便不像 C 语言那样显式地使用指针，也可以在参数中指定变量，从而接收值。但是 C 语言中没有引用传递，所以只能通过对指针进行**值传递**来向指针指向的地址装载值。

补充 形参与实参

总觉得“形参”“实参”这两个词在大多数 C 语言入门书里虽然也会说明，但都只是点到为止，经常让人搞不清到底哪个是哪个。

在调用函数时实际传递的参数是实参。

```
func(5);  ⬅这个“5”是实参
```

接收实参的一方是形参。

```
void func(int hoge)  ⬅这个hoge是形参
{
   ⋮
}
```

在下文中，这两个词出现的频率会很高，千万不要搞混了。

1-4 关于数组

1-4-1 使用数组

所谓数组，就是指相同类型的变量以确定的个数排列而成的集合。话不多说，我们先来试着用一下（代码清单 1-8）。

代码清单 1-8
array.c

```
 1 #include <stdio.h>
 2 
 3 int main(void)
 4 {
 5     int array[5];
 6     int i;
 7 
 8     /* 对数组array设置值 */
 9     for (i = 0; i < 5; i++) {
10         array[i] = i;
11     }
12 
13     /* 输出其内容 */
14     for (i = 0; i < 5; i++) {
15         printf("%d\n", array[i]);
16     }
17 
18     /* 输出array中各元素的地址 */
19     for (i = 0; i < 5; i++) {
20         printf("&array[%d]... %p\n", i, (void*)&array[i]);
21     }
22 
23     return 0;
24 }
```

运行结果如下所示。

```
0
1
2
3
4
&array[0]... 0x7fff04819160
&array[1]... 0x7fff04819164
&array[2]... 0x7fff04819168
&array[3]... 0x7fff0481916c
&array[4]... 0x7fff04819170
```

第 5 行用于将 array 声明为数组类型的变量。

第 9 行 ~ 第 11 行用于对 array 的各元素设置值。这里只是单纯地将 0 赋给 array[0]，将 1 赋给 array[1]，以此类推按顺序赋值。

第 14 行 ~ 第 16 行用于输出其内容，即运行结果中的前 5 行。

第 19 行 ~ 第 21 行用于输出数组中各元素的地址。从运行结果可以看到，每个地址之间的间隔为 4 字节。

在我的环境中，int 的长度恰恰是 4 字节，因此内存中的情况如图 1-7 所示。数组就是这样在内存上连续分布的。

图 1-7
数组在内存中的分布

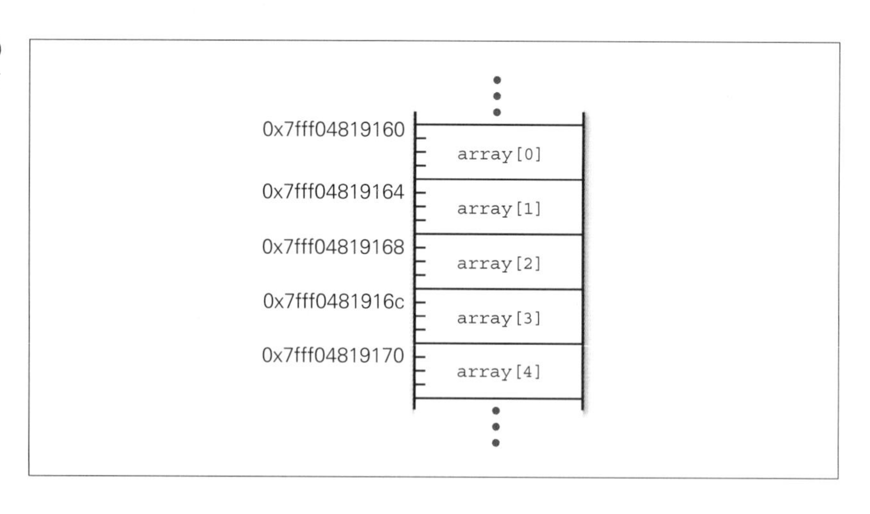

1-3-5 节提到，对指针加 n，则指针前进“该指针所指向的类型的长度 × n”。

这一点在此处生动地表现了出来，具体将在下一节说明。

补充 C 语言的数组是从 0 开始的

在 C 语言中，如下所示声明一个数组。

```
int hoge[10];
```

这里指定了数组元素个数为 10，由于在 C 语言中数组下标是从 0 开始的，所以通过这个声明，我们可以使用 hoge[0] ~ hoge[9]，但不能使用 hoge[10]。

这个规则常使初学者感到混乱。

例如世上最早的编程语言 FORTRAN 的数组就是从 1 开始的。既然如此，那可能就说明对于人类来说，“从 1 开始数数”是自然而然的事情。

但是，请试着思考一下。

例如我工作的地方位于日本名古屋市某栋大楼的 5 楼，某人爬一层楼需要 10 秒，那么从地面上到 5 楼需要花费多少秒？50 秒？很遗憾，正确答案是 40 秒。

想必大家在中学都学过等差数列，等差数列的第 n 项等于“首项 + 公差 × $(n-1)$”。每个都要减 1，真麻烦……

此外，“1900 年代”并不是 19 世纪，它的一大半属于 20 世纪。更加复杂的情况是，2000 年不属于 21 世纪，而属于 20 世纪。

这些问题分别可通过以下方式回避。

- 把大楼里与地面等高的那层计作第 0 层
- 把数列的首项计作第 0 项
- 把最初的世纪计作 0 世纪，把公历最初的年份计作 0 年

这种“差 1 错误”的问题在编程中经常发生。因此，普遍认为在一般情况下如果以 0 为基准编号，那么通常（并不是所有）能回避这类问题。

如果还是无法理解，那我们再举一个编程中的例子来看一下。

在 C 语言中可以使用二维数组（准确来说是“数组的数组”），但其长度在编译时必须是已知的*。

* 在 C99 中，可以定义长度可变的二维数组，不过仅限于局部变量（自动变量）。

此处，假设我们非要用一维数组来代替长度可变的二维数组，则数组如下所示。

```
/* width是行的长度，引用line行col列的元素 */
array[line * width + col]
```

如果把首行计作第 1 行，首列计作第 1 列，并且数组 array 的下标从 1 开始，那就需要像下面这样调整代码中的 line。

```
array[(line-1) * width + col]
```

C 语言的数组之所以从 0 开始，一个原因就是为了迎合语法（后述）。但用习惯之后，比起从 1 开始的数组，从 0 开始的数组要方便得多。

> 这年头的内存都大得很，所以在声明数组时多一个元素长度，下标就从 1 开始使用好了。

比起这种**敷衍了事**的想法，还不如去习惯使用从 0 开始的数组，除非你正在移植 FORTRAN 的程序。

1-4-2 数组与指针的微妙关系

如前所述，对指针加 n，则指针前进“该指针所指向的类型的长度 $\times\ n$”。

也就是说，对指向数组中某个元素的指针加 n，则该指针就会指向其 n 个元素之后的元素。

我们通过下面的程序来验证一下（代码清单 1-9）。

代码清单 1-9
array2.c

```
 1 #include <stdio.h>
 2
 3 int main(void)
 4 {
 5     int array[5];
 6     int *p;
 7     int i;
 8
 9     /* 对数组array设置值 */
10     for (i = 0; i < 5; i++) {
11         array[i] = i;
12     }
13
14     /* 输出其内容(指针版) */
15     for (p = &array[0]; p != &array[5]; p++) {
16         printf("%d\n", *p);
```

```
17     }
18
19     return 0;
20 }
```

运行结果如下所示，与代码清单 1-8 的运行结果中前半部分是一样的。

```
0
1
2
3
4
```

第 15 行的 `for` 语句是先将指针类型变量 `p` 指向 `array[0]`，随后通过 `p++` 顺序递增，直到指向 `array[5]`（虽然它并不存在）为止（图 1-8）。

图 1-8
利用指针输出数组的值

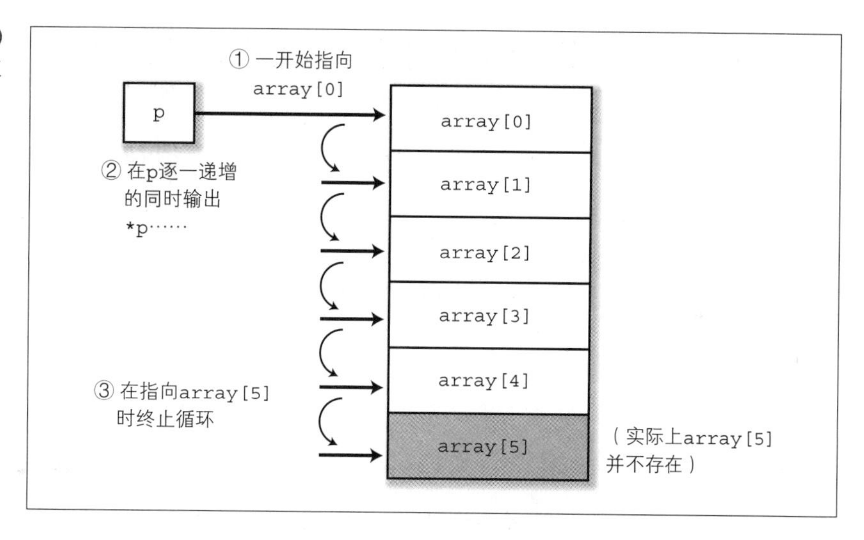

使用 `++` 运算符对指针加 1，指针就会前进 `sizeof(int)` 个字节，很巧妙。

另外，把第 15 行 ~ 第 17 行改写成下面这样也是可以的（姑且称之为“改写版”）。

```
/* 使用指针输出数组的内容(改写版)*/
p = &array[0];
for (i = 0; i < 5; i++) {
    printf("%d\n", *(p + i));
}
```

采用这种写法，指针类型变量 p 的值并不是逐一增加的，而一直是固定的，在输出时才加上 i。

那么，你觉得这种写法容易阅读吗？

至少在我看来，不论是写成 p++，还是 *(p + i)，都非常难以阅读。还是像一开始的例子中的 array[i] 那样的写法更容易理解。

事实上，本书的主张是，使用指针运算的写法难以阅读，所以让我们**抛弃这种写法吧**。

但是，且不论写法是好是坏，C 语言中现实存在的指针运算这一功能真的很奇葩。关于 C 语言中为什么会有指针运算这样的奇葩功能，我们稍后将予以说明。

1-4-3 下标运算符 [] 与数组毫无关系

上一节的“改写版”程序是像下面这样将指针指向数组开头的。

```
p = &array[0];
```

其实，使用下面这种写法也可以。

```
p = array;
```

关于这个写法，有人会像下面这样说明。

> 在 C 语言中，如果在数组名后不加 []，而只写数组名，那么此名称就表示“指向数组初始元素的指针”。

在此，我可以明确地告诉大家，上面的说明是错误的*。

实际上，不论有没有 []，**在表达式中，数组都会被解读成指向其初始元素的指针**。

或许很多人不明白我在说什么，那就让我们一步一步说明一下。

这里把 &array[0] 替换成 array，进一步将“改写版”程序修改成下面这样。

```
p = array; ⬅只修改了这里
for (i = 0; i < 5; i++) {
```

* 或许应该出于礼貌勉为其难地说：“这个说明并不一定是错误的。”但考虑到实际听到这个说明的人可能会产生误解，我觉得还不如直截了当地指出“这个说明完全是错误的”。

```
    printf("%d\n", *(p + i));
}
```

另外，在这个程序中，*(p + i)这部分也可以写成p[i]。

```
p = array;
for (i = 0; i < 5; i++) {
    printf("%d\n", p[i]);
}
```

也就是说，*(p + i)和p[i]是一个意思，后者是前者的简便写法。

在本例中，一开始执行了p = array;的赋值，这里的p从最初被赋值之后就再也没有改变。那么，不特地引入p这样的变量，而直接写成array，不就行了吗？

```
for (i = 0; i < 5; i++) {
    printf("%d\n", array[i]);
}
```

哎呀，好像又绕回去了。

因此，p[i]只是*(p + i)的简便写法，除此以外，**根本、完全、毫无意义**！这在像array[i]这样直接在数组名后加上[]的情况下也是一样的。这是由于，哪怕写成array[i]，array也仍然会被解读成"指向数组初始元素的指针"。

也就是说，当你想着"指针太难了，我还是老老实实地用数组吧"，并像下面这样声明数组，然后通过array[i]访问时，**你就已经在使用指针了**。

```
int array[5];
```

这是因为，即使乍一看只是数组访问，但其实在这种情况下array就已经被解读为指针，array[i]也已经被解读为*(array + i)了。

此外，"在表达式中，数组都会被解读成指向其初始元素的指针"这个规则有3种例外情况，我们将在第3章详细说明。

虽然有些违背常理，但**下标运算符[]的确与数组毫无关系**，至少在语法上是这样的。

这就是C语言的数组下标要从0开始的原因之一。

要点

【非常重要！】
在表达式中，数组都会被解读成指向其初始元素的指针。
尽管有3种例外情况，但与数组名后加不加 [] 没有关系。

要点

p[i] 是 *(p + i) 的简便写法。
下标运算符 [] 只有它原本的意义，与数组毫无关系。

保险起见，这里申明一下，我们说 [] 与数组毫无关系，这里的 [] 只是在表达式中出现的下标运算符 []。

声明中的 [] 还是表示数组。前面也提到过，声明中的 [] 和表达式中的 [] 意思全然不同。表达式中的 * 和声明中的 * 意思也完全不同。正因为如此，C语言的声明才变得十分晦涩难懂。对此，第3章将详细说明。

另外，把 a + b 改写成 b + a，其意义一般是不变的，因此 *(p + i) 也可以写成 *(i + p)。而由于 p[i] 是 *(p + i) 的简便写法，所以实际上也可以把 p[i] 写成 i[p]。

在引用数组内容时，虽然通常写成 array[5]，但写成 5[array] 也可以。但是这种写法除了让代码变得难以阅读以外，没有半点好处。

要点

p[i] 也可以写成 i[p]。

要点

【比上面的要点更重要的要点】
但是，千万别写成那样。

实际情况是，C语言中的指针和整数的类型是不同的，因此 i[p] 的写法容易导致编译时报错，而且我认为对于这种写法，本来就应该报错。因为写成 i[p] 这样，除了让程序的可读性变差之外*，别无他用。

在C语言的FAQ中，对于能够使用 i[p] 这种写法的特性，有如下描述。

* 这种写法在国际C语言乱码大赛（The International Obfuscated C Code Contest，IOCCC）中或许可以派上用场。

> 这一非凡的可兼容性，在 C 语言相关的文章中经常被描述得好像很值得骄傲一样，但其实除了在国际 C 语言乱码大赛中使用之外，并没有什么用处。

C 语言之所以允许这种写法，或许是因为受到了不区分指针和整数的 B 语言的影响，但无论如何这都不是什么值得骄傲的事情。

补充 语法糖

由于 `p[i]` 是 `*(p + i)` 的简便写法，所以实际上就算没有 `[]` 这样的运算符也没关系。至少对编译器来说是这样的。

然而，对于人类来说，`*(p + i)` 这样的写法既难以阅读，写起来也（增加了打字量）很麻烦。于是（仅仅）为了让人类易于理解，C 语言引入了 `[]` 运算符。

像这样（仅仅）为了让人类易于理解而引入的功能，的确让我们尝到了编程语言的甜蜜味道（易于着手），因此我们称这些功能为语法糖（syntax sugar 或 syntactic sugar）。

1-4-4 为何存在指针运算这种奇怪功能

要访问数组内容，直接使用下标不就好了？为什么 C 语言中还存在指针运算这样奇怪的功能呢？

原因之一是受到了其祖先 B 语言的影响。

1-1-1 节的补充内容里也有所提及，B 是没有类型的语言。B 语言可以使用的类型只有 `word` 类型（总之就是整数类型），指针也是被当作整数处理的（像浮点数这样的高级货是没有的）。而且，虽说 B 语言是运行在虚拟机上的解释器，但这个虚拟机是以 `word` 为单位分配地址的（如 1-2-1 节所述，如今常见的计算机都以字节为单位）。

由于 B 语言的地址以 `word` 为单位，所以对指针（单纯表示地址的整数）加 1，指针就会自动指向数组的下一个元素。为了继承这一点，C 语言里引入了“对指针加 1，则指针前进该指针所指向的类型的长度”这一规则*。

* 对此，论文（或者说是散文）“The Development of the C Language”里有相关记载，可以从丹尼斯・里奇的网页获取。

p[i] 是 *(p + i) 的语法糖，这一规则在 B 语言里也是一样的。不过，这里的 (p + i) 只不过是单纯的整数之间的加法运算 *。

* 因此，B 语言理所当然允许把 p[i] 写成 i[p]。没想到 C 语言竟然原封不动地继承了这种规则（真让人无语）。

C 语言中存在指针运算的另一个原因是，以前使用指针运算能够写出更高效的程序。

我们经常使用数组循环来执行各种处理，如下所示。

```
for (i = 0; i < LOOP_MAX; i++) {
    /*
     * 此处使用array[i] 进行各种处理
     * array[i] 会多次出现
     */
}
```

array[i] 会在循环中多次出现，每次都要进行相当于“array + (i * 1 个元素长度）”的乘法与加法运算，效率当然很低。

与此相对，在如下所示的使用指针运算的程序里，虽然 *p 在循环中多次出现，但只需在循环结束时执行 1 次乘法与加法运算就可以。

```
for (p = &array[0]; p != &array[LOOP_MAX]; p++) {
    /*
     * 此处使用*p进行各种处理
     * *p会多次出现
     */
}
```

K&R 中写道：“一般来说，用指针的程序比用数组下标编写的程序执行速度快。”（见该书 5.3 节）可以认为，上面的说明正是 *K&R* 中如此叙述的根据。

然而，这些无论怎样都是**陈年旧事**了。

如今，编译器不断优化，对于循环内部重复出现的表达式的集中处理是编译器优化的基本内容。以现在一般的 C 编译器来说，不论是使用数组还是指针，效率上都不会有太明显的差异。在大部分情况下，生成的机器码是完全相同的。

总的来说，可以认为是早期的 C 编译器**在优化上偷工减料**而导致不得不附加指针运算这一功能。请回想一下，C 原本就只是一线开发人员为解决眼前问题而设计出来的语言。UNIX 之前的操作系统大多是由汇编器所写的，所以即使可读性有些差，人们也不会觉得那是什么大问题。另外，就当时的环境来说，追求什么编译器优化实在有点强人所难，所以**在 C 语言刚刚问世时**，指针运算应该是必要的功能，可是……

1-4-5 别再滥用指针运算了

前面提到了被誉为 C 语言圣经的 *K&R* 中的表述："一般来说，用指针的程序比用数组下标编写的程序执行速度快。" 这完全是**时代性错误**。

然而，如前所述，以如今的编译器来说，不论是使用指针运算还是下标运算，生成的都是几乎完全相同的可执行代码。

既然如此，难道不应该放弃指针运算*，老老实实地使用下标访问吗？

* 虽然下标运算符 [] 也算是指针运算的语法糖，但这里提到的"指针运算"指的是明确地对指针进行加减运算的语句。

虽然 *K&R* 被许多人奉为经典，但我绝不会把这本书拿来当作新人培训的资料。因为书中的示例程序滥用指针运算的程度简直令人崩溃。

乐此不疲地写着 `*++argv[0]` 这样莫名其妙的代码，实在让人心烦。

K&R 的 5.5 节中有如下关于 `strcpy()` 的实现示例。

```
/* strcpy: 把t复制到s；指针版3 */
void strcpy(char *s, char *t)
{
    while (*s++ = *t++)
        ;
}
```

> 该函数乍一看不太容易理解，但这种写法是很有好处的，我们应该掌握这种方法，C 语言程序中经常会采用这种写法。

既然知道"乍一看不太容易理解"，那就不应该这么写，不是吗？*

* 尤其是在这段代码中，指针在循环结束后指向了空字符的下一个字符，因此如果此后要继续复制其他字符串，就很容易诱发 Bug。

似乎满大街的 C 语言入门书都在告诉我们，与使用下标的代码相比，使用指针运算的代码效率更高、更有 C 语言风格。

但是，所谓"效率更高"的说法早已成了幻想。再说，像这种"细枝末节"的优化工作，与其让人类一点点地去做，还不如交给编译器去处理。

所谓"更有 C 语言风格"倒可能是这么回事儿。但是，如果只是为了使代码更有 C 语言风格而让它变得难以理解，那还是抛弃这种恶习吧，这才算是为世界和人类谋幸福。

在完成学校的作业题时，经常遇到这种情况：刚使用下标写完程序，结果又来一道题要求"使用指针重写上一道题"。

说实话，这毫无意义。碰到这种题，你可以直接把使用下标的程序原封不动地提交上去，要是遭到了批评，可以像下面这样顶回去。

咦？下标运算符 [] 只不过是指针运算的语法糖而已，所以这种写法也是在使用指针啊。

要是又遭到了批评，那你可以把下标版程序里的 p[i] 全部机械地替换成 *(p + i)。不过，要是因此而丢了学分，我可概不负责哦。

在 C 语言的世界里，人们总会觉得使用指针运算比使用下标更酷一些。

但是，与其在这种无所谓的地方要酷，倒不如多花点时间去学一些有用的知识，毕竟作为一个程序员，还有堆积如山的知识等着你去学习呢。

话说回来，任何规则当然都有例外，例如在一个庞大的 char 类型数组中，硬是塞进了各种类型的数据，那么当想要从中取出第 *n* 个字节的数据时，使用指针运算的代码，其可读性还算比较高。

不过，身为 C 语言程序员，如果读不懂指针运算的代码，那就有点不像话了——现实就是这么悲惨。

不管怎么说，至少从现在开始，要尽量使用下标来写新的程序。这样做不论是对自己还是对以后阅读你写的代码的人，都有好处。

补充 更改参数的做法可取吗

刚才列举的 *K&R* 中的 strcpy() 实现示例中直接使用 ++ 修改了形参 s 和 t。

的确，在 C 语言中，形参可以与预先设值的局部变量一样使用，所以从语法上来说，修改形参的值没有任何问题。但是，我从来不这么做。

函数的参数是从调用方那里获得的重要信息。如果稀里糊涂地把它改掉，就再也变不回去了。一旦修改了参数，等到以后需要在其后添加处理，或者需要在调试时看一下变量内容时，就很难办了。

此外，参数都应该有一个具有某种意义的名称（从这个角度来说，之前的 strcpy() 也是个不好的示例）。在多数情况下，修改参数的做法会造成参数以违背其名称意义的方式被“挪作他用”*。

顺便提一下，Ada、Eiffel 和 Scala 不允许修改作为输入传递进来的参数*。

* 比如被用作循环计数。

* 不过，我认为它们内部传递参数的方式应该与 C 语言大致相同。

1-4-6 试图将数组作为函数参数传递

这里我们举一个很实用的例子：思考如何使用函数从英语的文本文件中将单词一个一个地读取出来。

可以模仿 fgets()，将调用形式写成下面这样。

```
int get_word(char *buf, int buf_size, FILE *fp);
```

该函数以单词的字符个数为返回值，当读到文件末尾时返回 EOF。

仔细想来，对单词进行定义还真不是一件简单的事，这里索性就认为通过 C 语言的宏 isalnum()（ctype.h）返回真的连续字符就是单词，否则就是空白字符。

当单词长度大于 buf_size 时，处理起来会很麻烦，所以在遇到这种情况时就果断执行 exit()。

如代码清单 1-10 所示，可以配合使用 main() 对该函数进行测试。

代码清单 1-10 get_word.c

```
 1 #include <stdio.h>
 2 #include <ctype.h>
 3 #include <stdlib.h>
 4 
 5 int get_word(char *buf, int buf_size, FILE *fp)
 6 {
 7     int len;
 8     int ch;
 9 
10     /* 跳过空白字符 */
11     while ((ch = getc(fp)) != EOF && !isalnum(ch))
12         ;
13 
14     if (ch == EOF)
15         return EOF;
16 
17     /* 此处ch里存放着单词的首字母 */
18     len = 0;
19     do {
20         buf[len] = ch;
21         len++;
22         if (len >= buf_size) {
23             /* 因单词过长而报错 */
```

```
24              fprintf(stderr, "word too long.\n");
25              exit(1);
26          }
27      } while ((ch = getc(fp)) != EOF && isalnum(ch));
28
29      buf[len] = '\0';
30
31      return len;
32  }
33
34  int main(void)
35  {
36      char buf[256];
37
38      while (get_word(buf, 256, stdin) != EOF) {
39          printf("<<%s>>\n", buf);
40      }
41
42      return 0;
43  }
```

main() 中声明的数组 buf 在 get_word() 中被填充了值。

在 main() 中，buf 被作为参数传递，但由于函数的实参在表达式中，所以 buf 会被解读成指向数组初始元素的指针。因此，接收 buf 参数的 get_word() 才可以像下面这样以 char * 的形式接收 buf。

```
int get_word(char *buf, int buf_size, FILE *fp)
```

其次，可以在 get_word() 中像 buf[len] 这样操作 buf 的内容。这是因为 buf[len] 是 *(buf + len) 的语法糖。

在 get_word() 中使用下标运算符访问 buf 的内容，会让人觉得从 main() 传递过来的就是 buf 数组。然而，这是个错觉，从 main() 传递过来的说到底只是指向 buf 的初始元素的指针（请回想一下，1-1-11 节说过 C 原本就是只能处理标量的语言）。

准确来说，在 C 语言中，我们无法将数组作为函数参数来传递。但是可以像上面这样，通过传递指向初始元素的指针来达到将数组作为参数传递的效果。

要点

如果想要将数组作为函数参数传递，那就传递指向初始元素的指针。

不过，平时将 int 等作为参数传递的情况，与本例中将数组作为参数传递的情况，其传递方式完全不同。

在 C 语言中，参数全部都是通过值传递的，传递给函数的都是它的副本。本例中也一样，传递给 get_word() 的是指向 buf 的初始元素的指针的副本。而 main() 和 get_word() 引用的都是 buf 这个数组本身，而不是 buf 的副本。正因为如此，我们才能使用 get_word() 对 buf 填充字符串并返回。

时不时地就会有人据此断言："在 C 语言中，数组是通过引用传递的。"因此，这里我重申一下，在 C 语言中，参数全部都是通过值传递的。get_word() 的示例只是对指向数组 buf 的初始元素的指针进行了值传递。

另外，初学者经常会有这样的疑问："在使用 scanf() 输入 int 类型的值时，传进来的变量名称前需要加上 &，那为什么在输入字符串时不用加 & 呢?"在此，我也解答一下这个问题。在使用 scanf() 输入字符串时，虽然传递的是 char 的数组，但根据"数组在表达式中会被解读为指向初始元素的指针"这一规则，char 的数组会变成指针，而由于这个指针是通过值传递的，所以在 scanf() 中能够实现向调用源的数组里填充结果的功能。

补充 如果对数组进行值传递

如果出于某些原因，你不得不将数组的副本作为参数进行传递，也不是没有办法实现。请将整个数组定义成结构体的成员。因为正如 1-1-11 节中所说，虽然 C 语言原本是只能使用标量的语言，但对于结构体，则从较早的时期就已经可以进行集中处理了。

但是，我们还是要知道，该方法在效率上是有问题的。当数组很庞大时，一点一点地获取副本可能会拖慢程序。

顺便说一下，我曾经在思考黑白棋的行棋思路时，使用该方法对表示棋局的二维数组进行了值传递。在这类游戏的行棋思路里，需要通过对"在这里这样下的话会变成这样"这种巨大的树形结构进行递归查找，从而得出最佳棋招，所以每下一步棋，都需要生成棋局的副本。我感觉，也就只有在这种情况下才需要使用这种技术。

1-4-7 声明函数形参的方法

如下所示，本书的示例程序中将 get_word() 的参数 buf 定义为 char *。

```
int get_word(char *buf, int buf_size, FILE *fp)
```

可能有人会说：“咦？我可一直都是像下面这样写的呀。”

```
int get_word(char buf[], int buf_size, FILE *fp)
```

只有在声明函数形参时，才可以将数组的声明解读为指针。

比如，编译器会特别地把

```
int func(int a[])
```

解读成

```
int func(int *a)
```

即使像下面这样写上元素个数，编译器也会**无视**。

```
int func(int a[10])
```

这也是一种语法糖。

要注意的是，在 C 语言的语法中，只有在这种情况下 int a[] 和 int *a 才具有相同的意义。对此，第 3 章将详细说明。

要点

以下形参声明全部都是同一个意思。

```
int func(int *a) /* 模式1 */
int func(int a[]) /* 模式2 */
int func(int a[10]) /* 模式3 */
```

模式 2 与模式 3 是模式 1 的语法糖。

补充 C语言为什么不进行数组边界检查

通常，C 语言没有数组边界检查的功能。拜这一点所赐，当对超出下标范围的内存执行写入操作时，会发生**内存损坏**这一糟糕现象。要是操作系统在程序执行早期就发现异常并报出了“Segmentation fault”（段错误）或“xx.exe 已停止工作”之类的消息，那还算是比较幸运。要是运气不好，程序中相邻变量的内容遭到了破坏但程序仍然不自知还继续运行，直到很久之后才在程序深处发生错误，那就会造成巨大影响。

有些人觉得老是执行边界检查会影响效率，所以不愿意去检查，那至少也应该在编译时给个选项，让编译器在调试模式下进行编译时实施数组边界检查。会这样想的应该不止我一个。

但是，请稍微再想一想这个问题。

如果是像 `int a[10];` 这样声明数组，并通过 `a[i]` 引用它的内容的编程语言，可以很轻松地进行边界检查。但是，在 C 语言中，表达式中的数组会立刻被解读成指针。另外，还可以使用其他指针变量指向数组中的任意元素，并且可以随意地对这个指针变量进行加减运算。

虽然在引用数组内容时，可以使用 `a[i]` 的写法，但这只不过是 `*(a + i)` 的语法糖而已。

另外，在向其他函数传递数组时，实际上传递的是一个指向初始元素的指针，但此时数组长度不会被自动传递过去。前面提到的 `get_word()` 使用了 `buf_size` 参数来传递 `buf` 的长度，但这之间的关系只有写的人知道，编译器是不知道的。

与其他语言相比，这样的语言在编译时生成数组边界检查的代码的难度不是一般大。

如果无论如何都想要进行边界检查，可以考虑将指针封装成结构体，使得指针本身在运行时能够获得自己的可取值范围。但是，这种做法对运行性能会有很大影响，而且会丧失在非调试模式下编译的库与指针的兼容性。

总的来说，在现阶段实际可供使用的编译器中，几乎没有能够进行数组边界检查的。不过，如果是解释器的运行环境，似乎可以进行数组边界检查。

1-4-8 C99中的可变长数组

长期以来，说到C语言的数组，人们就会想到它的长度是固定的，除非使用malloc()动态分配内存，否则就需要在源文件里直接写出数组长度。例如，在如下所示的数组声明中，声明的是固定长度为10的数组。

```
int array[10];
```

从ISO C99开始，对于自动变量（非static的局部变量），我们可以在上面代码中“10”的地方写入变量，这称为**可变长数组**（Variable Length Array，VLA）。另外，从前C语言常常把使用malloc()分配可变长内存空间的技术叫作“可变长数组”*，为避免混淆，本书把C99中的可变长数组称为**VLA**，把使用malloc()分配的数组称为**动态数组**（见第2章和第4章）。

* 这并不是标准中正式规定的名称。

代码清单1-11就是一个VLA的示例。

代码清单1-11
vla.c

```
 1 #include <stdio.h>
 2
 3 int main(void)
 4 {
 5     int size1, size2, size3;
 6
 7     printf("请输入3个整数值\n");
 8     scanf("%d%d%d", &size1, &size2, &size3);
 9
10     // 可变长数组的声明
11     int array1[size1];
12     int array2[size2][size3];
13
14     // 对可变长数组进行适当的赋值
15     int i;
16     for (i = 0; i < size1; i++) {
17         array1[i] = i;
18     }
19     int j;
20     for (i = 0; i < size2; i++) {
21         for (j = 0; j < size3; j++) {
22             array2[i][j] = i * size3 + j;
23         }
24     }
```

```
25
26      // 输出所赋的值
27      for (i = 0; i < size1; i++) {
28          printf("array1[%d]..%d\n", i, array1[i]);
29      }
30      for (i = 0; i < size2; i++) {
31          for (j = 0; j < size3; j++) {
32              printf("\t%d", array2[i][j]);
33          }
34          printf("\n");
35      }
36      printf("sizeof(array1)..%zd\n", sizeof(array1));
37      printf("sizeof(array2)..%zd\n", sizeof(array2));
38  }
```

运行结果如下所示。可以看到，程序根据用户从键盘输入的数值生成了数组。

```
请输入 3 个整数值
3 4 5    ⬅ 从键盘输入
array1[0]..0
array1[1]..1
array1[2]..2
        0       1       2       3       4
        5       6       7       8       9
        10      11      12      13      14
        15      16      17      18      19
sizeof(array1)..12
sizeof(array2)..80
```

代码清单 1-11 的第 8 行通过 scanf() 输入了 3 个值*，并以第 1 个值为长度声明了一维数组 array1，使用第 2 个和第 3 个值声明了二维数组 array2（第 11 行～第 12 行）。这种在非函数开头位置声明变量的写法也是 C99 的新功能。

* 关于 scanf()，请同时参考 2-1 节的补充内容。

在对该数组输入适当的数值后，程序输出了相应的结果。第 10 行、第 14 行和第 26 行中“以 // 开头的注释”也是 C99 的新功能。

第 36 行～第 37 行使用 sizeof 运算符输出了 array1、array2 的长度。由此可见，数组长度是由运行时从键盘输入的数值决定的（在我的环境中，int 是 4 字节）。

一直到 ANSI C 为止，sizeof 运算符的返回值都是在编译时决定的，而在 ISO C99 中，我们可以像这样在运行时决定。

“太好了！厉害！完美！超方便！”——你一定是这么想的吧？

但说到底，VLA 目前还是只能用于非 `static` 的局部变量，对于全局变量是不可用的，而且也无法利用 VLA 使结构体的成员可变长*。虽然这样看来，VLA 的可用场景似乎十分有限，但尽管如此，在很多情况下还是有它比较方便。不过，遗憾的是，在 C11 中 **VLA 被降格为可选功能**。如果定义了宏 `__STDC_NO_VLA__`，在该运行环境中就无法使用 VLA 功能了。

* C99 中添加了使结构体可以包含可变长成员的功能，即柔性数组成员，但这与 VLA 是不同的功能。

第 2 章

做个实验

——C 语言是怎样使用内存的

虚拟地址

关于内存与地址，我们在 1-2 节中进行了如下说明：

> 为了对内存进行读写，必须指定要访问的是庞大的内存空间里的哪个位置，这时使用的数值就是**地址**（address）。现在仅考虑以下情况：内存中的每个字节都有一个地址，地址编号从 0 开始顺序递增。

之所以说“现在仅考虑”，是因为真实情况并非如此。事实上，如今的计算机通常没有这么简单。

现在计算机等的操作系统都提供了多任务环境，可以同时运行多个程序（进程）。

那么，假如通过两个同时运行的程序输出它们各自的变量地址，这些地址有可能是一样的吗？如果物理内存中的地址从 0 开始顺序递增，而且通过 & 运算符获取该地址，那么这种情况应该不会发生。

下面我们做一个实验。首先，请将代码清单 2-1 编译为可执行文件。

这里将可执行程序命名为 vmtest。

代码清单2-1 vmtest.c

```
 1 #include <stdio.h>
 2
 3 int hoge;
 4
 5 int main(void)
 6 {
 7     char        buf[256];
 8
 9     printf("&hoge...%p\n", (void*)&hoge);
10
11     printf("Input initial value.\n");
12     fgets(buf, sizeof(buf), stdin);
13     sscanf(buf, "%d", &hoge);
```

```
14
15     for (;;) {
16         printf("hoge..%d\n", hoge);
17         /*
18          * 使用getchar()进入等待输入的状态
19          * 每敲击一次回车键，hoge的值都会增加
20          */
21         getchar();
22         hoge++;
23     }
24
25     return 0;
26 }
```

如今的运行环境大多提供了多窗口环境，所以请新开两个终端应用（在 Windows 上可以用命令行窗口或 PowerShell）。如果此时这两个窗口没有以完全相同的方式启动，那么后面的实验可能无法顺利进行。在使用 Windows 的情况下，可以两个窗口都从开始菜单启动。

然后，请在这两个窗口中（必要时可先通过 `cd` 命令进入可执行程序所在目录）运行刚才的程序。

在我的环境中，运行结果如图 2-1 所示。

第 9 行使用 `printf()` 输出了全局变量 `hoge` 的地址。然后，通过第 12 行的 `fgets()`，程序进入了等待输入的停止状态，所以在刚启动后的这段时间中，两个窗口中启动的程序肯定都处于运行中的状态。可是，`hoge` 的地址却**完全相同**。

从 C 语言程序来看，这两个程序里的 `hoge` 具有完全相同的地址，但它们却是不同的两个变量。请根据 `Input  initial  value.` 提示符，输入适当的值。该值将被赋给 `hoge`（第 13 行），然后通过第 16 行的 `printf()` 输出。随后，程序通过 `getchar()` 进入等待输入状态，每敲一次回车键，`hoge` 的值都会增加并输出。通过这个运行示例可以看出，这两个 `hoge` 明明具有完全相同的地址，却能够分别持有不同的值。

图2-1 通过两个进程同时输出变量地址

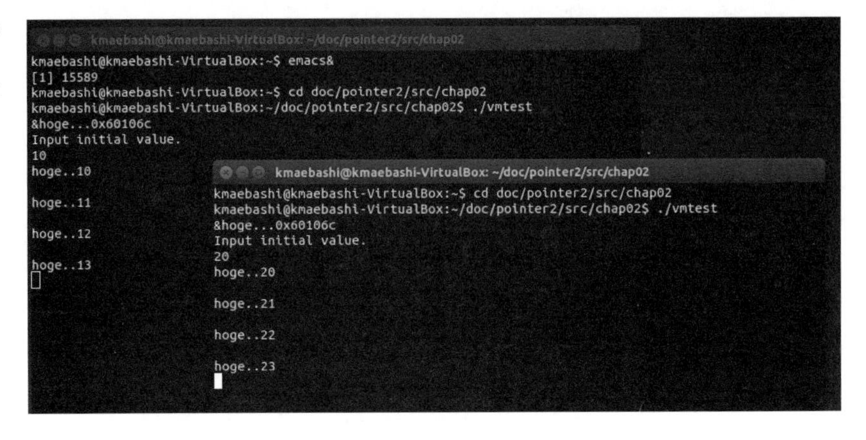

我在 Windows 10 和 VirtualBox 上的 Ubuntu Linux 中进行了该实验，在两种环境下都得到了这样的结果（编译器是 gcc）。

从这个实验可以看出，在如今的运行环境中，通过 `printf()` 输出的指针值，并非物理内存的地址本身。

如今的计算机等的运行环境* 对于应用程序的每个进程都会分配**独立的**虚拟地址空间。这与 C 语言无关，而是操作系统和 CPU 协同工作的结果。正是由于操作系统和 CPU 努力地给每个进程（程序）分配独立的地址空间，所以就算我这样粗枝大叶的程序员一不小心搞出 Bug，误写了不该写的内存区域，顶多也就是让当前进程崩溃，而不会影响其他进程。

* 小型嵌入式系统就又是另外一回事了。

当然，要想实际存储数据，还得仰仗物理内存。负责将物理内存分配给虚拟地址空间的是操作系统。

操作系统也会对每块内存区域设置“只读”或者“可读写”等属性，表示“这块区域是只读的”或者“这块区域是可读写的”。

程序的执行代码等通常是禁止写入的，所以有时需要与其他进程共享物理内存*。另外，当运行多个大型程序而导致物理内存不足时，操作系统会将物理内存中当前未被引用的部分撤至硬盘，以腾出空间（这称为**内存交换**）。当程序需要再次引用该内存空间时，（恐怕又需要把别的部分撤至硬盘）再把它从硬盘写回到内存。这一切工作全都是由操作系统在幕后完成的，应用程序对背后的这些操作一无所知。不过，你会听到硬盘咔咔作响，运行速度也会变得非常缓慢。

* 现在通常使用**共享库**这一手法来共享程序的一部分。在写入之前，连数据内存空间都可以共享。

之所以能够这样，还是多亏了虚拟地址。正是由于应用程序不直接面对物理内存地址，操作系统才可以任意地对内存空间进行再分配（图 2-2）。

图2-2
虚拟内存的概念图

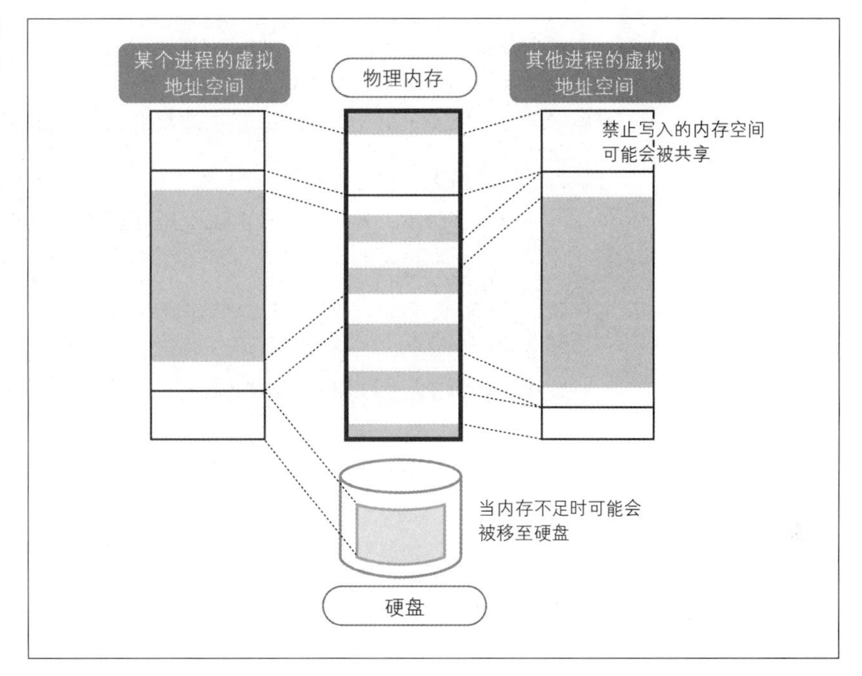

要点

在如今的运行环境中，应用程序面对的是虚拟地址空间。

补充 关于 scanf()

在代码清单 2-1 中，为了让用户输入整数值，我们使用了下面的两步式处理。

```
fgets(buf, sizeof(buf), stdin);
sscanf(buf, "%d", &hoge);
```

但在一般的 C 语言入门书中，多数采用的是下面这种方式。

```
scanf("%d", &hoge);
```

不过，在代码清单 2-1 中，如果使用这种写法，程序是无法如期运行的。恐怕最初的那个 getchar() 到不了等待输入的状态就退出了。

这个问题是由 scanf() 的设计造成的。

scanf() 不是以行为单位来解读输入数据，而是以连续输入字符的流来解读（换行符也视为一个字符）。

scanf() 从流中逐一读取字符，对与转义字符（%d 等）匹配的部分进行转换。

假设当转义字符为 %d 时，输入如下所示。

```
123<换行>
```

那么，scanf() 会从流中读取“到 123 为止的数据”，其中的**换行符会残留在流中**。因此，后续的 getchar() 就会读取到这个被剩下的换行符。

另外，当 scanf() 转换失败时（比如，指定了 %d，输入的却是英文字符等），scanf() 会把那部分数据遗留在流中。

scanf() 的返回值是成功赋值的数据项数。当想要认真进行错误检查而写出了如下程序时，

```
while (scanf("%d", &hoge) != 1) {
    printf("输入错误。请再次输入。");
}
```

只要用户有一次输入失误，该程序就会陷入无限循环。因为错误输入的字符串会被后续的 scanf() 再次读取。

像代码清单 2-1 那样将 fgets() 和 sscanf() 组合使用，（基本）可以避免此类问题。

当然，fgets() 也一样，一旦输入的字符串长度大于第 2 个参数所指定的长度，多余部分就会残留在流中。但由于本程序是自己使用的示例程序，所以这方面就容我偷个懒吧。

顺便说一下，虽然也可以通过在 scanf() 中指定复杂的转义字符来避免这类问题，但我还是觉得组合使用 fgets() 的方式处理起来更轻松一些。

另外，为了解决这个问题，有人会使用“fflush(stdin);”，但这个处理方法其实是**错误**的。

fflush() 是用于输出流的，不能用于输入流。在 C 语言标准中，fflush() 用于输入流的行为是未定义的。

补充 未定义、未指定、实现定义

上面一段提到“`fflush()` 用于输入流的行为是未定义的”。

对于**未定义行为**（undefined behavior），C 语言标准是这样描述的：关于使用没有可移植性或者不正确的程序组成元素时的行为，或者使用不正确的数据时的行为，本标准无任何强制要求。也就是说，要是执行了标准中“未定义”的代码，那么一切后果都请自负。人们常常将这种情况戏称为“即使魔鬼从你的鼻子里跳出来也与标准不矛盾”*。

类似的说法有**未指定行为**（unspecified behavior），对此标准中的描述是：本标准会提供两种以上的可能性，关于不同场合下选择哪种可能性不做强制要求。例如，函数参数的评估顺序是未指定的，因此对于表达式 `hoge(func1(), func2())`，`func1()` 与 `func2()` 到底哪个先被调用是未知的。不过，虽说顺序是未知的，但 `func1()` 和 `func2()` 的调用代码还是可以正常生成的。

另外，**实现定义行为**（implementation-defined behavior）是指各实现方式对从未指定行为中选定的行为进行文档化。例如 `char` 是否带符号是由实现方式定义的。实现方式可以任选其一，但必须将选择结果文档化。

* 这是在 comp.std.c 和 comp.lang.c 上流传的关于执行未定义代码的后果的一个玩笑话。
——译者注

2-2 C 语言中内存的使用方法

2-2-1 C 语言中变量的种类

C 语言的变量可以基于**作用域**（scope）* 和**存储期**（storage duration）这两个维度进行分类。

* 在标准中，作用域（scope）和链接（linkage）是分别定义的，包含在代码块内的是作用域，而链接则由 static 和 extern 控制。
通常所说的全局变量，其作用域是文件作用域（file scope），链接是外部链接（external linkage）。
但在程序员看来，无论是作用域还是链接，都是对命名空间的控制，因此本书中将它们统一称为“作用域”。

在编写小型程序时，我们可能对作用域的必要性没什么感觉。但是，对于几万行甚至几十万行的程序来说，作用域一定是不可或缺的。作用域限定了变量的有效范围，使得我们可以不必在意是否会发生名称冲突，也不必在意是否会改写不相干的变量内容（在 C 语言中，可能存在原本不可见的变量由于内存损坏或者通过指针进行了写入操作而遭到改写的情况）。

C 语言中变量的作用域有如下几种。

1. 全局变量

在函数外部定义的变量默认成为全局变量。

全局变量对程序的任何地方都是可见的。当程序被分割为多个源文件进行编译时，只要声明了全局变量，就可以从其他源文件引用它。

2. 文件内的 static 变量

即便是像全局变量那样在函数外部定义的变量，一旦加上 `static`，其作用域就只限定在当前源文件内。指定为 `static` 的变量（函数）对于其他源文件是不可见的（函数也是一样的）。

英语 static 的意思是“静态的”。在后面讲到存储期的控制时，我们也会用到这个单词。但是，“将作用域限制在文件内”这个看起来完全不相干的功能却被冠以“static”，从这一点也可以看出 C 语言有多么随意。

3. **局部变量**

在函数中声明的变量就是局部变量。局部变量只能在其声明所在的代码块（用 {} 括起来的范围）中被引用。

局部变量通常在函数开头进行声明，但也可以在函数内部的代码块的开头进行声明。由于作用域只限定在该代码块内，所以在需要使用一下临时变量以交换两个变量的内容的情况下，将局部变量的声明放在当前代码块开头还是比较方便的。另外，从 C99 开始，我们就已经可以像 C++、Java 和 C# 那样，在代码块的中间位置声明局部变量了。

局部变量在离开相应代码块时就被释放了。如果不想释放（希望再次进入该代码块时它能保持相同的值），在声明时加上 `static` 即可（详见后文）。

接下来，我们看一下**存储期**。C 语言中有以下两种存储期。

1. **静态存储期**（static storage duration）

   全局变量、文件内的 `static` 变量以及带 `static` 限定的局部变量都具有**静态存储期**，这些变量有时也被统称为**静态变量**。

   具有静态存储期的变量拥有从程序开始到结束为止的生命周期。换言之，它一直存在于内存的同一地址上。

2. **自动存储期**（auto storage duration）

   不带 `static` 限定的局部变量具有**自动存储期**，这样的变量被称为**自动变量**。

   具有自动存储期的变量，在程序进入其所在代码块时被分配内存空间，在程序离开该代码块时内存空间被释放*。这通常是使用栈的机制实现的，详细内容请参考 2-5 节。

* 在具体实现上，我觉得许多运行环境并不是在“程序进入代码块时”给自动变量分配内存空间的，而是在“程序进入函数时”统一进行内存分配的。

此外，在 C 语言中，也可以使用 `malloc()` 函数动态分配内存。这样分配的内存具有直到被 `free()`（释放）为止的生命周期。

当需要在程序中保持某些数据时，必须在内存中的某个地方获取相应的内存空间。总的来说，在 C 语言中，内存空间的生命周期有以下几种。

1. **静态变量**

   生命周期从程序运行时开始，到程序关闭时结束。

2. **自动变量**

   生命周期直至程序离开该变量声明所在的代码块为止。

3. 通过 malloc() 分配的内存空间

生命周期直至 free() 被调用为止。

要点

在 C 语言中，内存空间的生命周期有以下 3 种。

1. 静态变量：生命周期从程序运行时开始，到程序关闭时结束。

2. 自动变量：生命周期直至程序离开该变量声明所在的代码块为止。

3. 通过 `malloc()` 分配的内存空间：生命周期直至 `free()` 被调用为止。

补充 存储类说明符

C 语言的语法将以下关键字定义为存储类说明符：

```
typedef extern static auto register
```

然而，在这些存储类说明符中，真正用于指定变量存储期的，其实只有 static*。

extern 是“使在别处定义的外部变量在此处也可见”的意思，而 auto 本来就是默认的，因此无须指定。register 用于给编译器提供优化提示。虽然加上该说明符的变量会被优先分配给寄存器（因此就无法使用 & 运算符了），但最近的编译器实现都已经很到位了，一般用不到这个说明符。至于 typedef，它所定义的根本就不是变量而是类型名称，只是由于可以给编码带来便利才被归入存储类说明符。

请大家不要被这一大堆存储类说明符乱了阵脚。

* 而且，假如 static 被用在函数外部，则它所控制的也并非是存储期，而是作用域……

2-2-2 尝试输出地址

如前所述，C 语言的变量具有若干阶段的作用域，而且变量之间还有存储期的区别。另外，我们也可以通过 malloc() 动态分配内存。

这些变量在内存中到底是如何配置的呢？我们写一个测试程序来验证一下（代码清单 2-2）。

【注意!】

实际上代码清单 2-2（也?）并没有严格遵守 C 语言标准。

正如我们后面会讲到的，第 28 行和第 29 行通过 printf() 输出了指向函数的指针，为此这里将指针的类型转换成了 void*。但是，指向函数的指针与指向 int 或指向 char 的指针不同，是不能转换成 void* 的。实际上，在 gcc 中，加上用来关闭 gcc 扩展功能的选项 -pedantic 之后，此处的类型转换会报出以下警告。

```
warning: ISO C forbids conversion of function pointer to
object pointer type
```

虽然 printf() 中的转义字符 %p 是支持 void* 的，但（无论是 C99 还是 C11）没有一个转义字符可以输出指向函数的指针。因此，现在的情况就是，不存在可以通过 printf() 输出指向函数的指针的“正确”方法。

但是，由于在大多数运行环境中，即便报出警告，程序也能正常运行，所以这里没有严格遵守标准，而是实际输出了地址，以便大家“实际感受”变量在内存上的配置。

代码清单2-2
print_address.c

```
 1 #include <stdio.h>
 2 #include <stdlib.h>
 3 
 4 int                 global_variable;
 5 static int          file_static_variable;
 6 
 7 void func1(void)
 8 {
 9     int func1_variable;
10     static int local_static_variable;
11 
12     printf("&func1_variable..%p\n", (void*)&func1_variable);
13     printf("&local_static_variable..%p\n", (void*)&local_
   static_variable);
14 }
15 
16 void func2(void)
17 {
18     int func2_variable;
19 
20     printf("&func2_variable..%p\n", (void*)&func2_variable);
```

```
21 }
22
23 int main(void)
24 {
25     int *p;
26
27     /* 输出指向函数的指针 */
28     printf("func1..%p\n", (void*)func1);
29     printf("func2..%p\n", (void*)func2);
30
31     /* 输出字符串字面量的地址 */
32     printf("string literal..%p\n", (void*)"abc");
33
34     /* 输出全局变量的地址 */
35     printf("&global_variable..%p\n", (void*)&global_variable);
36
37     /* 输出文件内static变量的地址 */
38     printf("&file_static_variable..%p\n", (void*)&file_
   static_variable);
39
40     /* 输出局部变量 */
41     func1();
42     func2();
43
44     /* 通过malloc动态分配的内存的地址 */
45     p = malloc(sizeof(int));
46     printf("malloc address..%p\n", (void*)p);
47
48     return 0;
49 }
```

在我的环境中，运行结果如下所示。

```
func1..0x40057d
func2..0x4005b1
string literal..0x400760
&global_variable..0x601054
&file_static_variable..0x60104c
&func1_variable..0x7fff7faef52c
&local_static_variable..0x601050
&func2_variable..0x7fff7faef52c
malloc address..0x1d12010
```

一开始我们说要输出变量的地址，但代码清单 2-2 的第 28 行 ~ 第 29 行却输出了指向函数的指针。

如 1-2-3 节中所说，通过编译器转换成机器码的可执行文件到了运行的时候就会被放到内存里。也就是说，函数的机器码当然也是配置在内存中的某个地址上的。

在 C 语言中，表达式中的数组会被解读为指针，同样地，表达式中的函数也意味着指向函数的指针。函数可以通过**函数调用运算符** () 进行调用。由于第 28 行 ~ 第 29 行的 func1、func2 不带 ()，所以这里不会发生函数调用，func1、func1 会成为指向函数的指针。而且，通常这个指针指向的是函数的起始地址。

第 32 行用于输出被 "" 引起来的字符串（字符串字面量）的地址。

在 C 语言中，字符串表现为“char 的数组”。虽然字符串字面量的类型也是“char 的数组”，但由于表达式中的数组会被解读为“指向初始元素的指针”，所以表达式中的 "abc" 表示的就是存放该字符串的内存空间的起始地址。

第 35 行和第 38 行分别用于输出全局变量的地址和文件内 static 变量的地址。

第 41 行和第 42 行用于调用函数 func1() 和 func2()，第 12 行和第 20 行用于输出自动变量的地址，第 13 行用于输出 static 局部变量的地址。

回到 main() 函数，第 46 行用于输出通过 malloc() 分配的内存空间的地址。

好了，我们看一看实际输出的地址。

将地址按顺序重新排列，得到表 2-1。

表 2-1 地址一览表

地 址	内 容
0x40057d	函数 func1() 的地址
0x4005b1	函数 func2() 的地址
0x400760	字符串字面量
0x60104c	文件内 static 变量
0x601050	static 局部变量
0x601054	全局变量
0x1d12010	通过 malloc 分配的内存空间
0x7fff7faef52c	func1() 中的自动变量
0x7fff7faef52c	func2() 中的自动变量

如你所见，“指向函数的指针”与“字符串字面量”被放置在相当接近的内存区域中。另外，不论是局部变量，还是文件内 static 变量，又或是全局变量，所有的静态变量都被配置在相当接近的内存区域中。离它们稍远一些的是存放通过 malloc 分配的内存空间的区域，更远的则是存放自动变

量的内存区域。func1() 的自动变量与 func2() 的自动变量被分配了完全相同的内存地址。

在我的环境中，各个区域的地址如图 2-3 所示。

图2-3
各种各样的地址

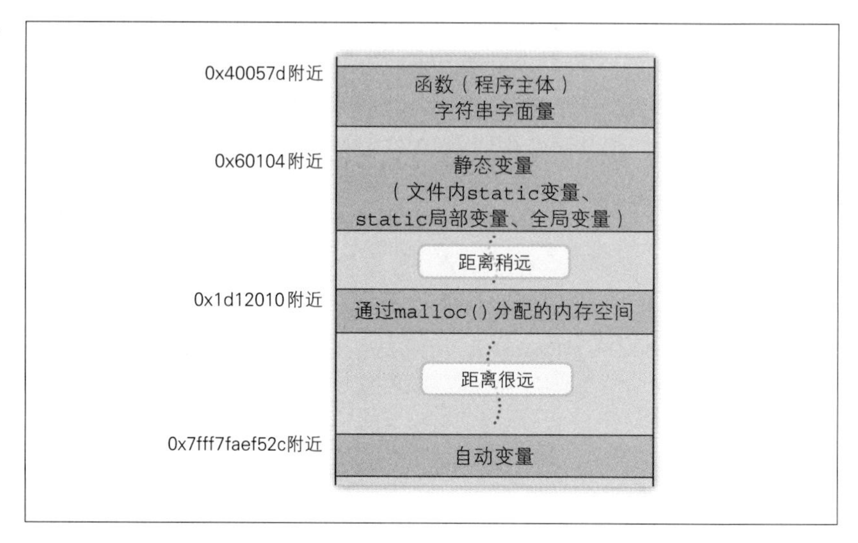

从图 2-3 可以看出，各个区域之间空出了相当大的间隙。当然，这些“间隙”的部分是不会被分配物理内存的，因此内存也并不会被浪费*。它们会被用于虚拟内存。

下一节，我们将对各个区域逐一进行说明。

* 之所以这样配置，是出于安全性方面的考虑。具体请参考 2-5-4 节的补充内容。

2-3 函数与字符串字面量

2-3-1 只读内存区域

在我的运行环境中，函数（程序）主体与字符串字面量被配置到了相邻地址上。

这并非偶然，而是由于在如今的大多数操作系统中，函数主体与字符串字面量是一并配置在同一个**只读内存区域**（以下称为“只读区”）中的。

由于函数（程序）主体本就不可能需要改写，所以被配置在只读区中。其实在很久以前，由机器语言程序改写自身代码的技术倒是很常用的*，但如今绝大多数操作系统禁止使用该技术。

* 我就使用过这种技术。在Z80语言中，只能通过直接指定绝对地址来执行子程序调用……话说，怎么感觉自己变成忆当年的老大爷了。

一方面，能够改写自身代码的程序可读性差；另一方面，当执行程序变为只读时，在同时启动多个相同程序的情况下，通过在物理地址上共享程序，能够节约物理内存。另外，由于硬盘上已经存放了可执行程序，所以就算遇到了内存不足的情况，也无须将程序切换到内存交换区，直接舍弃掉就可以。

对于字符串字面量，如今这些比较像样的运行环境都将其配置在只读区，但以前有些运行环境会将其配置在可写区。因此，以前可以通过指定gcc中的 `-fwritable-strings` 选项使字符串字面量变为可写，但从gcc 4.0开始，该选项就已经无效了。从标准来看，ANSI C在发布时就已经将改写字符串字面量的行为设为未定义了，所以我们可以认为它就是只读的。

2-3-2 指向函数的指针

表达式中的函数会被解读成指向函数的指针，因此写成 func 就可以获取指向该函数的指针。这正如代码清单 2-2 的验证结果所示。

指向函数的指针说到底还是指针（地址），因此可以将它赋给指向函数的指针类型的变量。

指向函数的指针类型* 根据对象函数的返回值及参数的不同而不同，例如：

* 可简称为“函数指针”。——译者注

```
int func(double d);
```

当有这种原型的函数 func 时，保存指向函数 func 的指针的指针变量的声明如下。

```
int (*func_p)(double);
```

乍看上去这个变量声明可能让人摸不着头脑，所以说 C 语言的声明语法很变态，不过这里再怎么发牢骚也没用，所以让我们姑且将它放在一边（第 3 章将详细说明），来看一看指向函数的指针的用法。

代码清单 2-3 是使用了指向函数的指针的示例程序。

代码清单 2-3 func_ptr.c

```
1  #include <stdio.h>
2
3  /* 对参数加1.0后输出的函数 */
4  void func1(double d)
5  {
6      printf("func1: d + 1.0 = %f\n", d + 1.0);
7  }
8
9  /* 对参数加2.0后输出的函数 */
10 void func2(double d)
11 {
12     printf("func2: d + 2.0 = %f\n", d + 2.0);
13 }
14
15 int main(void)
16 {
17     void (*func_p)(double);
18
```

```
19      func_p = func1;
20      func_p(1.0);
21
22      func_p = func2;
23      func_p(1.0);
24
25      return 0;
26  }
```

运行结果如下所示。

```
func1: d + 1.0 = 2.000000
func2: d + 2.0 = 3.000000
```

代码清单 2-3 为我们准备了对参数加 1.0 后输出的函数 func1()，以及加 2.0 后输出的函数 func2()，第 19 行用于将 func_p 设置成 func1() 后执行 func_p(1.0); 的调用，第 22 行用于将 func_p 设置成 func2() 后同样地执行 func_p(1.0); 的调用。虽然仅看调用部分，两次调用写的都是 func_p(1.0);，但在实际调用时，第 1 次调用的是 func1()，第 2 次调用的却是 func2()，这正是它的巧妙之处。

使用 func_p(1.0) 这种格式的函数调用，就是将函数调用运算符 () 作用于指向函数的指针 func_p 的意思。这和我们平时写 printf("hello.\n"); 时的情况是一样的。因为此时的表达式中的 printf 也被解读为指向函数的指针了。

在数组中，当写成 array[i] 这样来访问元素时，array 会被解读为指向数组初始元素的指针。我们可以认为，在这一点上，函数也一样。

把指向函数的指针保存到变量中的技术经常被运用在以下场合。

1. 在显示 GUI 的按钮时，让按钮记忆“当自身被按下时要调用的函数”。
2. 复杂的处理通常会被整合成库，但在想要对其中一部分处理进行自定义时，例如对于排序程序，令程序从外部获取比较处理（例如标准库的 qsort()）。
3. 通过“指向函数的指针的数组”对处理进行分配。

关于第 3 点中的“指向函数的指针的数组”，我们会在第 5 章中另行说明。

2-4 静态变量

2-4-1 什么是静态变量

所谓静态变量，就是从程序启动直至结束为止一直存在的变量。因此，在（虚拟）地址空间上，静态变量占有固定区域。

静态变量包含全局变量、文件内 static 变量以及带 static 限定的局部变量。由于作用域各不相同，所以这些变量在编译或链接时具有不同的意义，但**在运行时会被当作相似的对象处理**。

2-4-2 分割编译与链接

在 C 语言中，一个程序可以由多个源文件构成，并且这些源文件可以在分别编译后连接起来。这在大规模编程工作中是非常重要的。的确，我们不可能让 100 名程序员一窝蜂地同时去折腾同一个文件。

另外，对于函数（非 static 限定）和全局变量，只要**名称相同**，即便位于不同的源文件中，也会被当作相同的对象处理。这项处理工作由一个叫作**链接器**（linker）的程序完成（图 2-4）。

图2-4 链接器

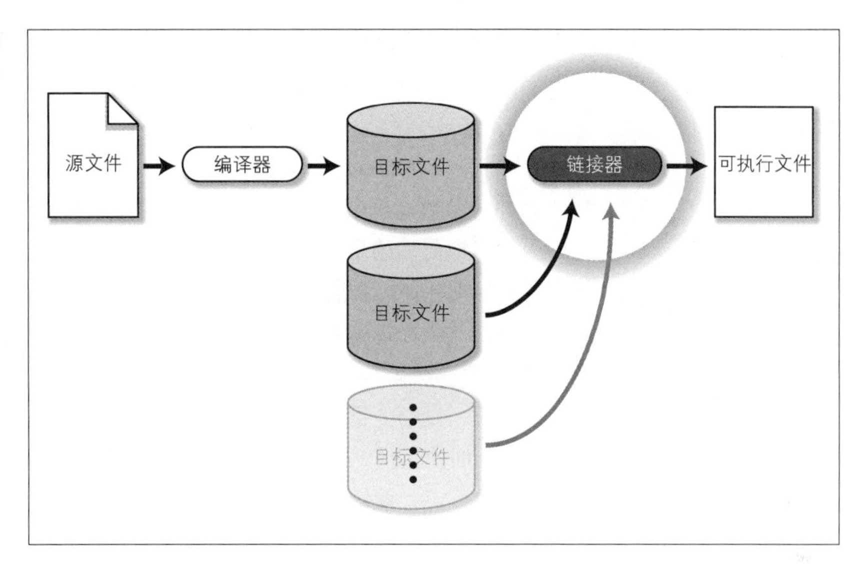

为了让链接器帮我们把名称连接起来，在大多数情况下，各个目标文件会备有**符号表**（symbol table）（具体根据实现方式而定）。例如，在 UNIX 中，可以通过 nm 命令查看目标文件中的符号表。

这里先跟大家说一声抱歉，接下来要用一下 UNIX 中特有的命令。我们先试着在编译时对 print_address.c（代码清单 2-2）加上 cc -c 选项，生成 print_address.o，然后尝试对该目标文件执行 nm。在我的环境中，输出结果如下所示。

```
0000000000000000 b file_static_variable
0000000000000000 T func1
0000000000000034 T func2
0000000000000004 C global_variable
0000000000000004 b local_static_variable.2064
0000000000000054 T main
                 U malloc
                 U printf
```

从这个输出结果中首先可以知道的是，连文件内 static 变量和局部 static 变量这些无须连接的内容都会被记录在符号表中。

由于文件内 static 变量和局部 static 变量的作用域不会超出源文件，所以它们没有必要与其他文件的符号连接。但是，由于需要通过链接器为静态变量分配某个地址，所以这些静态变量也会被记录到符号表中。不过，它们的标志与全局变量是不同的（所谓标志，就是符号名称前显示的 b 或者 T 等）。全局变量的标志为 C，而与外部没有连接的符号，不论是局部的还是文件内的 static 变量，都被赋予了标志 b。

局部 static 变量 local_static_variable 的后面还莫名增加了 .2064 这样一个标记。其实，这是一个识别标记，因为哪怕是在同一个 .o 文件中，局部 static 变量也可能发生重名的情况。

此外，函数名称前加上了 T 或者 U 这样的标志。在当前文件中实际定义的函数名称前加的是 T，而如果函数在外部定义，只是在当前文件内部调用该函数，则在该函数名称前加上 U。

链接器就是通过这些信息，给那些原先只是个“名称”的对象分配具体地址的*。

* 由于现在普遍使用动态链接的方式来链接共享库，所以实际情况可没这么简单……

请注意，自动变量完全没有出现在符号表中。这是因为，自动变量的地址是在运行时决定的，所以它不在链接器的管辖范围内。

关于这一点，我们将在下一节中阐述。

2-5 自动变量（栈）

2-5-1 内存空间的“重复使用”

根据代码清单 2-2 的验证结果，可以看出 `func1()` 的自动变量 `func1_variable` 和 `func2()` 的自动变量 `func2_variable` 是存放在完全相同的地址上的。

自动变量在退出其声明所在的函数后便不再可用了，因此退出 `func1()` 之后，我们完全可以在随后调用的 `func2()` 中重复使用相同的内存空间。

要点

自动变量的内存空间在退出函数后可以被其他函数调用重复使用。
自动变量的地址因函数调用方式而异，并不是固定的。

2-5-2 函数调用究竟发生了什么

自动变量在内存中究竟是怎样被保存的？为了更加详细地了解这一点，让我们通过下面的测试程序验证一下（代码清单 2-4）。

代码清单 2-4
auto.c

```
1 #include <stdio.h>
2
3 void func(int a, int b)
4 {
```

```
 5      int c, d;
 6
 7      printf("func:&a..%p &b..%p\n", (void*)&a, (void*)&b);
 8      printf("func:&c..%p &d..%p\n", (void*)&c, (void*)&d);
 9  }
10
11  int main(void)
12  {
13      int a, b;
14
15      printf("main:&a..%p &b..%p\n", (void*)&a, (void*)&b);
16      func(1, 2);
17
18      return 0;
19  }
```

在我的环境中，运行结果如下所示。

```
main:&a..0x7fff89124e78 &b..0x7fff89124e7c
func:&a..0x7fff89124e4c &b..0x7fff89124e48
func:&c..0x7fff89124e58 &d..0x7fff89124e5c
```

如果用图说明，则如图 2-5 所示。

图2-5
局部变量与参数的地址

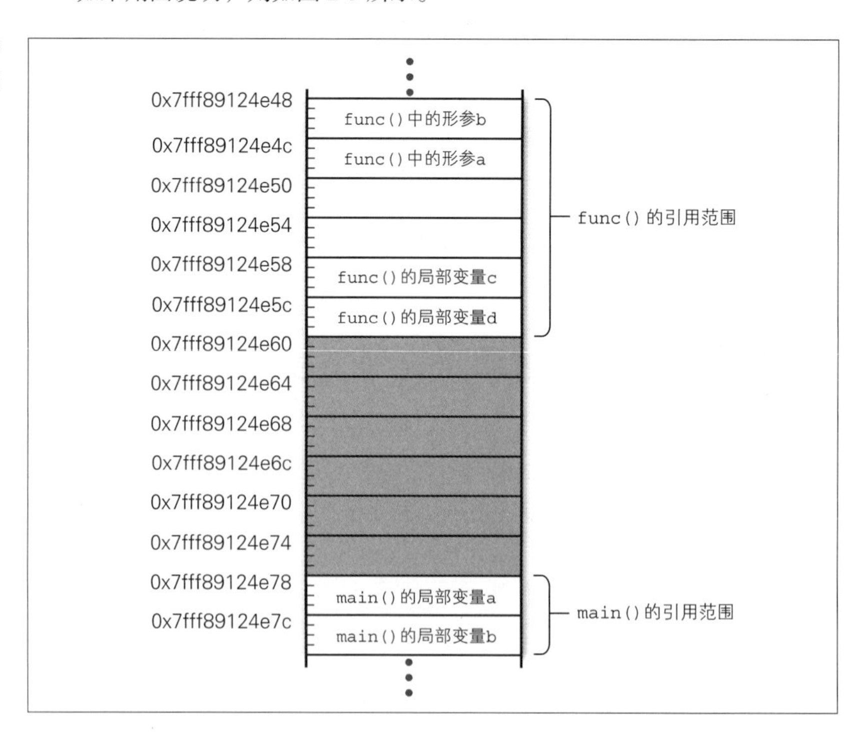

对比一下 main() 的引用区域（main() 的局部变量的地址）与 func() 的引用区域（func() 的局部变量以及从 main() 传递过来的参数的地址）就会发现，func() 的引用区域具有相对较小的地址。

在 C 语言中，每次执行函数调用时，程序都以“堆积”的方式在当前已用内存空间之上为新调用的函数分配内存空间。一旦程序从函数返回，该内存空间就会被释放，以供下一次函数调用时使用。图 2-6 粗略地表现了这个过程。

图2-6
函数调用的概念图

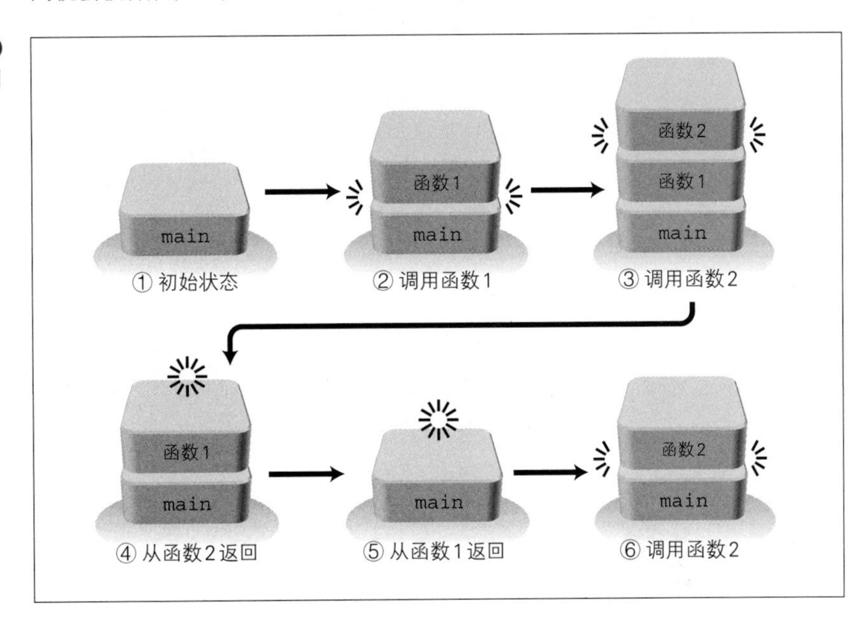

像这样“堆积”使用的数据结构，一般称为**栈**（stack）。

虽然栈也可以由程序员自行使用数组实现，但大部分 CPU 中已经嵌入了栈的功能，C 语言的运行环境通常使用这个功能。请回忆一下，在图 2-3 中，存放自动变量的内存区域之上还有一大块空闲区域。栈就在那里得以慢慢延伸。

要点

在 C 语言中，自动变量通常被分配到栈中。

通过将自动变量分配到栈中，我们可以重复使用内存空间，节约内存。

另外，将自动变量分配到栈中，对于递归调用（2-5-6 节）具有重要意义。

在 C 语言中，假设我们使用最朴素的实现方式，那么函数的调用步骤将会是下面这样。但以下步骤终究只是使用“最朴素的实现方式”时的产物，因此有些地方不适用于当今的运行环境。实际上，这些步骤与我现在使用的环境也不一致（因此与图 2-5 也不一致）。不过，过去的运行环境都是这样的，而且如今的运行环境表面上看起来也是这样的，所以在了解函数调用的思路时，以下步骤值得学习。

① 调用方将实参的值**从后往前**按顺序压入栈中*。

② 将与函数调用相关的恢复信息（返回地址等）压入栈中（如图 2-5 中灰色部分所示）。

所谓的“返回地址”，就是指函数在处理结束后应该返回的地址。正是由于向栈中压入了返回地址，所以函数不论从哪里被调用，都一定会回到调用方的下一个处理。

③ 跳转至作为调用对象的函数的地址。

④ 在栈中申请该函数所用的自动变量所需的内存空间。① ~ ④所占用的栈空间就是该函数的引用区域。

⑤ 在函数执行中，为了评估复杂的表达式，有时会将计算过程中的值放到栈中。

⑥ 一旦函数执行结束，局部变量占用的内存空间就会被释放，程序利用恢复信息返回到原来的地址。

⑦ 从栈中弹出调用方的参数。

* 关于参数为什么要从后往前压入栈中，请参考 2-5-5 节。

当 func(1, 2) 被调用时，栈的使用方式如图 2-7 所示。

图2-7 调用 func(1, 2) 时栈的使用方式

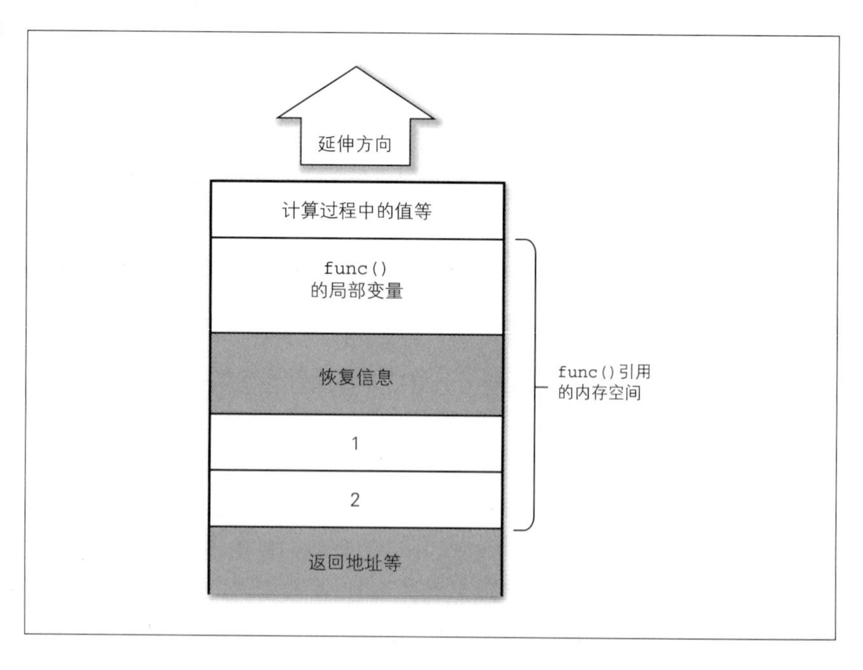

补充 调用约定

C 语言中可以进行分割编译，还可以跨越作为编译单位的源文件进行函数调用。另外，也可以链接事先编译好的库文件等。“在 Windows 上使用 gcc 作为编译器，由 Windows 调用标准提供的库”也是很寻常的做法。也就是说，各个编译器无法擅自决定函数调用时参数的传递方式。

因此，根据操作系统及 CPU 的不同，需要规定不同的调用方法，这就叫作**调用约定**（calling convention）。

本书中说明的调用方法是在 x86 系列处理器中被称为 cdecl 的调用约定。该方法中所有的参数都通过压栈的方式进行传递。

但是，近年来随着 CPU 的发展进步，可用的寄存器也增多了，因此在英特尔的 64 位 CPU（x86_64 架构）上，可以通过寄存器传递参数。正如 1-2-3 节提到的那样，这是因为寄存器的访问速度比主存储器要快得多。在使用微软的 x86_64 调用约定时，可以向寄存器传递 4 个参数，而在使用 Linux 等系统所用的 System V ADM 64 ABI 的调用约定时，可以向寄存器传递 6 个整数和指针参数，或者 8 个浮点数参数。正是由于通过寄存器传递的值会被重新放置到主存储器中，所以在图 2-5 中，`func()` 的形参被放在了 `func()` 的局部变量之上的位置*。

在 32 位操作系统时代，Linux 或 BSD 系列的操作系统中默认使用 cdecl，因此当实际输出使用 & 运算符的变量的地址时，可以直接观察到“将参数从后往前压入栈中”（本书的第 1 版就是这样写的），但技术越进步，离“朴素的实现方式”也就越远，同时初学者要跨越的门槛也越来越高了。我们后面会讲到，将参数从后往前压入栈中的做法与可变长参数的构成是紧密相连的，所以想要搞懂可变长参数，从“朴素的实现方式”入手是最方便的。

* 或许有人觉得，要是还得放回主存储器，那就算把参数传递给寄存器，不也没法提高速度吗？其实，现在我们已经可以通过“在编译时对不使用 & 运算符的代码添加优化选项”来直接使用寄存器了。

2-5-3 自动变量的引用

我们在 1-3-4 节的补充内容中提到，对于非 `static` 局部变量（自动变量），通常其变量名也不残留在编译后的目标文件中。另外，2-4-2 节的末尾提到，自动变量的地址是在运行时决定的，所以它不在链接器的管辖范围内。

我们一直在强调，自动变量的地址是在运行时决定的。那么，具体来说，实际编译完成的机器码究竟是怎样引用局部变量的呢？

与其在这里絮絮叨叨，不如看一下汇编代码，这样可以更快理解这一点。虽然这里是以我的特定环境（x86_64）为例进行说明的，但其实无论在哪种 CPU 上，思路都大体相同。

下面以接收两个变量，然后将变量相加并返回结果的 `add_func()` 函数为例思考一下（代码清单 2-5）。

代码清单2-5
add_func.c

```
1 int add_func(int a, int b)
2 {
3     int result;
4 
5     result = a + b;
6 
7     return result;
8 }
```

通过 gcc 的 `-S` 选项将以上代码转换为汇编代码，如代码清单 2-6 所示（节选）。

代码清单2-6
add_func.s

```
 1 add_func:
 2 .LFB0:
 3         .cfi_startproc
 4         pushq   %rbp                ← 将%rbp寄存器压栈保存
 5         .cfi_def_cfa_offset 16
 6         .cfi_offset 6, -16
 7         movq    %rsp, %rbp          ← 将%rsp寄存器复制到%rbp寄存器
 8         .cfi_def_cfa_register 6
 9         movl    %edi, -20(%rbp)     ← 将%edi的内容赋给参数a
10         movl    %esi, -24(%rbp)     ← 将%esi的内容赋给参数b
11         movl    -24(%rbp), %eax     ← 将b的内容赋给%eax
12         movl    -20(%rbp), %edx     ← 将a的内容赋给%edx
13         addl    %edx, %eax          ← 将%edx与%eax相加之和赋给%eax
14         movl    %eax, -4(%rbp)      ← 将%eax赋给result
15         movl    -4(%rbp), %eax      ← 将result赋给%eax
16         popq    %rbp                ← 将%rbp寄存器出栈恢复
17         .cfi_def_cfa 7, 8
18         ret                         ← 返回调用方
19         .cfi_endproc
```

可能有些人一看到汇编语言就惊恐不已，但这里使用的命令其实非常少，你完全可以顺着读下来。

首先，以英语句号开头的那些代码行是针对汇编器的命令（directive），可以无视。

第 4 行中的 `pushq %rbp` 表示把名为 `%rbp` 的寄存器的内容压入栈中。第 7 行是把名为 `%rsp` 的寄存器的内容复制到 `%rbp` 中。`movq` 和 `movl` 等命令是取两个操作数（类似于参数的对象），把左操作数的值复制（move）到右操作数。

`%rbp` 寄存器被称为**基指针***（basic pointer），它会以其指向的地址为基准访问局部变量。`%rsp` 寄存器被称为**栈指针**（stack pointer），指向栈顶。把栈指针的值复制到基指针，就意味着基指针当前指向栈顶。

* 基指针是 x84 和 x86_64 中的用语，在很多情况下也被称为帧指针（frame pointer）。

随后的第 9 行和第 10 行用于把调用函数时经由寄存器传递过来的值复制到形参的内存空间中。`%edi` 和 `%esi` 都是寄存器。`-20(%rbp)` 是指从基指针减去 20 字节后得到的地址。像这样，距基指针一定距离的位置就是形参或者局部变量的地址，如图 2-8 所示，请与图 2-5 对比一下。

图2-8
基指针与局部变量

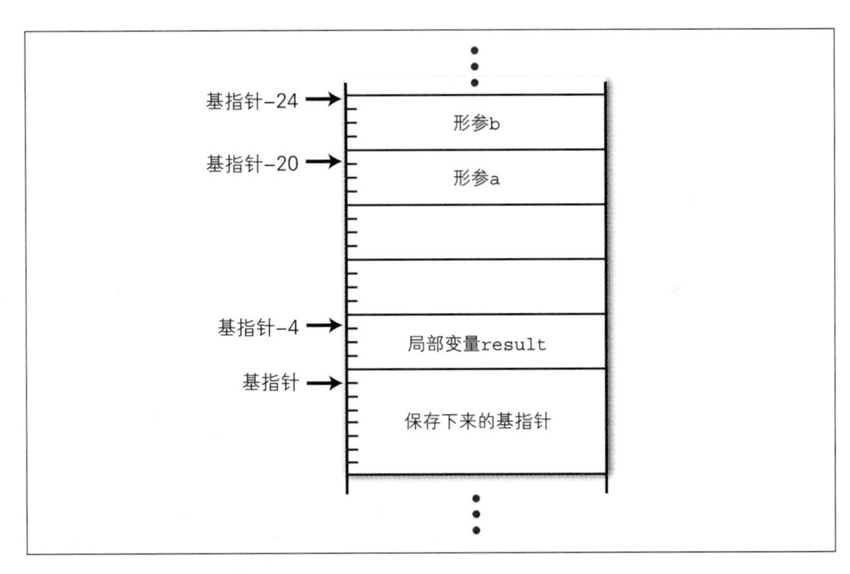

第 11 行和第 12 行用于把局部变量的内容保存到寄存器中，第 13 行用于执行加法运算。然后是将加法运算的结果保存到局部变量 `result` 中（第 14 行），进而把 `result` 的内容保存到寄存器 `%eax` 中。之所以这么做，是因为调用约定规定函数的返回值要保存在寄存器 `%eax` 中。

接下来，程序会把通过第 4 行压入栈中的值恢复到基指针中，并返回调用方。

面对突如其来的汇编语言代码，一开始你或许会感到恐慌，但这样读下来之后，相信对于“局部变量是通过相对于基指针的偏移量来引用的”这个事实，你已经有了直观的理解。

补充 一旦函数执行结束，自动变量的内存空间就会被释放

初学者有时会写出下面这样的程序。

```
/* 将int转换为字符串的程序 */
char *int_to_str(int int_value)
{
    char buf[20];

    sprintf(buf, "%d", int_value);

    return buf;
}
```

但是，这个程序恐怕无法正常运行*。

* 或许在某些环境下能够正常运行，但那只是偶然。

原因想必大家已经明白了。是因为在函数执行结束那一刻，自动变量 buf 的内存空间就会被释放。

要想让这个程序跑起来，可以像下面这样声明 buf。

```
static char buf[20];
```

这样一来，buf 的内存空间就会一直处于静态，即便函数执行结束，也不会被释放。

但是，如果这样做，在连续两次调用该函数时，第 1 次调用所获取的字符串的内容会在第 2 次调用时被“偷偷地”修改掉。

```
str1 = int_to_str(5);
str2 = int_to_str(10);
printf("str1..%s, str2..%s\n", str1, str2); ⬅那么，会显示出什么内容呢?
```

程序员的本意可能是输出 str1..5，str2..10，但这个程序却无法让他如愿。

这样的函数会引发意想不到的 Bug*。此外，在编写多线程程序时，也会引发一些问题。

* 标准库中有一个叫作 strtok() 的函数，该函数也有着类似的性质，因而时常惹得大家怨声载道。

为了避免这个问题，可以使用 malloc() 动态分配内存（2-6 节），不过这样一来，就必须在使用它的地方调用 free()。

如果调用方事先知道数组长度的上限，那么比较好的做法是，像代码清单 1-10 一样，在调用方定义一个数组，把结果存放进数组。如果调用方无法得知数组长度的上限，那就只能借助 malloc() 了。

2-5-4 典型的安全漏洞——缓冲区溢出漏洞

例如，像下面这样通过自动变量声明一个数组。

```
int hoge[10];
```

假设没有进行数组范围检查，向超出数组内存空间的地方进行了写入操作，那么会发生什么呢？

如果只是超出一点点，后果可能就只是破坏了相邻的自动变量的内容。但是，如果破坏了更远更深的内存空间呢？

自动变量是保存在栈中的，数组也一样。使用图来说明，上述数组应该如图 2-9 所示。

图 2-9 栈中的数组

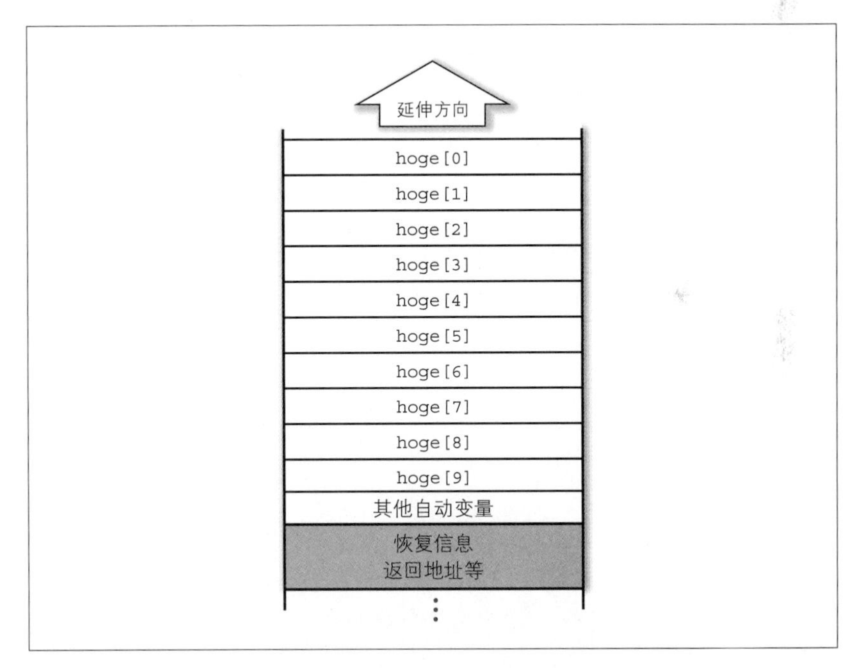

这里，如果对远远超出数组 hoge 的内存空间的地方进行了写入，则连该函数的恢复信息都会遭到破坏。这也就意味着，该函数将**无法返回**。

当你追踪有 Bug 的程序的行为，发现明明函数处理一直执行到了最后，函数却没有返回到调用方时，就应该怀疑是不是遇到这种情况了。

在这种情况下，即便进行调试，也往往无法查明程序崩溃的具体位置。

因为调试需要用到被压入栈中的信息，所以当栈被大规模破坏时，自然就无法追踪了。

然而，程序崩溃还算是好的，假如自动变量的数组溢出导致恢复信息（返回地址）被覆盖，甚至会**引发安全漏洞**。

如果没有认真地对程序进行数组范围检查，那么当恶意攻击者故意导入大量数据时，返回地址就会被恶意数据替换掉。然后，当该函数执行结束时，后续处理就会从这个伪装的返回地址开始继续执行，因此如果在其中（这里也是作为输入数据）放入攻击用的机器码，攻击者就可以让该程序执行任意的机器码，这称为**缓冲区溢出漏洞**。

关于漏洞的新闻报道中经常提到“可执行任意代码的漏洞”，这里的缓冲区溢出漏洞就是其中一种。

代码清单 2-7 展示了一个利用缓冲区溢出覆盖返回地址的示例程序。

代码清单 2-7
buffer_overflow.c

```
 1 #include <stdio.h>
 2
 3 void hello(void)
 4 {
 5     fprintf(stderr, "hello!\n");
 6 }
 7
 8 void func(void)
 9 {
10     void *buf[10];
11     static int  i;
12
13     for (i = 0; i < 100; i++) {        ← 溢出!
14         buf[i] = hello;
15     }
16 }
17
18 int main(void)
19 {
20     int buf[1000];
21     buf[999] = 10;
22
23     func();
24
25     return 0;
26 }
```

在编译上面的代码时，编译器可能会报出几个警告。在我的环境中，报出警告的是将指向函数的指针保存到 void* 的变量的地方（第 14 行，与代码清单 2-2 一样），还有一个警告是数组 buf 未使用（第 10 行和第 20 行）。这是一个实验，所以请无视这些警告。

并非在所有环境中都会这样。在我的环境中，该程序执行后会显示几次 “hello!”，然后就会报出 Segmentation fault。

无论怎么看，源代码中都没有调用 hello()，可事实上却调用了。

这是由于在第 13 行 ~ 第 15 行的循环中，在超出数组 buf 的元素个数（10）的地方被执行了写入，因而指向函数 hello() 的指针覆盖了返回地址。指向函数的指针通常是该函数的机器码的起始地址，因此当返回地址被它覆盖后，就会发生明明打算从 func() 返回，却跳转到了 hello() 的现象。由于栈中稍前的位置填充有指向 hello() 的指针，所以当 hello() 执行结束后，程序还会跳转到 hello()。

这次的源代码把指向 hello() 的指针保存到了数组中，但如果是把来自网络等外部渠道的数据保存到数组，又疏于范围检查，就可能受到来自外部的攻击，使程序跳转到任意地址。也就是说，有可能引发可执行任意代码的漏洞。对于这一点，相信大家已经有了深切的感受。

C 语言的标准库中从前就有一个 gets() 函数，它是类似于 fgets() 的从标准输入获取一行输入的函数。但二者实际上又有所不同，我们无法向 gets() 传递缓冲区的长度。因此，gets() 是无法进行数组范围检查的。在 C 语言中，在将数组作为参数传递时，传递的只不过是指向数组初始元素的指针而已，调用方无法知晓该数组的长度。

而且，gets() 要在数组中保存的是标准输入，即“来自外部”的输入。因此，对使用 gets() 的程序，能够通过刻意使其接收含有庞大数据的行，来故意引发数组溢出，改写返回地址。

1988 年通过网络繁衍的著名病毒“网络蠕虫”攻击的就是 gets() 的这个漏洞。

鉴于此，如今 gets() 已经被视作过时的函数。gcc 从很久之前就给出了警告，而 C11 最终将其删除了。

不只是 gets()，比如在 scanf() 中使用 "%s" 也会招致同样的结果（不过，在 scanf() 中可以通过像 "%10s" 这样指定格式，来限制字符串的最大长度）。另外，strcpy() 或 sprintf() 也是，如果不能在使用时明确预测所需的缓冲区长度，也一样会招致缓冲区溢出漏洞。为了回避这个问题，C99 准备了 snprintf()，C11 准备了 sprintf_s() 这样的函数。对此，6-1-1 节将予以说明。

补充　操作系统针对缓冲区溢出漏洞给出的对策

缓冲区溢出漏洞有可能变成可执行任意代码的漏洞。这也是漏洞当中最令人感到棘手的漏洞。而且，在 C 语言中，经常会由于程序员忽视数组范围检查这一非常常见的 Bug 而导致该漏洞的产生。

因为这是一种危险至极的漏洞，所以除了依靠程序员的准确判断，人们还在操作系统层面采取了对策。

其中之一就是称为**地址空间布局随机化**（Address Space Layout Randomization，ASLR）的功能。这一功能用于在程序启动时，在一定程度上随机决定栈或堆的地址。

在缓冲区溢出漏洞中，攻击者在栈上重写返回地址，使程序跳转到另行读取的攻击用代码的起始地址。在使程序读取攻击用代码的方法中，有一种方法比较轻松，那就是既然程序疏于数组范围检查，就通过使程序接收大量数据，在覆盖返回地址的同时将攻击用代码注入到栈中。然后，就这样用植入的攻击用代码的起始地址覆盖掉返回地址。但是，当栈的空间变为随机配置时，攻击者就无法预测攻击用代码的起始地址了，因而攻击就会变得困难。

话虽如此，其实攻击者并非必须以字节为单位准确指定攻击用代码的起始地址。在开头部分填充空指令（No Operation Performed，NOP），然后让程序跳转到这个 NOP 部分的某处亦可。另外，在某些条件下，攻击者可能可以进行多次攻击。这么考虑的话，可以认为基于 ASLR 的防御也并不是万无一失的。或者说，在考虑安全漏洞之前，疏于数组范围检查的程序出问题，这本身就是 Bug，因此应该对它进行修正。

还有一种对策，即**数据执行保护**（Data Execution Prevention，DEP）的功能。这一功能利用 CPU 的功能，使栈或堆中的机器码无法执行。但是，Java 等语言的 **JIT**（Just In Time，即时）编译器等必须要先在数据空间中生成机器码才能执行，可是有了 DEP，编译器就无法工作了。在这样的程序中，在从堆中获取内存分配时，需要使用不设执行保护标志的特别的内存分配函数。

2-5-5 可变长参数

在 C 语言中可以编写可变长参数函数，其中比较典型的是大家熟知的 printf()。printf() 根据第 1 个参数（格式指定字符串）中包含的转义字符（%d 等）的个数，确定第 2 个参数及其后的内容。

2-5-2 节中提到，在朴素的实现方式中实参的值是从后往前按顺序压栈的。可能有人会想，要压栈，那就老老实实地从前往后压不就好了？之所以采用从后往前压栈的方式，其实是为了实现可变长参数。

例如，当有如下调用时，栈应该会呈现出如图 2-10 所示的状态。

```
printf("%d, %s\n", 100, str);
```

图2-10
可变长参数函数的调用

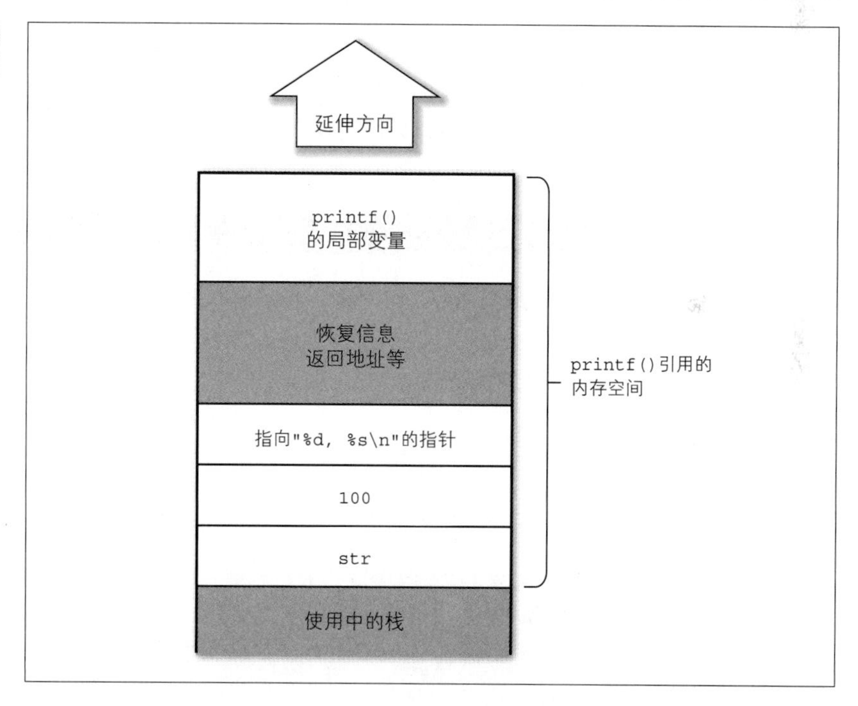

此时重要的是不论压进多少个参数，总能找到第 1 个参数的地址。从图中可以看出，在 printf() 的局部变量看来，第 1 个参数（指向 "%d, %s\n" 的指针）必定存在于仅距离自身一定距离的地方。以 printf() 为例，只要能够获取第 1 个参数，就能够通过解析字符串 "%d, %s\n" 知晓后面还有多少个什么样的参数。由于其余参数都排列在第 1 个参数之后，所以我们可以按顺序将它们依次取出。

如果参数是从前往后按顺序压栈的，那么即使找到了末尾的参数，也无法知晓第 1 个参数在哪里。正是得益于从后往前的压栈方式，可变长参数才得以实现。

只要能够获取第 1 个参数，其余参数应该就会按顺序排列在其后——话虽如此，现实中这在一定程度上还是依赖于运行环境的。因此，为了提高可移植性，ANSI C 通过头文件 stdarg.h* 提供了一组便于使用可变长参数的宏。

* ANSI C 之前的 C 语言使用的是头文件 varargs.h。它与 stdarg.h 在使用方法上有很大的差异。

接下来，我们使用 stdarg.h 尝试编写一个可变长参数函数。

这里考虑编写一个仿照 `printf()` 的 `tiny_printf()`。

`tiny_printf()` 的第 1 个参数指定的是后续参数的类型，第 2 个及其后的参数指定的是要输出的值。

```
tiny_printf("sdd", "result..", 3, 5);
```

在本例中，第 1 个参数 `"sdd"` 指定后续参数类型为“字符串、`int`、`int`”（与 `printf()` 一样，`s` 代表字符串，`d` 代表整数值）。第 2 个及其后的参数向函数传递了字符串 `"result.."` 和两个整数。

执行结果如下所示。

```
result.. 3 5
```

与 `printf()` 不同，由于指定换行符的输出比较麻烦，所以 `tiny_printf()` 在默认情况下会主动换行。

代码如代码清单 2-8 所示。

代码清单2-8 tiny_printf.c

```
 1 #include <stdio.h>
 2 #include <stdarg.h>
 3 #include <assert.h>
 4 
 5 void tiny_printf(char *format, ...)
 6 {
 7     int i;
 8     va_list     ap;
 9 
10     va_start(ap, format);
11     for (i = 0; format[i] != '\0'; i++) {
12         switch (format[i]) {
13           case 's':
14             printf("%s ", va_arg(ap, char*));
15             break;
```

```
16              case 'd':
17                printf("%d ", va_arg(ap, int));
18                break;
19              default:
20                assert(0);
21            }
22        }
23        va_end(ap);
24        putchar('\n');
25    }
26
27    int main(void)
28    {
29        tiny_printf("sdd", "result..", 3, 5);
30
31        return 0;
32    }
```

从第 5 行开始是函数定义。对于形参声明中的“…”这种写法，可能大家会感到陌生，不过原型声明也是这么写的。在原型声明中，如果参数中出现“…”，那么这部分就不用进行参数类型检查。

第 8 行声明了 va_list 类型的变量 ap。va_list 是在 stdarg.h 中定义的类型*。在我的环境（gcc）中，该类型会变成名为 __gnuc_var_list* 的 gcc 嵌入类型，不过以前它只是单纯的 char* 的 typedef 而已。大家可以暂且把它理解成某种指针。

* 我觉得这多半是 variable argument list 的缩写。

* 通常写作 __gnuc_va_list，所以这里可能是作者笔误，但由于 Linux 的环境比较多样化，所以也不排除在作者的运行环境中就是这个结果。——译者注

第 10 行的 va_start(ap, format); 表示将指针 ap 指向参数 format 的下一个位置。

这样我们就得到了参数的可变长部分的“开头提示”。后面的第 14 行和第 17 行是在宏 va_arg() 中指定 ap 和参数的类型，如此一来，我们就可以依次取出参数的可变长部分了。

第 23 行的 va_end() 是对应于 va_start() 的内容。在把可变长参数传递给寄存器的运行环境中，需要通过 va_start() 分配内存并将参数保存其中，然后通过 va_end() 释放内存。

宏 va_arg() 会将参数 ap 推进至下一个参数，但在程序处理中，有时也会需要 ap 在前进后再次回到原来的位置。在这种情况下，有人可能会觉得在 ap 前进之前，像下面这样事先获取它的备份就好了。

```
va_list ap_copy = ap;
```

但在某些运行环境中，这种做法是行不通的。前面我们提到“大家可以暂且

把它理解成某种指针”，是因为实际上它有时并不是指针（有可能是由运行环境定义的“谜”之类型，或者是元素个数为 1 的指针数组）。为了能够在这些场景中复制 ap，C99 中提供了宏 va_copy()。

这里需要注意的是，在可变长参数函数中，由于必须从前往后按顺序指定参数类型并获取，所以此时如果不知道类型和最后一个参数，就无法实现可变长参数函数。

printf() 能够方便地将输出内容整理得干净利落，但如果只是想输出一点点内容，使用 printf() 就显得小题大做了。此时你可能会想像下面这样单纯地将想要输出的内容用逗号隔开排列，

```
writeln("a..", 10, " b..", 5);
```

然后输出

```
a..10 b..5
```

但是这在 C 语言中是做不到的。因为在这个设计中，writeln() 无法获知参数的类型和个数。

话说回来，一旦学会了可变长参数函数的写法，我们就会觉得这个写法酷酷的，不管在什么地方都想用一用。我曾经就是如此*。

然而，对于可变长参数函数，通过原型声明进行的参数类型检查是无效的。另外，被调用方只能完全相信调用方传递过来的参数是正确的*。从这些情况来看，可变长参数函数的调试经常会比较困难。因此，建议只在“不使用可变长参数的话代码写起来很难”的情况下使用。

* 当年我也是年少无知，看到 XView 里的函数使用方法还觉得很酷。

* gcc 等编译器会报出“printf() 的格式指定符与实际参数的类型不一致”的警告，但这说到底只是由于编译器对 printf() 进行了特殊处理。毕竟 printf() 是一个非常常用的函数。

补充　assert()

在代码清单 2-8 的第 20 行中，有“assert(0);”这样的代码。

assert() 是在 assert.h 中定义的宏，用法如下所示。

```
assert(条件表达式);
```

当条件表达式为真时，什么都不做，而当其为假时，则会输出信息，然后强制终止程序。

我们经常会在代码中看到下面这样的注释。

```
/* 这里的str[i] 必须是'\0' */
```

这种注释虽然对提高程序的可读性是有益的，但单凭这句注释，程序不会在运行时进行任何检查。所以还不如写成下面这样，因为这样写才能切切实实地检出 Bug，我觉得这要好得多。

```
assert(str[i] == '\0');
```

由于在代码清单 2-8 中，“assert(0);”指定了参数为 0（假），所以程序执行只要经过这里，就会被强制终止。只要程序本身没有 Bug，这个 switch 语句是绝对不会走到 default 中的，所以这么写就可以了。

很多人对使用“强制终止程序运行”这一手段来进行异常处理是持反对意见的。的确，如果只是用户做了一些奇怪的操作，或者接收了稍微有点奇怪的文件，就草率地让程序终止运行，那也挺令人困扰的。

但是，排除这样的外部因素，在只要程序本身没有 Bug 就绝对不会发生异常的情况下，一旦出现了异常，我觉得还是应该果断终止程序。若只是气定神闲地通过返回值返回错误状态，那万一调用方偷懒没有对返回值进行检查*，就会造成 Bug 流出。

* 这是常有的事。

再说，在像 C 语言这样动不动就破坏内存空间的语言中，能够明确检出 Bug，就意味着这个程序的动作几乎就是毫无保障的了。就算你想要返回错误状态，要是连栈也被损坏了的话，那就连 return 都做不到了*。

* 如果是不会引起内存损坏且具有异常处理机制的语言，返回异常反而是正确的做法。

让我们趁潜在 Bug 尚未引发更糟糕的状况，毫不犹豫地将它扼杀在摇篮里吧*！

* 如果正在编辑重要数据，那就应该采取紧急保存措施。当然，文件名需要与一般情况下的不同。

补充 试写一个用于调试的函数

通过 printf() 输出变量值是广为流传的调试方法*。

* 虽然经常听到别人说“请使用调试器!”，但在许多情况下，printf() 调试更合适。

但如果使用这种方法，那么还需要在调试结束后删除为调试而写的 printf()，这很麻烦。因此，有些书会推荐如下所示的写法。

```
#ifdef DEBUG
printf(想要显示的内容);
#endif /* DEBUG */
```

但如果在代码中大量地加入这种内容，代码的**可读性就会很差**。

这时，人们就会想要下面这种能够像printf()一样使用的函数。

```
debug_write("hoge..%d, piyo..%d\n", hoge, piyo);
```

可是，由于printf()是具有可变长参数的函数，所以无法实现单纯地通过debug_write()函数重新调用printf()的功能。所以说，自己实现printf()还是有点难度的。真是让人心烦气躁。

为了应对这种情况，标准库提供了函数vprintf()和vfprintf()。

```
void debug_write(char *fmt, ...)
{
    va_list ap;
    va_start(ap, fmt);
    vfprintf(stderr, fmt, ap);        ⬅ 向参数传递ap的地方是关键
    va_end(ap);
}
```

只是，这种方法虽然可以实现在debug_write()函数中根据标志仅在调试模式时输出调试信息，但还是无法避免debug_write()函数调用的开销。

如果是宏，就可以在编译时将它完全消除，但到ANSI C为止，我们还是不能向宏传递可变长参数。

这里有一个技巧，就是如下定义一个宏。

```
#ifdef DEBUG
#define DEBUG_WRITE(arg) debug_write arg
#else
#define DEBUG_WRITE(arg)
#endif
```

然后像下面这样使用。

```
DEBUG_WRITE(("hoge..%d\n", hoge));
```

难点在于这里必须使用双重括号。

还有一种技巧，就是在非调试模式时将DEBUG_WRITE定义为(void)。这样一来，宏在展开后就会变成(void)("hoge..%d\n", hoge)，它表示将逗号运算符连接的表达式转换成void后的结果。优秀的编译器会通过优化将它们全部消除。

从 C99 开始，宏就可以采用可变长参数了，所以可以写成下面这样。

```
#ifdef DEBUG
#define DEBUG_WRITE(...) debug_write(__VA_ARGS__)
#else
#define DEBUG_WRITE(...)
#endif
```

如果还想输出文件名、函数名和行号，可以写成下面这样。

```
#define DEBUG_WRITE(...) \
  (debug_write("%s:%s:%d:", __FILE__, __func__, __LINE__),\
   debug_write(__VA_ARGS__))
```

`__func__` 是从 C99 开始增加的预定义标识符，表示（带双引号的）函数名。另外，`__FILE__` 会在预处理中被置换为文件名，而 `__LINE__` 会被置换为行号（这些是从 ANSI C 开始就有的功能）。

或者，如果只是少量输出，那么如下所示准备一个针对 int、double 和 char* 的宏，可能会更加方便。

```
#define SNAP_INT(arg) fprintf(stderr, #arg "...%d\n", arg)
```

这个宏可以像下面这样使用。

```
SNAP_INT(hoge);
```

输出如下所示（关于相关原理，请查看预处理器的用户手册）。

```
hoge...5
```

此外还有一点需要补充。若是通过一般的 printf() 来输出调试信息，输出的相关信息会被缓冲，因此会发生在程序异常终止等关键时刻无法输出的情况。若是通过 fprintf() 将调试信息输出给 stderr*，或者输出到文件，最好事先使用 setbuf() 函数关闭缓冲。

* 根据标准，stderr 是无须进行缓冲的。

2-5-6 递归调用

C 语言通常将自动变量的内存空间分配在栈上。这样除了可以通过重复使用空间来节约内存以外，还有一个重要意义，那就是实现**递归调用**（recursive call）。

所谓递归调用，就是指函数调用自己本身。

然而，似乎许多程序员对递归调用感到棘手。

当然，递归本身比较难理解是原因之一，不过我觉得还有一个原因，就是很多人不明白它到底有什么用。

对于递归调用，市面上的 C 语言入门书总会拿阶乘计算或者斐波那契数列等作为例题，但我认为这些例题是不合适的——这是因为**用循环来写阶乘更加简单明了**。

就拿我遇到的情况来说，在现实的程序中，需要使用递归调用的情景绝大多数是对树形结构或图形结构的遍历。不过，限于篇幅，这里就不对此展开了。

这里举一个与遍历树形结构比较接近的例子——排列的穷举。

想必上高中时大家都学过排列。所谓排列，就是从 n 个不同元素中取出 r 个元素并排列时所有的排列方法。

例如，从数字 1 ~ 5 中选取 3 个数字时的排列为如下所示的 60 组结果。

```
123,124,125,132,134,135,142,143,145,152,153,154,
213,214,215,231,234,235,241,243,245,251,253,254,
312,314,315,321,324,325,341,342,345,351,352,354,
412,413,415,421,423,425,431,432,435,451,452,453,
512,513,514,521,523,524,531,532,534,541,542,543
```

请注意，顺序对排列是有意义的。从上面的结果可以看出，“1 2 3”与“3 2 1”是不同的。

下面我们编写一个程序，用于接收 n 和 r，并输出所有的排列，基本的设计思路如下所示（上面的例子也是基于这个思路排列的）。

- 第 1 个数字从 1 ~ n 中任选即可。为了输出所有的排列，这里通过 `for` 语句循环，依次使用 1 ~ n。
- 第 2 个及其后的数字是 1 ~ n 中迄今为止未被使用的数字。
- 重复以上操作 r 次。

源代码如代码清单 2-9 所示。

代码清单2-9
permutation.c

```
 1 #include <stdio.h>
 2 
 3 /* n的最大值 */
 4 #define N_MAX (100)
 5 
 6 /* 若数字已被使用，则将下标为该数字的元素设成1 */
 7 int used_flag[N_MAX + 1];
 8 
 9 int result[N_MAX];
10 int n;
11 int r;
12 
13 void print_result(void)
14 {
15     int i;
16 
17     for (i = 0; i < r; i++) {
18         printf("%d ", result[i]);
19     }
20     printf("\n");
21 }
22 
23 void permutation(int nth)
24 {
25     int i;
26 
27     if (nth == r) {
28         print_result();
29         return;
30     }
31 
32     for (i = 1; i <= n; i++) {
33         if (used_flag[i] == 0) {
34             result[nth] = i;
35             used_flag[i] = 1;
36             permutation(nth + 1);
37             used_flag[i] = 0;
38         }
39     }
40 }
41 
42 int main(int argc, char **argv)
43 {
```

```
44     sscanf(argv[1], "%d", &n);
45     sscanf(argv[2], "%d", &r);
46
47     permutation(0);
48 }
```

本程序从**命令行参数**接收 *n* 和 *r*。在运行时，请像下面这样在命令名称后加上两个数字（由于这里没有进行错误检测等任何检查，所以如果忘记添加命令行参数，程序就会崩溃……抱歉，这里偷了个大懒）。

```
> permutation 5 3
1 2 3
1 2 4
  :
```

在代码清单 2-9 的第 44 行和第 45 行中，程序从命令行参数获取 n 和 r，然后将它们赋给了全局变量*n 和 r。

* 对于这种程度的用途，不应该使用全局变量，本例是为了明确地确认通过参数传递进来的值，才特意使用了全局变量。

第 47 行调用了函数 permutation()。permutation() 的参数 nth 表示当前正在处理第几个数字（起始数字计为第 0 个）。

由于初次调用 permutation() 函数时 nth 为 0，所以程序执行不会卡在第 27 行的 if 语句，而会进入第 32 行 ~ 第 39 行的 for 循环中。这里决定了第 nth 个数字的值。由于已使用的数字会在数组 used_flag 中设立标志，所以这里程序将通过第 33 行的 if 语句，然后在第 34 行将数字设置到保存结果的 result 数组中，在第 35 行设立已使用标志。随后，在第 36 行调用 permutation() 函数，即调用自身。这就是**递归调用**。

在进行递归调用时传递了 nth + 1 作为参数，因此接下来就要对 result 数组的下一个元素进行设置了。然后，当 nth 等于 r 时，通过 print_result() 函数输出当前的 result 并返回。

上述过程可以用图 2-11 说明。为了避免图形过大，这里给出的是当 *n* 和 *r* 为 3 时的情况。

图2-11
排列的穷举

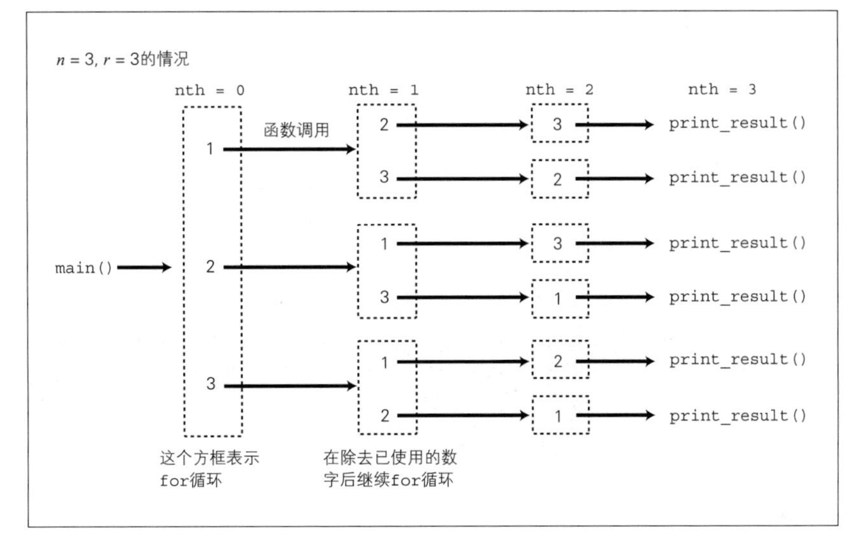

这种方式之所以能够实现，是由于函数 permutation() 中的局部变量 i 与参数 nth 被分配在栈中了。因为 nth = 0 时的 i 与 nth = 1 时的 i 分别保存在不同的内存空间中，所以从递归调用返回时 for 循环能够继续下去。

对于这样的程序，要是不使用递归来写，就会比较麻烦。

请大家摒弃偏见，去习惯使用递归。

2-5-7 C99 中的可变长数组（VLA）的栈

如 1-4-8 节所述，C99 具备 VLA 功能，可以使自动变量的数组可变长。

那么，为什么只有自动变量可以使用 VLA 呢？那是因为自动变量是被分配到栈中的。与具有静态存储区的变量不同，栈在运行时可以延伸，所以我们就可以在栈上配置可变长数组。

1-4-8 节的代码清单 1-11 展示了 VLA 的示例程序，下面对其稍加修改，以输出数组和局部变量的地址。修改后的示例程序如代码清单 2-10 所示，其中省略了实际对该数组设值的部分和输出的部分。另外，为了能够看到除数组外的局部变量的配置，这里增加了 var1、var2 和 var3。

代码清单 2-10
vla2.c

```
 1 #include <stdio.h>
 2 
 3 void sub(int size1, int size2, int size3)
 4 {
 5     int var1;
 6     int array1[size1];
 7     int var2;
 8     int array2[size2][size3];
 9     int var3;
10 
11     printf("array1..%p\n", (void*)array1);
12     printf("array2..%p\n", (void*)array2);
13     printf("&var1..%p\n", (void*)&var1);
14     printf("&var2..%p\n", (void*)&var2);
15     printf("&var3..%p\n", (void*)&var3);
16 }
17 
18 int main(void)
19 {
20     int size1, size2, size3;
21 
22     printf("请输入3个整数\n");
23     scanf("%d%d%d", &size1, &size2, &size3);
24 
25     sub(size1, size2, size3);
26 }
```

运行结果如下所示。

```
请输入 3 个整数
3 4 5
array1..0x7fff63fe85c0
array2..0x7fff63fe8560
&var1..0x7fff63fe861c
&var2..0x7fff63fe8620
&var3..0x7fff63fe8624
```

如果用图说明，则如图 2-12 所示。

图2-12
VLA的内存配置

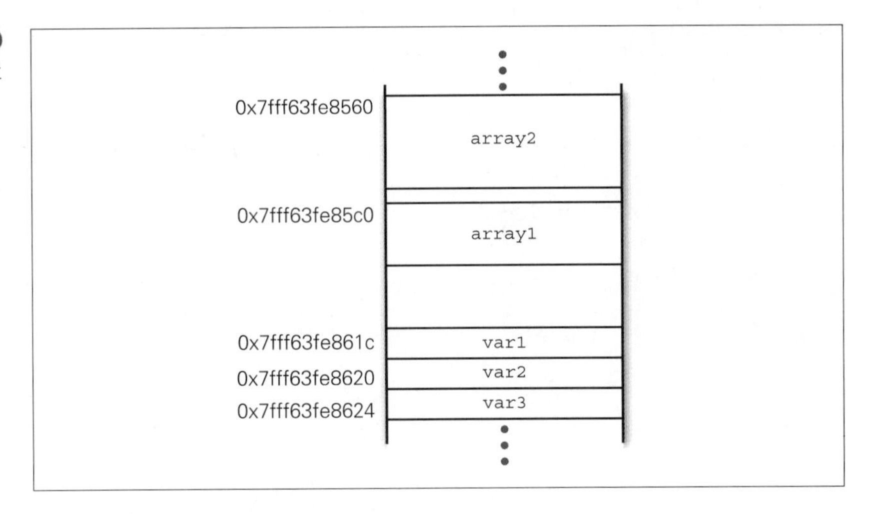

由于 VLA 的数组是可变长的，所以图 2-12 中的 array2 和 array1 的长度会在运行时发生变化。这就意味着，我们无法通过 2-5-3 节提到的“参照距离基指针固定长度的位置”的方法访问局部变量。实际上，在代码清单 2-10 中“请输入 3 个整数”处输入不同的值之后，变量之间的间隔发生了变化。

```
请输入 3 个整数
5 6 7
array1..0x7fffe268d350
array2..0x7fffe268d2a0
&var1..0x7fffe268d3bc
&var2..0x7fffe268d3c0
&var3..0x7fffe268d3c4
```

为了在这种状态下访问局部变量，编译器会生成一段能够在运行时确认 size1、size2 和 size3 的值并使参考位置错开的代码。

2-6 利用 malloc() 动态分配内存（堆）

2-6-1 malloc() 的基础知识

在 C 语言中，可以使用 malloc() 进行动态内存分配。

malloc() 是根据参数指定的大小分配内存块，并返回指向该内存块起始位置的指针的函数，用法如下所示。

```
p = malloc(size);
```

在内存分配失败（内存不足）的情况下，malloc() 返回 NULL。

对于利用 malloc() 分配的内存，需要如下所示在使用结束后通过 free() 释放。

```
free(p);  ⬅释放p指向的内存空间
```

以上就是 malloc() 的基本用法。

像这样动态地（在运行时）分配，并可以按任意顺序释放的存储空间，通常称为堆*（heap）。

* 堆不是 C 语言规范中定义的术语。

在英语中，heap 是指堆积如山的事物（干草等）。malloc() 用于从这座内存的高山中分取内存，从这个意义上来说，它就是“从堆中获取内存空间的函数”。

malloc() 的主要使用场景如下所示。

1. 动态分配结构体

爱书之人可能会想用计算机管理自己的书。因为他们常常在把书从书店买回来之后才发现“啊！原来这本书我已经有了！”特别是漫画书，常常由于搞

* 所以，我现在都买电子书。

不清自己到底已经买了几卷而重复购买，不是吗？（什么？只有我是这样？）*

出于以上原因，我打算做一个“藏书管理程序”。

假设用如下的结构体 BookData 管理一本书的数据，那么书虫们就需要管理大量的 BookData。

```
typedef struct {
    char title[64]; /* 书名 */
    int price; /* 价格 */
    char isbn[32]; /* ISBN */
      ⋮
} BookData;
```

在这种情况下，虽然使用庞大的数组来大量保存 BookData 也可以，但在 C 语言中必须为数组指定明确的长度，那么到底把长度指定为多少才好呢？这真是令人头疼。如果随意分配一个庞大的数组，会浪费内存，但如果分配的数组长度刚刚好，那么一旦书增多了，数组内存又会不足。虽说 C99 提供了 VLA，但 VLA 只能用于自动变量，而且不能改变大小，因此 VLA 在这个场景下根本派不上用场。

此时，可以使用如下写法实现在运行时动态分配 BookData 的内存空间。

```
BookData *book_data_p;

/* 分配相当于一个结构体BookData的内存空间 */
book_data_p = malloc(sizeof(BookData));
```

如果使用**链表**（linked list）等数据结构管理这些数据，就可以保存任意数量的 BookData 了。当然这仅限于内存足够的情况。

关于链表等数据结构的用法，第 5 章会详细说明，所以这里只简单说明一下。

首先，向结构体 BookData 添加如下所示的指向 BookData 类型的指针作为成员。

```
typedef struct BookData_tag {
    char title[64]; /* 书名 */
    int price; /* 价格*/
    char isbn[32]; /* ISBN */
      ⋮
    struct BookData_tag *next;
} BookData;
```

另外，在本例中，struct BookData_tag结构体被typedef成了BookData（为了可以不用每次都要写上struct），但要注意，在声明成员next的时间点，typedef还没有完成，所以这里必须写成struct BookData_tag。

然后，在这个next中保存指向下一个BookData的指针，并像图2-13那样连成一串，就可以保存大量的BookData了（从本节开始，图中画•→的部分表示指针，画⊠的部分表示NULL）。

图2-13 链表

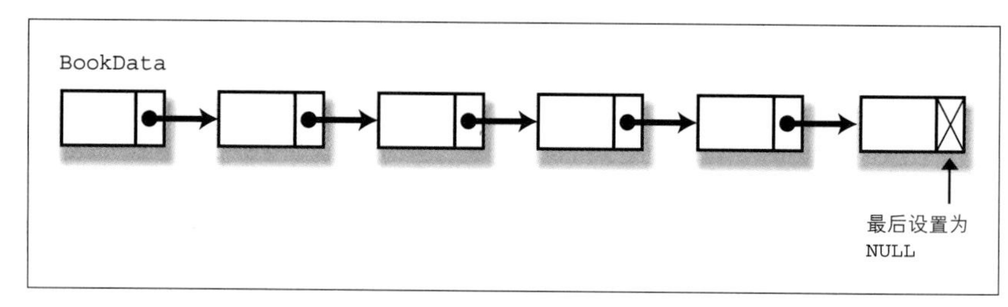

这就是被称为链表的数据结构，其应用十分广泛。

2. 为到运行时才能确定长度的数组分配内存

在刚才的BookData类型中，书名的地方写成了下面这样。

```
char title[64]; /* 书名 */
```

但有时我们也会遇到一些相当长的书名，例如下面这种书名*。

> 我的妹妹明明这么可爱可我的朋友那么少所以我的青春恋爱喜剧果然有问题*

* 我真的没有读过一本这种轻小说。

* 这是作者根据三部日本著名轻小说杜撰的超长书名。——译者注

char title[64];放不下这么长的书名，但也并非所有书名都这么长，所以准备太长的数组也是浪费。

这里可以将title的声明写成下面这样。

```
char *title; /* 书名 */
```

然后就可以像下面这样根据需要给书名字符串分配内存空间了。像这样动态分配的数组，在本书中称为**动态数组**。

```
BookData *book_data_p;
        ⋮
/* 此处，len是书名的字符个数，+1是空字符的长度 */
book_data_p->title = malloc(sizeof(char) * (len + 1));
```

这时，如果想要引用 title 中某个特定字符，当然就可以写成 book_data_p->title[i] 这样了。因为 p[i] 是 *(p + i) 的语法糖。

补充 应该强制转换 malloc() 的返回值类型吗

由于 ANSI C 之前的 C 语言中没有 void* 这种类型，所以方便起见 malloc() 的返回值类型被定义为 char* 了。因为 char* 不能赋给指向其他类型的指针变量，所以在使用 malloc() 时，必须像下面这样对返回值强制进行类型转换。

```
book_data_p = (BookData*)malloc(sizeof(BookData));
```

在 ANSI C 中，malloc() 的返回值类型变成了 void*，而 void* 类型的指针可以不经转换就赋给（除函数指针以外的）所有类型的指针变量。因此，像上面这样的转换在现如今是不需要的。

尽管如此，现在似乎也经常有人写这种转换。我觉得，不写多余的转换处理才能使代码更加清晰易读。

另外，假如在忘记 #include 头文件 stdlib.h 的情况下，不慎对返回值进行了类型转换，编译器就很有可能无法报出警告。

由于 C 语言默认将没有声明的函数的返回值解释为 int 类型*，所以即使现在程序碰巧能够跑得起来，一旦被放到 int 与指针的长度不同的运行环境中，也会无法运行。

* 如果可能，应该提高编译器的警告级别，以便编译器能够在这种情况下报出警告。

因此，请不要再对 malloc() 的返回值进行类型转换了。因为 C 不是 C++。

另外，在 C++ 中，我们虽然可以将任意的指针赋给 void* 类型的变量，但无法将 void* 类型的值赋给普通的指针类型变量。因此，如果是在 C++ 中，就有必要对 malloc() 的返回值进行类型转换。但在 C++ 中，通常是使用 new 来动态分配内存的（也应该这样）。

2-6-2 malloc() 是系统调用吗

这里说一点题外话。

C 语言的标准库为我们准备了众多函数（printf() 等）。而标准库函数中的一部分最终会调用系统调用*。所谓**系统调用**，是指要求操作系统帮我们去执行某些操作的特别的函数集。虽然标准库依据 ISO 标准进行了标准化，但在不同的操作系统上，系统调用却常常不同。

* 这原本是 UNIX 的术语。

例如，在 UNIX 中，printf() 最终会调用称为 write() 的系统调用。不只是 printf()，putchar() 和 puts() 最终调用的也是 write()。

由于 write() 只具备输出指定字节串的功能，所以为了便于应用程序程序员使用，也为了兼顾可移植性，C 语言为它裹上了标准库的“外壳”*。

* 使用标准输入输出函数集还有一个目的，即通过缓冲提高效率。

那么，malloc() 到底是系统调用，还是标准库函数呢？

可能很多人觉得它是系统调用。但实际上，malloc() 是标准库函数，并不是系统调用。

要点

malloc() 不是系统调用。

2-6-3 malloc() 中发生了什么

在大多数的实现中，malloc() 是先从操作系统那里一次性获取大量内存，再把它“零售”（分发）给应用程序的。

根据操作系统的不同，从操作系统获取内存的手段也多种多样。在 UNIX 中，需要利用称为 brk()* 的系统调用。

* 它是 break 的缩略形式。

请回想一下，在图 2-3 中，“通过 malloc() 分配的内存空间”的下方空出了一大块空间。系统调用 brk() 就是一个通过对 malloc() 用的内存空间的末尾地址进行设置来伸缩内存空间的函数。

每调用若干次 malloc()，就需要调用一次 brk()，以扩大内存空间。

可能有人会产生下面这种想法。

> 嗯？如果用这种方法，就算能够实现内存空间的分配，也无法按任意顺序释放吧？不是吗？

确实如此。

看我这么说，大家肯定会想："那么 free() 又是什么呢?" 有这个疑问很正常。下面我们看一下 malloc() 和 free() 的基本原理。

现实中的 malloc() 函数为了改善效率费了很大一番工夫。这里我们看一下其中最单纯的实现方式，即通过链表实现。

顺便说一下，*K&R* 中也记载了通过链表实现 malloc() 的示例程序。

朴素的实现方式就如图 2-14 所示：在各个块的开头加上管理区域，然后通过管理区域构建链表。

malloc() 会遍历链表，搜寻空块，若该块大小足够，就将其分割出来，做成使用中的块，并向应用程序返回紧邻管理区域的下一个地址。free() 会改写管理区域的标志，将该块置为空块，如果上下有空块，就顺便将它们合并成一个块*。这是为了防止块碎片化。

* 这种操作称为 coalescing。

图2-14 通过链表实现 malloc() 的示例

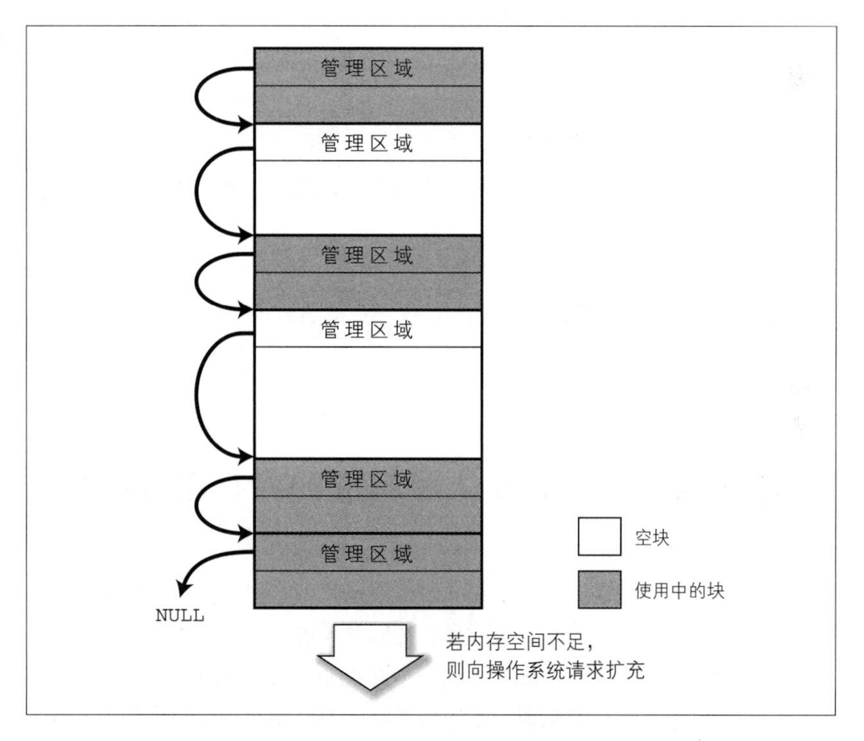

当没有足够大的空块满足 malloc() 的要求时，就向操作系统请求（在 UNIX 中需要通过 brk() 系统调用）扩充内存空间。

那么，在采用这种方针管理内存的运行环境中，如果数组边界检查有误，向超过 malloc() 分配的内存空间执行了写入，又会发生什么呢?

在这种情况下，下一个块的管理区域会遭到损坏，所以**今后调用 malloc() 或 free() 时程序崩溃的概率会很高**。这种时候可别因为程序是死在了 malloc() 中，就大喊“这是库的 Bug！”——这么做只会自讨没趣。

首先，现实中根本没有一个运行环境会采用这么单纯的方针实现 malloc()。

例如，内存管理方法除了这里所说的链表方式以外，伙伴系统（buddy system）也是一种广为人知的方法。该方法将大块内存逐步对半分割，虽然速度很快，但内存使用效率会变差。

另外，让管理区域与传递给应用程序的区域邻接也是很危险的，因此有的实现方式会将它们放置在相隔很远的位置。

或者，即便是使用链表实现，如果按内存空间大小分别通过其他链表来管理，也能够快速搜寻所需大小的块。

不过，这里大家记住“malloc() 绝不是什么魔法函数”即可。

随着 CPU 和操作系统的不断进步，说不定 malloc() 将来可以成为魔法函数，但现在我们还不能把它看作魔法函数。

如果对 malloc() 的原理一无所知，写出的程序就经常会无法调试或者效率超低。

如果你想使用 malloc()，就请先充分理解解它，不然会很危险。

要点

malloc() 绝不是什么魔法函数。

2-6-4 free() 之后相应的内存空间会怎样

如前所述，在大多数的实现中，malloc() 对从操作系统一次性获取的内存进行管理，然后“零售”给应用程序。

因此，在一般情况下，在调用 free() 之后，**相应的内存空间并不会立刻返还给操作系统**。不仅如此，即使执行了 free()，在大多数时候也还是能够看到 free() 之前设置的值（实际情况因运行环境而异*）。

* 在我的环境中，初始的几个字节会遭到损坏。

令人棘手的是，在 free() 之后，对应的内存内容并不会立刻被破坏，这一特性会使调试时的原因调查举步维艰。

如图 2-15 所示，假设两个指针引用了同一块内存空间。

图2-15
假设同一块内存空间被两个指针引用……

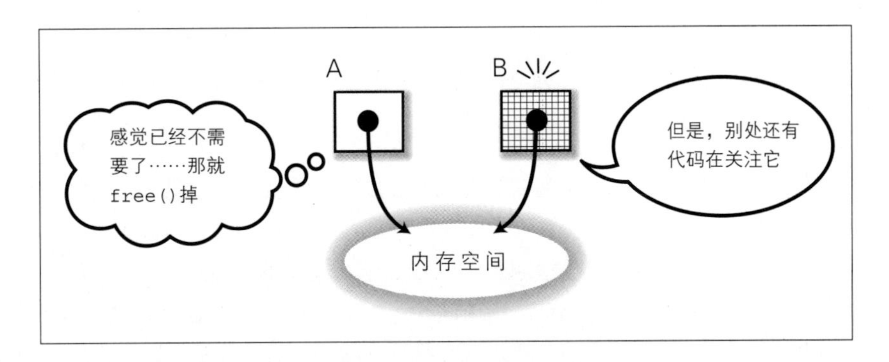

那么，假如在利用指针 A 引用该内存空间的地方，程序员觉得已经不再需要这块内存空间了，于是冒冒失失把它给 free() 了，而在远离当前代码的另一处，还有一段代码正在通过指针 B 引用该内存空间。在这种情况下，会发生什么呢？*

* 大型程序常常出现这种问题。

这时可以说问题在于过早地调用了 free()，但即使执行了 free()，指针 B 所引用的内容也不一定立刻就被损坏，所以暂时还是可以看到与之前相同的值。直到其他地方执行了 malloc()，使该内存空间被占用时，内存空间中的内容才会被损坏。这种 Bug 从问题产生到 Bug 被发现经历的时间较长，会给调试带来很大困难。

若是大型项目，或许可以通过以下方法避免这样的问题：给 free() 加一层壳写成函数，且让程序员只能调用该函数，然后在释放内存空间之前故意将该空间内的数据破坏掉（填充诸如 0xCC 这样无意义的值）。然而，遗憾的是，指针没有办法获知它所指向的内存空间的大小，所以我们想这么做也做不成*。要想获取内存空间的大小，可以给 malloc() 也加上一层壳，然后在每次分配内存空间时稍微多分配一点，以便在该内存空间的起始部分保存内存大小信息。

* 如果是通过 malloc() 分配的内存，那么标准库肯定是知道其大小的，但遗憾的是，现阶段的 C 语言标准中并没有可以查询其大小的函数。

如果将程序设计成在编译时去掉调试选项就能去除这些代码，那么发行版的程序就不会出现执行效率低下的问题。

这么做虽然挺麻烦，但对于大型程序来说还是非常有效的。

另外，在 Linux 等系统中使用的标准库 glibc 的 malloc() 中，如果将环境变量 MALLOC_PERTURB 设置成非 0 的值，那么在执行 free() 之后，程序就会使用这个值破坏该内存空间的数据*。如果大家使用的环境中有这样的功能，不妨利用一下。

* 不过我试了一下，发现它并没有一直填充到内存空间的最后……

补充 Valgrind

正如前面多次提到的那样，与动态内存分配相关的 Bug 往往出现在距离它被发现的位置很远的地方，因此调试非常困难。

在 Linux 上可以使用 Valgrind 工具追踪这类 Bug。Valgrind 工具用于检测对 malloc() 分配的内存空间越界读写、忘记 free()（内存泄漏）或者对同一块内存空间多次 free()* 这类问题。

* 如果运气好，标准库 glibc 也可以为我们检测出这个问题。

将测试目标程序按如下方式启动，即可进行检测。

```
$ valgrind --leak-check=full 测试目标程序 该程序的参数
```

对于很久以前为了追踪这类 Bug 而费尽周折的劳苦大众来说，能够免费使用这么优秀的工具是何等方便啊，简直令人感动！进行 Linux 开发的各位请务必尝试使用一下。

2-6-5 碎片化

假设某个运行环境中的 malloc() 是通过类似于 2-6-3 节的方法实现的，那么如果以随机顺序反复地分配和释放各种大小的内存，会发生什么问题呢？

在这个过程中，内存将变得零零碎碎，出现许多细碎的空块，而这样的内存空间**事实上是无法使用的**。

这种现象就称为**碎片化**（fragmentation）（图 2-16）。

移动内存块，使之与前面的块相结合，应该就可以将细碎的内存空间集合成大块的内存空间*。但是，由于 C 语言中（虚拟）地址是直接传递给应用程序的，所以库无法随意移动内存空间。

* 这种操作称为 compaction。

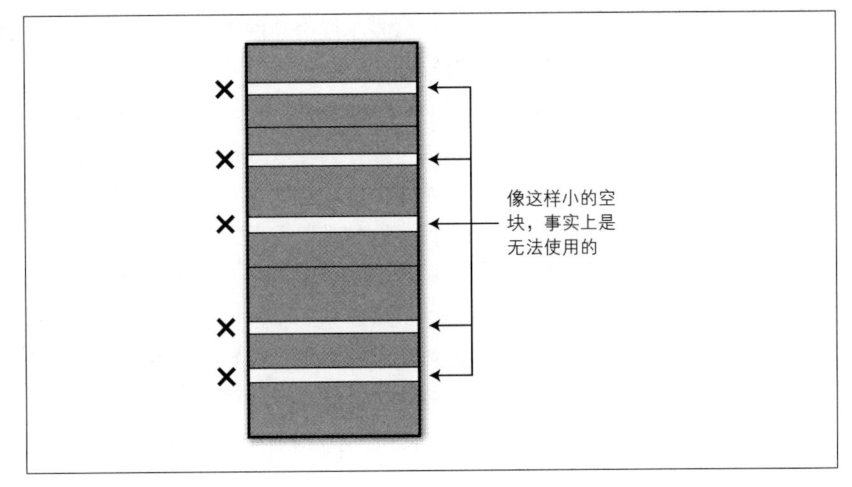

图2-16
碎片化

在 C 语言中，只要使用 `malloc()` 这样的内存管理例行程序（memory management routine），就无法从根本上避免碎片化的问题。但我们可以在 `realloc()` 的用法上做点文章（2-6-6 节），使情况得以改善。

2-6-6 malloc() 以外的动态内存分配函数

说到 `malloc()` 以外的动态内存分配函数，首先是 `calloc()`。

```
#include <stdlib.h>
void *calloc(size_t nmemb, size_t size)
```

`calloc()` 通过与 `malloc()` 相同的方法，仅分配 nmemb × `size` 的内存空间，并将该内存空间清零返回。也就是说，`calloc()` 和以下代码是一个意思（但实现不一定相同）。

```
p = malloc(nmemb * size);
memset(p, 0, nmemb * size);
```

有人或许觉得“能帮着清零啊，那还是用这个函数方便!”但这里的清零说到底只是将该内存空间的全部位置换成 0 而已。这种方法就算可以使整数变成 0，也未必能够使 `double` 或者 `float` 这种浮点数的值也变成 0，指针也未必会变成空指针。不过，在现在的大多数运行环境中，浮点数的值会变成 0，指针也会变成空指针，但考虑到可移植性，这样做只会让问题变得更复杂。因为这会带来以下新问题：在自己的环境里能运作，可是一放到别的环境里就跑不动了。

malloc() 无法保证其所分配的内存中的内容。前一次的 malloc() 中用过的数据很可能作为垃圾数据残留下来。这样一来，由于我们不知道那些忘记执行初始化的内存空间中到底有什么数据，所以就会出现“时而能运行时而不能运行”这种难以重现的 Bug。这类 Bug 非常棘手，因此应该使用 calloc()——这种说法看上去没错，但如果是我，就会选择自己给 malloc() 加个壳，不进行清零，而是填充 0xCC 这种无意义的值。这种做法更有利于从那些没好好进行初始化的程序中准确地找出 Bug。

我还曾听到过下面这种不知所谓的说法：“calloc() 连结构体的填充部分（下面会讲）也一起给清零了，真是让人心情舒畅！”那些没人在意的填充部分，就算被清零了又怎样呢？

话说回来，calloc() 以“块的个数”和“块的大小”为参数，而后将它们相乘，以得出的字节数为大小获取内存。但是，一旦这个乘法运算引发整数溢出，实际分配的内存量就会比预想的要小。堆中也可能发生缓冲区溢出漏洞*，进而演变成安全漏洞。近来 calloc() 的实现已经开始对这个溢出进行检查了*。calloc() 相对于 malloc() 的优点，大概就是这一点。

* 堆中发生的缓冲区溢出漏洞比栈中的更难定位。

* 在我的环境中，返回的是 NULL。

除此之外，虽然 malloc() 和 calloc() 返回的必须是进行了对齐处理（2-7 节）的地址，但当“块的个数”是个很大的数，而“块的大小”假设为 1 时，calloc() 的限制相对较宽松，这或许也可以说是它的优点。不过，我从未在现实中见过这样的运行环境。

接下来，我们看一下另外一个动态内存分配函数 realloc()。

它是一个用于更改已由 malloc() 分配的内存空间大小的函数。

```
#include <stdlib.h>
void *realloc(void *ptr, size_t size);
```

realloc() 将 ptr 指向的内存空间大小改为 size，并返回指向新内存空间的指针。

话虽如此，但就如同前面所说，malloc() 本身并不是什么魔法函数，realloc() 也一样。realloc() 通常用于扩充内存空间，如果由 ptr 传递过来的内存空间的后面刚好存在所需的空闲空间，那么或许会就这么直接扩充*。但如果后面没有足够的空闲空间，就会在别处分配新的内存空间，然后将内容复制过去。

* 这一点不保证。有时也会遇到这种情况：明明是缩小内存空间，结果返回的却是与以前不同的指针。

我们经常需要对数组依次追加数据，如果每追加一个元素就用 realloc() 扩充一次内存空间，会发生什么呢？

如果运气好，后面正好有空闲空间，那还算好，否则就需要频繁地复制内存空间，而这会导致运行效率低下。而且，不断地反复进行内存分配和释放，也会引发内存碎片化。

为减少这种问题，不妨使用这样的手法：例如以 100 个元素为单位，当内存不足时，一次性进行扩充*。不过，如果采用这样的做法，当要扩充的内存空间非常巨大时，就会造成复制时间和堆空间的浪费。

* 也可以不按固定大小扩充，而以当前大小的固定倍数扩充。一般来说，这种方式的效率更令人满意。

如果想要动态地为大量元素分配内存空间，那么最好不要使用连续的内存空间，建议使用链表这类手法。

要点

使用 realloc() 时请谨慎。

另外，如果向 realloc() 的 ptr 传递 NULL，那么 realloc() 的行为将与 malloc() 完全相同。

因此，对于偶尔会看到的如下代码，

```
if (p == NULL) {
    p = malloc(size);
} else {
    p = realloc(p, size);
}
```

我们完全可以将它写成下面这样（暂且不论返回 NULL 时的情况*）。

* 如果采用这种写法，当 realloc() 返回 NULL 时，会出现 p 永久丢失的问题。

```
p = realloc(p, size);
```

补充 假如 malloc() 参数为 0

当 malloc() 的参数为 0 时，根据 C 语言标准，运行环境中的定义可以从以下两个动作中任选一个。

- 返回空指针
- 采取与参数非 0 时相同的动作

后者的说明让人费解，但其实它的意思就是不对 malloc(0) 进行特殊处理，直接返回大小为 0 的内存空间。实际上，数据个数“碰巧”为 0 的情况时有发生，这时调用 malloc(0) 也是合理的，因此后者的动作也是必要的。基于这种思路，如果 malloc(0) 返回 NULL，那就意味着发生了内存不足或其他错误。

换个角度来想，也可以把对 malloc(0) 的调用看作调用方的 Bug，并返回 NULL。也就是说，像这种数据个数碰巧为 0 的情况，就让调用方去区分吧。基于这种思路，就会采用前者，即"返回空指针"这个动作。

在设计 ANSI C 标准时，关于应当采用这两个动作中的哪一个，人们似乎进行了一番激烈的争论，最终采取了"由运行环境定义"这一妥协方案。由运行环境定义就意味着，想要写出可移植性高的程序，就不能写 malloc(0)，因此最终的决定对争论双方来说都是个不幸的结局[4]。

另外，向 realloc() 的第 2 个参数 size 传递 0，则第 1 个参数 ptr 指向的内存空间会被释放（与 free() 相同的动作）——这是 ANSI C 中明确记载的。**但在 C99 和 C11 中，这段表述被删除了。**然而，C99 的 Rationale 中却还是写有"If the first argument is not null, and the second argument is 0, then the call frees the memory pointed to by the first argument"（如果第 1 个参数为非 null，第 2 个参数为 0，那么第 1 个参数指向的内存空间会被释放），真是让人摸不着头脑。

总之，如果使用 C99 以后的 C 语言标准，那么最好不要指望 realloc(ptr, 0) 能够实现和 free(ptr) 一样的动作。

补充 malloc() 的返回值检查

当内存分配失败时，malloc() 会返回 NULL。

因此，大多数的 C 语言书会略显歇斯底里地强调"如果调用了 malloc()，就一定要检查返回值！"但本书就偏要唱唱反调。因为**这种做法太麻烦了**！

如果想要很好地应对内存不足的情况，那就不是机械地重复编写如下代码就能简单完事儿的了。

```
p = malloc(size);
if (p == NULL) {
    return OUT_OF_MEMORY_ERROR;
}
```

在构造某种数据结构的过程中，需要时刻注意数据结构本身是否会产生矛盾，同时还要确保函数最后能够返回。而且，测试也不是简简单单就能完成的。

假设上面这些已经完美地搞定了，结果却在分配几字节的内存时失败了，在这种情况下，我们到底还能做些什么呢?

- 弹出对话框通知用户“内存不足”……不过在这种情况下还能弹得出对话框吗?
- 姑且打开一个文件用来保存写到一半的文档内容……能做到吗?
- 为了保存数据，递归地遍历层次很深的树形数据结构……可是，此时能够分配栈空间吗?
- 不管怎样，要想办法把数据保存到硬盘上……在 Windows 这种在普通文件系统中放置交换文件（页面文件）的系统中，如果此时只有一个分区，硬盘会怎样呢?

其实，内存不足并不仅仅发生在显式调用 `malloc()` 的地方，进行深度递归调用也会造成栈空间不足，并且在调用 `fopen()` 时内部也会使用 `malloc()` 来分配缓冲区内存空间，从而导致内存不足。另外，根据操作系统的不同，对物理内存的分配也有可能不在调用 `malloc()` 时进行，而在对该内存空间写入时才进行（Linux 默认采用这种方式）。在这种情况下，调用 `malloc()` 时可能无法检测到内存不足。

如果要开发的是具有极高的通用性的库，“认认真真地检查返回值”的确是合理的，但我们所写的程序并不全都是这样，因此在多数时候，不妨采取这种做法：给 `malloc()` 加上一层壳，当发生内存不足时当场报出错误消息并终止程序。

> 只要调用了 `malloc()`，就必须检查返回值，并做出适当的处理。

持有以上观点的人总会让人产生诸多疑问，例如：在使用 Java 时，他们是不是一定会在适当的层次中 `catch` 异常 `OutOfMemoryError` 呢? 他们是不是完全不使用 Perl 之类的 Shell 脚本语言呢?

补充 程序结束时也必须调用 free() 吗

在很久以前，网上的新闻组 fj.comp.lang.c 曾经针对以下论题展开过激烈的讨论。

> 在程序结束前，是否必须释放该程序中通过 `malloc()` 分配的内存空间呢?

这是一个相当难的问题。当前，若是计算机等常用的操作系统，在进程结束时，该进程占有的内存空间一定会释放。从这个意义上来说，在程序结束之前，没有必要特地执行 `free()`。

但是，当要把“扔个文件进去让它处理，得到结果后就结束”这样的程序拓展为能够连续处理多个文件的程序时，如果原来的程序没有老老实实地调用 `free()`，那后面的人就要遭殃了。

另外，近年来，为了检出内存泄漏（忘记 `free()`），人们开始广泛地借助工具输出在程序结束时未 `free()` 的内存空间的列表（比如前面提到的 Valgrind 等）。这时，一旦“故意不去 `free()` 的内存空间”和“忘记 `free()` 的内存空间”混在一起出现，检查起来就会困难重重。对于这种不能使用这些工具的环境，也可以通过“给 `malloc()` 和 `free()` 加一层壳，分别对它们的调用次数计数，然后在程序结束时确认数字是否一致”轻松地进行检查，这样的检查可以有效检出内存泄漏。

从这一点上考虑，我认为“对于通过 `malloc()` 分配的内存空间，必须在程序结束之前调用 `free()` 释放掉”的方针是合理的。

那么，我通常是怎么做的呢？当然是具体问题具体分析了。

不过，我是不怎么喜欢“必须 `free()` 派”的主张的，因为在“必须 `free()`”的背后，是下面这些想法在作祟。

- 调用 `malloc()` 之后必定写上相应的 `free()` 是一种**谨慎的编程风格**。
- 程序员就应该**小心翼翼**地将 `malloc()` 和 `free()` 对应起来。
- “因为调用了 `exit()`，所以就没必要 `free()` 了”的想法是不负责任的**偷工减料行为**，是不良的编程风格。

不管怎么说，程序员也是人，人就是这么一种**在可能犯错的地方必定会犯错**的生物。可是，“必须 `free()` 派”却偏要大肆宣扬无论如何都要“谨慎地”编码，这种论调其实是于事无补的。

我认为，“谨慎地”编码并没有什么了不起的，那些能够尽可能地回避“麻烦事”的人才是优秀的程序员。在我心中，理想的程序员是下面这样的：在能够安全地偷懒的地方尽可能地偷懒，并且尽可能地依靠工具而不是肉眼来进行检查，但在无论如何都需要人工处理麻烦的事情时，会在心中坚定地起誓“总有一天要将它自动化”。

2-7 对齐

下面我们换一个话题。

假设有如下所示的结构体。

```
typedef struct {
    char    char1;
    int     int1;
    char    char2;
    double  double1;
    char    char3;
} Hoge;
```

例如在我的环境中，sizeof(int) 是 4，sizeof(double) 是 8，而 sizeof(char) 依据标准必须是 1*，那么此时该结构体的长度是多少呢？

* 例如，即便是在 char 占 9 位的环境（假如真的存在这样的环境）中，sizeof(char) 也是 1。标准就是这样规定的。

1 + 4 + 1 + 8 + 1 = 15，所以长度应该是 15 字节——在大多数情况下，这个结果是错误的。例如，在我的环境中，答案是 32 字节。

我们尝试一下（代码清单 2-11）。

代码清单2-11
alignment.c

```
 1  #include <stdio.h>
 2
 3  typedef struct {
 4      char    char1;
 5      int     int1;
 6      char    char2;
 7      double  double1;
 8      char    char3;
 9  } Hoge;
10
11  int main(void)
12  {
13      Hoge        hoge;
14
15      printf("hoge size..%d\n", (int)sizeof(Hoge));
```

```
16
17     printf("hoge   ..%p\n", (void*)&hoge);
18     printf("char1  ..%p\n", (void*)&hoge.char1);
19     printf("int1   ..%p\n", (void*)&hoge.int1);
20     printf("char2  ..%p\n", (void*)&hoge.char2);
21     printf("double1..%p\n", (void*)&hoge.double1);
22     printf("char3  ..%p\n", (void*)&hoge.char3);
23
24     return 0;
25 }
```

先随便声明一个 Hoge 类型的变量，然后输出其各个成员的地址*。在我的环境中，运行结果如下所示。

* 如果需要知道结构体成员距离起始位置的偏移量，一般使用 stddef.h 中定义的宏 offsetof() 获取。这样一来，不特意声明哑变量（虚拟变量）就可以获取偏移量。

```
hoge size..32
hoge   ..0x7fffac3dd220
char1  ..0x7fffac3dd220
int1   ..0x7fffac3dd224
char2  ..0x7fffac3dd228
double1..0x7fffac3dd230
char3  ..0x7fffac3dd238
```

如图 2-17 所示，在 char1 和 char2 的后方，以及结构体的末尾都存在一段间隙。

图2-17 对齐

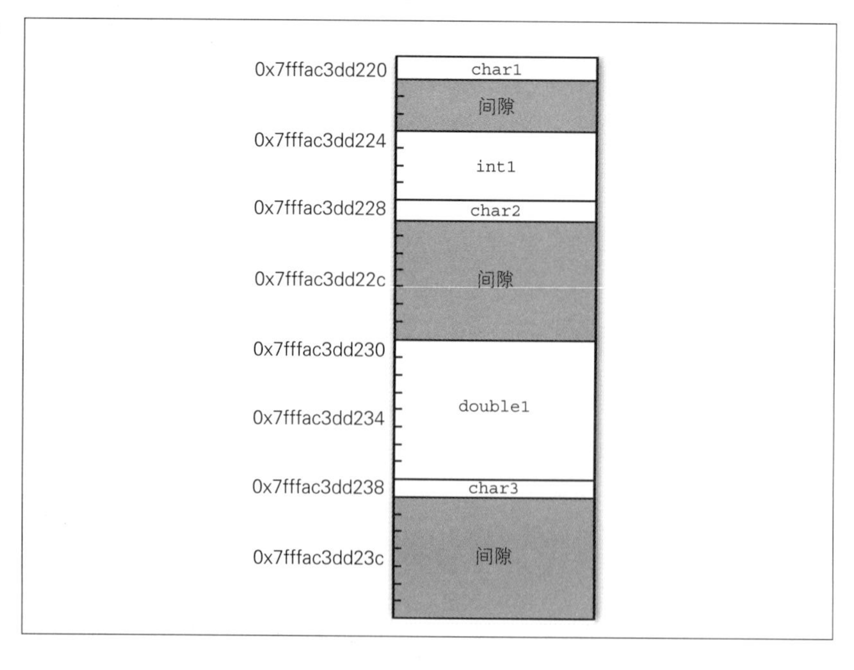

这是因为，根据硬件（CPU）的不同，对不同的数据类型能够配置的地址是有限制的。就算能够配置，某些 CPU 的效率也会变差。在这种情况下，编译器会进行适当的边界调整（**对齐**，alignment），向结构体插入适当的**填充**（padding）。

从本实验来看，在我的环境中，`int` 是配置在 4 的倍数的地址上的，而 `double` 是配置在 8 的倍数的地址上的。

正如图 2-17 所示，填充有时会被放到结构体的末尾。因为在创建结构体数组时，填充是必要的。在将 `sizeof` 运算符应用到这样的结构体上时，返回的是包含末尾填充部分大小的长度。将结果和元素个数相乘，就可以获取数组整体的长度。

另外，`malloc()` 会配合那些对齐最为严格的类型返回经过适当调整的地址。局部变量等也会被配置到经过适当调整的内存空间中。

对齐是根据 CPU 的情况进行的操作。因此，**CPU 不同，填充的方式也就不同**。在我的环境中，碰巧只能将 `double` 配置在 8 的倍数的地址上，而有些 CPU 可以将它配置到 4 的倍数的地址上*。

* 在本书第 1 版中，double 就是配置在 4 的倍数的地址上的。

偶尔也会有人不喜欢对齐方式依赖于硬件，于是"为了提高程序的可移植性"（？）试图手工进行边界调整，如下所示。

```
typedef struct {
    char    char1;
    char    pad1[3];  ← 手工进行填充
    int     int1;
    char    char2;
    char    pad2[7];  ← 这里也是
    double  double1;
    char    char3;
    char    pad3[7];  ← 这里也是
} Hoge;
```

然而，这到底有什么用呢？

即便不这么做，编译器也一定会根据 CPU 帮我们对边界做出适当的调整。只要是通过成员名称进行引用的，就根本没有必要知道到底进行了什么样的对齐。

如果需要将该结构体原封不动地（通过 `fwrite()` 等）写入文件，然后在 CPU 不同的其他机器上读取并使用，那么对齐方式的不同可能会引发问题。而如果手工进行边界调整，说不定可以在其他机器上读出本机输出的数据——然而，这说到底只是**碰巧**了。

在上面的例子中，`pad1` 的长度是 3，`pad2` 和 `pad3` 的长度是 7。那么，这些数字到底是来自哪里呢？标准并不保证 `sizeof(int)` 就是 4，`sizeof(double)` 就是 8。把这样的数字写到源代码中根本就谈不上什么“提高可移植性”。

也就是说，即便手工填充的方式实现了特定机器之间的数据交换，那也只不过是**敷衍逃避的手段**而已。如果是像原型开发那样求快不求质的开发场景，或许会考虑使用这种手法，但如果真的要考虑数据的兼容性，那么**将结构体原封不动地转储到文件中这一想法本身就是不对的**。

不仅如此，就算是 `sizeof(int)` 为 4 的运行环境，其内部表现也不一定相同。关于这一点，我们会在下一节进行说明。

要点

即使手工填入填充数据，也不能提高可移植性。

补充 结构体的成员名称在运行时也是缺失的

对结构体成员的引用是通过距离结构体起始地址的偏移量（字节单位的距离）实现的。例如，在访问代码清单 2-11 中的结构体 `Hoge` 的 `double1` 时，就需要引用距离结构体起始地址 16 字节的地方。“16”这个值写在了编译后的机器码中。

这里并不是通过 `double1` 这个名称引用结构体成员的。因此，如果结构体的定义发生了改变，就必须将使用这个结构体的源文件全部重新编译一遍。

2-8 字节序

* 日本松下公司发布的笔记本电脑。——译者注

我的环境是在普通的计算机（Let's Note*）的 Windows 10 上通过 Virtual Box 运行 Ubuntu Linux，sizeof(int) 是 4。那么，在这 4 个字节中，整数具体是以什么样的形式存放的呢?

我们再写一个测试程序来验证一下（代码清单 2-12）。

代码清单 2-12
byteorder.c

```
 1 #include <stdio.h>
 2 
 3 int main(void)
 4 {
 5     int          hoge = 0x12345678;
 6     unsigned char        *hoge_p = (unsigned char*)&hoge;
 7 
 8     printf("%x\n", hoge_p[0]);
 9     printf("%x\n", hoge_p[1]);
10     printf("%x\n", hoge_p[2]);
11     printf("%x\n", hoge_p[3]);
12 
13     return 0;
14 }
```

将 int 类型变量 hoge 的起始地址强行赋给 unsigned char * 类型的变量 hoge_p，然后应该就可以通过引用 hoge_p[0] ~ hoge_p[3] 来以字节为单位引用 hoge 的内容了。

在我的环境中，运行结果如下所示。

```
78
56
34
12
```

看来，在我的环境中，“0x12345678”这个值在内存上是逆向存放的。

可能有读者会感到意外，但是在 Intel 系列的 CPU（当然也包括 AMD 等兼容 CPU）上，整数类型就是像这样在内存上倒过来存放的，这种存储方法一般称为**小端**（little endian）。

虽然近年来不论是客户端计算机还是服务器，用的都是 Intel 系列的 CPU，但过去的工作站等的 CPU 经常将“0x12345678”这样的值以“12、34、56、78”的形式存储，这种存储方法称为**大端**（big endian）。智能手机等常用的 ARM 架构使用的是可以在大端和小端之间切换的**双端**（bi-endian）。

而小端和大端这样的字节排列方式就称为**字节序**（byte order）。

小端与大端到底哪一种更好呢？这个话题经常引起人们的争论，此处就不再深入讨论了。它们各有各的优点。人类在用纸和笔做加法时也会从低位开始相加，所以对 CPU 来说，或许采用小端的方式更轻松一些，而在人类看来，大端的方式或许更容易理解。

问题是，就连整数类型的数据在内存中的存储方式也会因 CPU 不同而不同。

事实上，也有一些 CPU 会采用更加风格迥异的字节序，比如“以 2 字节为 1 组再反转顺序”。另外，关于浮点数，虽然现今的许多运行环境使用的是 IEEE 754 规定的形式，但 C 语言标准中并没有规定这一点*。即使是使用 IEEE 754 的运行环境，Intel 系列的 CPU 也还是逆向排列字节的。

* Java 中也有这个规定。因此，如果硬件不支持 IEEE 754，情况就会变得复杂一点。

也就是说，由于内存中的二进制形式会因环境不同而多种多样，所以有些想法是不可取的，例如**试图将内存中的内容直接写到硬盘上，或者传输到网络中，以便在不同的机器上原样读取的想法，就是不可取的**。

如果要考虑数据兼容性，可以使用 XML 或 JSON，或者二进制，总之需要确定一种数据格式，然后遵循该格式输出数据。

要点

不管是整数还是浮点数，在内存上的表现形式都随环境不同而不同。

2-9 关于语言规范和实现——抱歉，前面的内容都是骗你的

直到本节为止，我们都是通过实际运行示例程序，并基于在我的环境中输出的结果进行各种说明的。

然而，C 语言标准规定的是语言规范，而不是实现方法。

例如，如今的计算机操作系统会帮我们实现虚拟地址的功能，但即便在没有这个功能的操作系统中，用 C 语言编写的程序也能够运行自如。

另外，前面提到“在 C 语言中，自动变量通常被分配到栈中”，但标准并没有这么规定。因此，比如某个运行环境在每次进入函数时都将自动变量的内存空间分配到堆中，那也是出色地与标准保持一致的。只不过，这种实现的运行速度会很慢，所以没人会去做这种傻事。

至于 `malloc()` 的实现，其在不同的运行环境中会出现很大的差异。`brk()` 则是 UNIX 中特有的系统调用，而且近年来 UNIX 中也出现了下面这种分配方式：在分配较大的内存空间时，使用系统调用 `mmap()`，然后通过 `free()` 释放内存空间，并将内存空间返还给操作系统。

更进一步来说，从第 1 章开始我们就是以“指针就是地址”为前提进行说明的，但标准中只是说“指针类型描述一个对象，该类对象的值提供对该引用类型的实体的引用”。总而言之，只要能够引用实体，就算没有有效地使用（虚拟）地址，也不算违反标准。

由于在 C 语言中，地址经常以指针的形式直接可见，所以人们对 C 语言常常持有以下看法。

- 如果没有时刻关注内存的意识，就不能进行 C 语言编程。
- C 语言不就是结构化的汇编器吗?
- C 语言不就是低级语言吗?

但是，一般的应用程序程序员在开发程序时，**完全没有必要在意指针就是地址**这件事。

C 语言可能的确是低级语言，但假如你明明想要使用高级语言却不得已只能使用 C 语言，那就别故作姿态地嘲讽 C 语言是低级语言了，又得不到什么好处。而且即使在某个运行环境中地址就是指针，也别纠结，**忘掉这一点才是最聪明的做法**。C 就是那种只要你想，那你就可以把它当作高级语言使用的语言——如果你真的这么认为，那就静静地等待 Bug 的到来吧。

话虽如此，本章在对各部分进行说明时，还是强调了“指针就是地址”。

与其反复地抽象说明，还不如具体地把地址输出出来更简单易懂——这就是我这样做的初衷。将自动变量的地址输出出来，“栈会随着函数调用不断延伸”的知识点就会一目了然。要是理解不了这个知识点，那就无法弄明白递归调用的原理。

另外，现实是，在大多数环境中 C 语言几乎不进行运行时检查，因此如果没有在一定程度上掌握 C 语言的内存使用方法，调试工作也会受到一定的影响。

另外，遇到不明白的地方，要通过实验确认，这也是科学研究的惯用手法。

对于本章的示例程序，请务必在自己的环境中尝试实际运行一下。

不过，一旦通过实验接受了这个知识点，就要注意别过分在意“指针就是地址”，否则你很可能写出一些抽象度低且可移植性差的代码。

此外，万一出现了 Bug，请回想一下“指针就是地址”的观点，然后努力调试——这种姿态在解决 Bug 上是恰到好处的。

第 3 章

语法揭秘

——它到底是怎么回事

3-1 解读 C 语言声明

3-1-1 用英语阅读

1-3-3 节的补充内容中提到，C 语言的如下声明语法非常**奇怪**。

```
int *hoge_p;
```

```
int hoge[10];
```

对于上面这种程度的声明，可能许多人并不觉得有什么异样，那么下面这种（还挺常用的）声明呢？

```
char *color_name[] = {
    "red",
    "green",
    "blue",
};
```

这表示的是“指向 char 的指针的数组”。

我们在 2-3-2 节中像下面这样声明了一个“指向以 double 为参数且无返回值的函数的指针”。

```
void (*func_p)(double);
```

关于这种声明，*K&R* 中是这么说明的（见该书 5.12 节）：

```
int *f();     /* f: function returning pointer to int */
```

以及

```
int (*pf)();     /* pf: pointer to function returning int */
```

这里，* 是一个前缀运算符，其优先级低于 ()，所以声明中必须使用圆括号以确保正确的结合顺序。

首先，这段文字里**有不恰当的地方**。

正如 1-3-3 节所说，声明中的 *、()、[] 并不是运算符，在语法规则中，它们的优先级也不是在定义运算符优先级的地方定义的，而是在其他地方定义的。

而且，就算不管这一点，只单纯地阅读这段文字，一般人也会默默怀疑"是不是说反了"。

如果说下面的声明表示的是"指向函数的指针"，那么先将星号（指针）的部分括起来不是很奇怪吗？

```
int (*pf)();
```

这个问题的答案说穿了其实很简单：C 语言原本是在美国诞生的语言，所以我们应该**用英语来读上面的声明***。

如果从 pf 开始按英语的语序来阅读上面的声明，则应该是下面这样*。

pf is pointer to function returning int

中文意思如下所示。

pf 是指向返回 int 的函数的指针。

* *K&R* 中写有用于解析 C 语言声明的程序 dcl 以及相应的输出结果，但中文版中并没有翻译出来，而是直接保留了英语原文。

* 我觉得应该在下面这句话中加上冠词 a，写成"pf is a pointer"，不过鉴于 *K&R* 的 dcl 中也没有加冠词 a，而且加上会使句子太过冗长，所以本书中就不加了。

要点

C 语言的声明要用英语阅读。

3-1-2 解读 C 语言声明

这里给大家介绍一下 C 语言声明的"机械解读法"。

首先，为了使问题简单化，我们先不考虑 const 和 volatile（3-4 节将给出考虑 const 的版本）。

我们可以遵循以下步骤解释 C 语言声明。

1. 先看标识符（变量名或函数名）。
2. 从贴近标识符的地方开始，按照如下优先级解释派生类型（指针、数组、函数）：
   ① 用于整合声明的括号；
   ② 表示数组的 []、表示函数的 ()；
   ③ 表示指针的 *。
3. 完成对派生类型的解释之后，通过 of、to 或 returning 连接句子。
4. 添加类型修饰符（位于左侧，比如 int、double）。
5. 如果不擅长英语，可以用中文解释。

数组的元素个数和函数的参数都属于类型的一部分。请将它们当作附属于各自类型的属性。

比如下面这行代码。

```
int (*func_p)(double);
```

1. 先看标识符。

```
int (*func_p)(double);
```

英语表达：

`func_p is`

2. 因为代码中有括号，所以接下来看一下 *。

```
int (*func_p)(double);
```

英语表达：

`func_p is pointer to`

3. 然后是表示函数的 ()，参数是 double。

```
int (*func_p)(double);
```

英语表达：

`func_p is pointer to function(double) returning`

4. 最后是类型修饰符 int。

```
int (*func_p)(double);
```

英语表达：

`func_p is pointer to function(double) returning int`

5. 翻译成中文。

`func_p`是指向返回`int`的函数（参数是`double`）的指针。

以同样的方式对各种C语言声明进行解读的结果如表3-1所示。

表3-1
解读各种C语言声明

C语言	英语表达	中文表达
int hoge;	hoge is int	hoge是int
int hoge[10];	hoge is array（元素个数为10）of int	hoge是int的数组（元素个数为10）
int hoge[10][3];	hoge is array（元素个数为10）of array（元素个数为3）of int	hoge是int的数组（元素个数为3）的数组（元素个数为10）
int *hoge[10];	hoge is array（元素个数为10）of pointer to int	hoge是指向int的指针的数组（元素个数为10）
double (*hoge)[3];	hoge is pointer to array（元素个数为3）of double	hoge是指向double数组（元素个数为3）的指针
int func(int a);	func is function（参数为int a）returning int	func是返回int的函数（参数为int a）
int (*func_p)(int a);	func_p is pointer to function（参数为int a）returning int	func_p是指向返回int的函数（参数为int a）的指针

如上所示，C语言的声明（无论中文还是英文）不能从左往右解读，必须左右来回地解读。

关于C语言的声明，*K&R*中写道：“这种声明变量的语法与声明该变量所在表达式的语法类似。”（见该书5.1节）但勉强地去仿效本质上完全不同的东西，结果只能导致语法莫名其妙。

“使声明的形式与使用时的形式相似”是C语言（以及从C语言派生的C++等语言）特有的**奇怪语法**。

*K&R*中同时提到（见该书5.12节）：

> C语言常常因为声明的语法问题而受到人们的批评，特别是涉及函数指针的语法。

比如在Pascal中，C语言中的“`int hoge[10];`”是像下面这样声明的。

```
var
    hoge : array[0..9] of integer;
```

对于这种语法，我们完全可以从左往右按英语语序解读。

C 语言的设计者丹尼斯·里奇后来又开发了一种叫 Limbo 的语言。Limbo 语言中的符号用法等乍一看与 C 语言非常相似*，但声明的语法却很好地改成了 Pascal 的风格。这说明设计者自身也在反省 C 语言的声明语法。

* 例如，不用 begin ~ end 或者 if ~ endif，而使用花括号。

补充 近来的语言多数是将类型后置的

如今已经没什么人使用 Pascal 了，而 Limbo 这种语言估计大多数人连名字都没听说过，不过即便是那些最近几年开发出来并拥有一定用户的语言，也有相当一部分在声明变量时把类型写在后面。而这几年的语言则大都是这样的。

例如 Google 开发的 Go 语言是通过以下方式声明 int 类型变量的。

```
var hoge int
```

数组的声明是下面这样的。

```
var hoge []int
```

Apple 为 iOS 应用开发而制作的 Swift 语言是像下面这样声明 int 类型变量的。

```
var hoge : Int
```

数组的声明是下面这样的。

```
var hoge : [Int]
```

在 JVM 上运行的语言 Scala 则是像下面这样声明 int 类型变量的。在 Scala 中，在声明变量时必须进行初始化。另外，在实际情况中，人们使用更多的不是 var，而是不能再被赋值的 val。

```
var hoge: int = 0;
```

数组的声明是下面这样的。

```
var hoge: Array[int] = null;
```

用于开发 Adobe Flash 的 ActionScript 是像下面这样声明 int 类型变量的。

```
var hoge : int;
```

数组的声明是下面这样的。

```
var hoge : Array;
```

这类例子数不胜数，我们就先写到这里。C、Java 和 C# 这些语言的声明中先写类型的做法并不是“理所应当”的——对此，这一点想必大家都明白了。

3-1-3 类型名

在 C 语言中，除了声明标识符以外，有时候还必须标记“类型”，具体情况如下所示。

- 在类型转换运算符中
- 在将类型当作操作数时的 sizeof 运算符的操作数

例如，类型转换运算符的写法如下所示。

```
(int*)
```

这里指定的 int* 就称为**类型名**（type name）。

从标识符的声明中去除标识符，就可以机械地生成类型名（表 3-2）。

表 3-2 类型名的写法

声　明	声明的含义	类 型 名	类型名的含义
int hoge;	hoge 是 int	int	int 类型
int *hoge;	hoge 是指向 int 的指针	int*	指向 int 的指针类型
double (*p)[3];	p是指向double数组（元素个数为 3）的指针	double (*)[3]	指向double数组（元素个数为 3）的指针类型
void (*func)();	func是指向返回void的函数的指针	void (*)()	指向返回void的函数的指针类型

在表 3-2 中，最后两个例子中的星号都在括号内，这种写法看似多余，但**如果去掉括号，声明的含义就不一样了**。

例如，double *hoge[3] 去掉标识符名称会得到 double *[3]，所以这个类型名的含义就会变成“指向 double 的指针的数组”。

补充 如果把间接运算符 * 后置

在 C 语言中，通过指针取值的运算符 * 需要像 *p 这样前置使用。

而在 Pascal 中，相当于 C 语言的 * 运算符的 ^ 是后置使用的。

如果在 C 语言中也像这样将引用指针的运算符后置，那么即便是兼顾“声明变量的语法与声明该变量所在表达式的语法类似”，声明也会变成下面这样。

```
int func_p^(double);
```

如果这样写是表示“指向返回 int 的函数（参数为 double）的指针”，那么基本上可以以英语语序阅读。不过 int 放在前面终究还是个问题。

如果把运算符也顺便换成后置的 ^*，通过指针引用结构体成员的运算符 -> 就可以不要了。

```
hoge->piyo
```

原本就只是

```
(*hoge).piyo
```

的语法糖而已，所以如果可以写成下面这样，那么不要 -> 也完全可以。

```
hoge^.piyo
```

进一步说，将间接运算符后置能够使包含结构体成员或数组引用的复杂表达式的写法更加简洁*。

关于这一点，*The Development of the C Language* 中有如下内容。

> Sethi [Sethi 81] observed that many of the nested declarations and expressions would become simpler if the indirection operator had been taken as a postfix operator instead of prefix, but by then it was too late to change.

以我可怜的英语能力将其翻译成中文，大意如下。

> Sethi[Sethi 81] 注意到，如果间接运算符采用后置而不是前置方式，嵌套的声明或表达式会更加简洁，但此时更改已为时过晚。

* 在 C 语言中，^ 是作为异或运算符使用的，这里先不管这一点。

* 我还觉得顺便把指针的类型转换也进行后置的做法更好。
实际上，C 语言中也不是没有后置的间接运算符，[0] 就是后置的间接运算符。

3-2 C 语言数据类型的模型

前面我们对 C 语言声明的解读方法进行了说明。

通过解读声明，我们了解了变量和函数的“类型”。本节将介绍 C 语言是如何处理类型的。

3-2-1 基本类型和派生类型

假设有如下声明。

```
int (*func_table[10])(int a);
```

根据上一节的说明，我们可以将它解读为：

> 指向返回 int 的函数（参数为 int a）的指针的数组（元素个数为 10）

上面的表述可以表示为如图 3-1 所示的链结构。

图 3-1
用图形表示“类型”

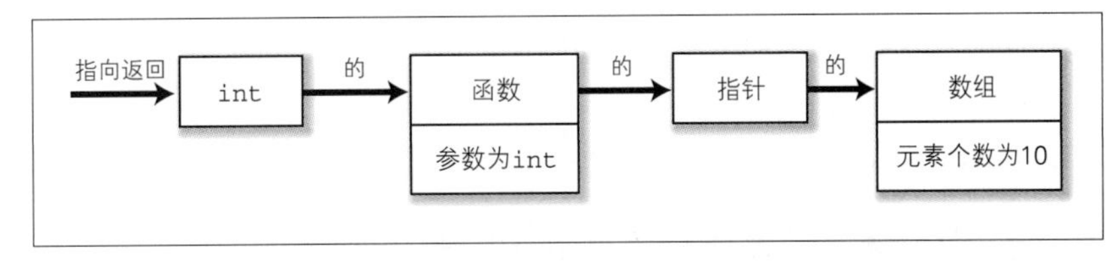

在本书中，我们称这种表示形式为“类型的链式表示”。

这里暂且**无视结构体、联合体、typedef** 等，粗略地进行说明。链的初始元素* 是**基本类型**（basic type），这里可以放上 int 或者 double 等类型。

* 如果是英语语序，这里应该是末尾元素。

然后，从第2个元素开始的元素都是**派生类型**（derived type）。所谓派生类型，就是从某些类型派生出来的类型。

除了结构体和联合体之外，派生类型还有以下3种。

- 指针
- 数组（以元素个数为属性）
- 函数（以参数信息为属性）

关于派生类型，*K&R* 中有如下描述（见该书A.4.3节）。

> 除基本类型外，我们还可以通过以下几种方法构造派生类型，从概念来讲，这些派生类型可以有无限多个。
> - 给定类型对象的数组
> - 返回给定类型对象的函数
> - 指向给定类型对象的指针
> - 包含一系列不同类型对象的结构
> - 可以包含多个不同类型对象中任意一个对象的联合
>
> 一般情况下，这些构造对象的方法可以递归使用。

上面这段描述可能让你摸不着头脑，这里要表达的其实是下面这个意思*。

* 实际上，派生是有几点限制的。关于这些，我们后面再进行说明。

> 以基本类型开头，通过递归地（重复地）增加派生类型，可以创造出无限多个类型。

也就是说，不断延长图3-1的链结构，就可以创造出新的类型。

另外，在图3-1的链结构中，最后的那个类型对整个类型的含义具有重要意义，因此这里特别地将它称为**类型分类**（type category）。

比如，不论是指向`int`的指针，还是指向`double`的指针，归根结底都是指针；不论是`int`的数组，还是指向`char`的指针的数组，总而言之也都是数组。

3-2-2 指针类型的派生

在1-3-1节中，我们引用了C语言标准中的内容，这里再次引用一下。

> 指针类型（pointer type）可以由函数类型、对象类型或不完全类型派生，派生指针类型的类型称为被引用类型（referenced type）。指针类型描述了一种对象，其值用于引用被引用类型的实体。由被引用类型 T 派生的指针类型称为“指向 T 的指针”。由被引用类型构造指针类型的过程称为“指针类型的派生”。
>
> 这些构造派生类型的方法可以递归地应用。

上面的“从被引用类型 T 派生的指针类型称为‘指向 T 的指针’”可以用链结构表示（图 3-2）。

图3-2 指针类型派生

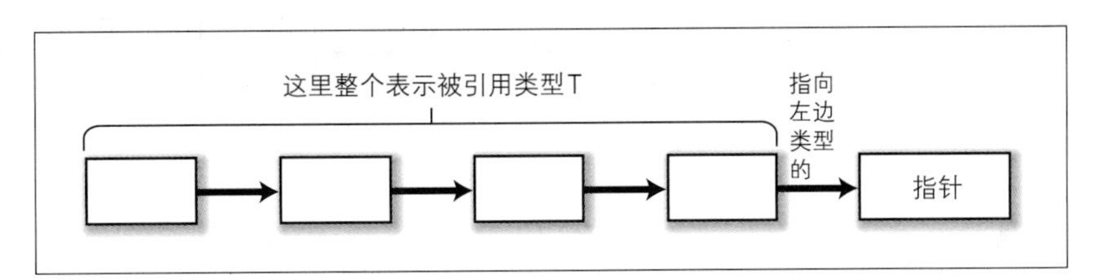

对于指针类型来说，如果指针指向的类型不同，派生出来的类型就会不同，因此从已有类型 T 派生，就可以创造出“指向 T 的指针”类型。

由于在大多数运行环境中，指针从实现上来说只是单纯的地址，所以不论是从什么样的类型派生出来的指针，其运行时的状态都没有多大区别*，不过在加上 * 运算符，通过指针取值时，以及对指针进行加法运算时，其运行时的状态是会有差别的。

* 前面也提到了这一点，具体来说，就是偶尔也存在这样的运行环境：指向 char 的指针与指向 int 的指针的位数不同。

这里再次强调一下：对指针进行加法运算，则指针前进**该指针所指向的类型的长度**的距离。这对我们之后的说明具有非常重要的意义。

如果用图说明指针类型，则如图 3-3 所示。

图3-3 指针类型的图解

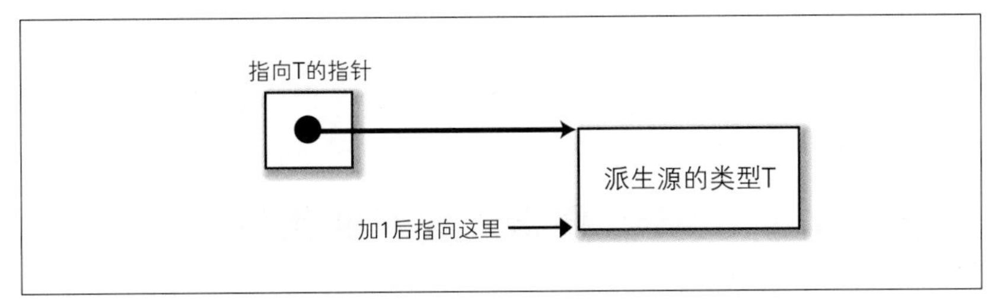

3-2-3 数组类型的派生

和指针类型一样，数组类型也是从已有类型（**元素类型**）派生而来的。元素个数作为类型的属性信息添加在类型后面（图 3-4）。

图 3-4
数组类型派生

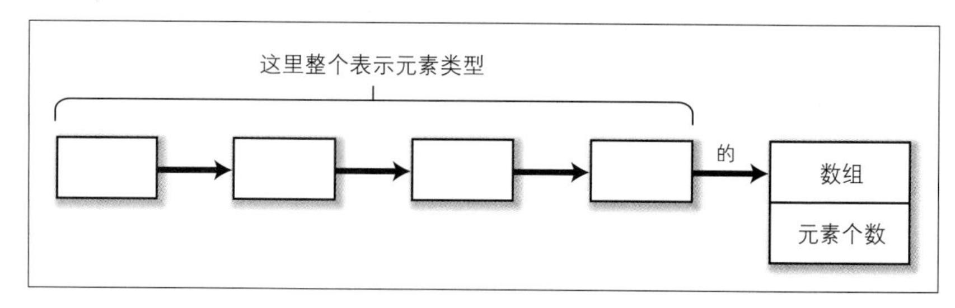

数组类型是由一定个数的派生源的类型排列而成的类型。

数组类型可以用图 3-5 说明。

图 3-5
数组类型的图解

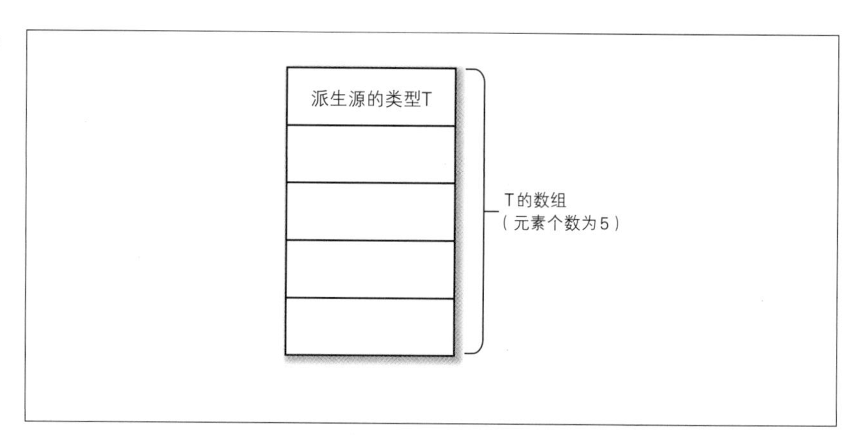

3-2-4 什么是指向数组的指针

由于数组和指针都是派生类型。我们可以先在它们前面加上基本类型，然后不断添加类型进行派生。

也就是说，在派生出数组之后，再派生出指针，就能生成指向数组的指针这一类型。

如果你一听到指向数组的指针，就以为：

> 这不是很简单嘛。只要数组名后不加 []，那就是指向数组的指针，难道不是吗?

那么请重读一下 1-4-3 节。**在表达式中，数组的确会被解读成指针**，但这里的指针并不是“指向数组的指针”，而是“指向数组初始元素的指针”。

如果要实际地声明一个指向数组的指针，则会像下面这样。

```
int (*array_p)[3];
```

array_p是指向int的数组（元素个数为3）的指针。

从 ANSI C 开始，在数组前加上 &，就可以获取指向数组的指针*。因此，我们可以像下面这样赋值，因为类型是相同的。

* 这是“在表达式中，数组都会被解读成指向其初始元素的指针”这一规则的一个例外。具体请参考 3-3-3 节。

```
int array[3];
int (*array_p)[3];

array_p = &array;     ← 在数组前加上 &，获取指向数组的指针
```

但是，如果执行下面这样的赋值，编译器会报出警告。

```
array_p = array;
```

这是因为，“指向 int 的指针”与“指向 int 的数组（元素个数为 3）的指针”是完全不同的类型。

然而，如果把它们看作地址，则 array 和 &array 指向的（很可能）是相同的地址。那么它们到底有何不同呢？那就是在使用它们进行指针运算时，结果不同。

在我的机器上，int 类型的长度是 4 字节，所以对“指向 int 的指针”加 1，指针会前进 4 字节。而对于“指向 int 的数组（元素个数为 3）的指针”，由于它指向的类型是“int 的数组（元素个数为 3）”，其长度为 12 字节（假设 int 的长度为 4 字节），所以加 1 后，指针前进 12 字节（图 3-6）。

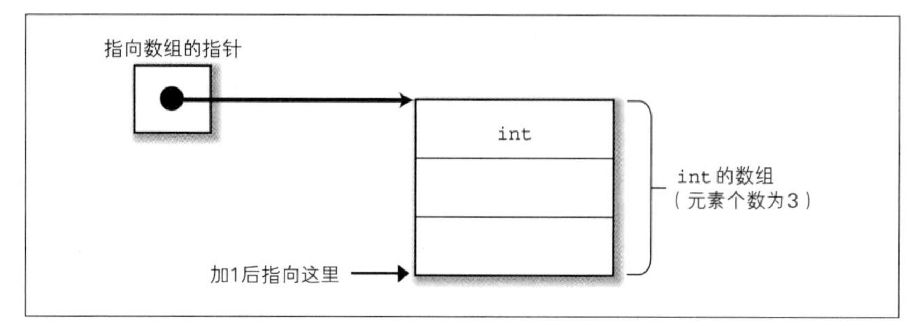

图3-6 对指向数组的指针进行加法运算

| 这个道理我懂了，不过一般不会这么用吧？

或许有人会有上面的想法，但其实大家经常这么使用，只是自己没有察觉到而已。

对此，我们将在下一节中进行说明。

3-2-5 C 语言中不存在多维数组

应该有很多人以为在 C 语言中可以像下面这样声明多维数组。

```
int hoge[3][2];
```

请好好回忆一下 C 语言声明的解读方法。上面这个声明应该解读成什么呢？

int 类型的多维数组？

不是哦。应该是“int 的数组（元素个数为 2）的数组（元素个数为 3）”。

也就是说，即便 C 语言中存在“数组的数组”，也不存在多维数组*。

所谓数组，就是某种类型以一定的个数排列而得到的类型。“数组的数组”只是恰巧其派生源的类型是数组而已。也就是说，“int 的数组（元素个数为 2）的数组（元素个数为 3）”可以表示为图 3-7。

* 在 C 语言的标准文档中，“多维数组”这个词还是出现过 3 次之多的，所以“不存在多维数组”的说法可能会让人觉得是极端言论，但如果不这样思考，就很难理解 C 语言数据类型的模型。

图3-7
数组的数组

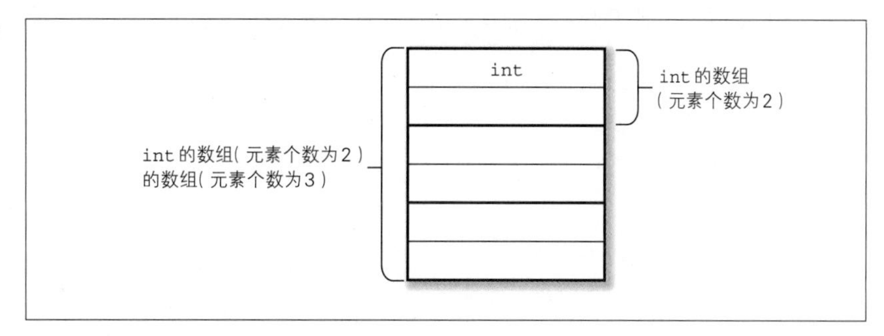

要点

C 语言中不存在多维数组。
看起来像多维数组，其实是“数组的数组”。

在有如下声明时，

```
int hoge[3][2];
```

可以通过 hoge[i][j] 对其内容进行访问，此时 hoge[i] 指的是“int 的数组（元素个数为 2）的数组（元素个数为 3）”中的第 i 个元素，其类型为“int 的数组（元素个数为 2）”。不过，由于该数组是在表达式中，所以它会被立刻解读为“指向 int 的指针”。

关于这一点，我们会在 3-3-5 节中进一步详细说明。

那么，如果将这种“仿多维数组”作为参数传递给函数，会发生什么呢?

如果想将“int 的数组”作为参数传递给函数，只需传递“指向 int 的指针”就可以了。这是因为在表达式中，数组会被解读为指针。

因此，在将“int 的数组”作为函数的参数传递时，对应的函数的原型会是下面这样的写法。

```
void func(int *hoge);
```

假设我们也以相同的方式来考虑“int 的数组（元素个数为 2）的数组（元素个数为 3）”，那么下面带下划线的部分在表达式中可以解读为指针。

int 的数组(元素个数为2)的<u>数组(元素个数为3)</u>

因此，只要传递下面的内容就可以了。

指向 int 的数组(元素个数为2)的<u>指针</u>

这就是“指向数组的指针”。

这就意味着，接收该参数的函数的原型就变成了下面这样。

```
void func(int (*hoge)[2]);
```

到现在为止，或许仍有很多人会将函数原型写成下面这样。

```
void func(int hoge[3][2]);
```

又或者下面这样。

```
void func(int hoge[][2]);
```

但其实这些全部都是

```
void func(int (*hoge)[2]);
```

的语法糖，它们的意思完全相同。

关于将数组作为参数传递时的语法糖，我们会在 3-5-1 节再次说明。

3-2-6 函数类型的派生

函数类型也是一种派生类型，以“参数（的类型）”作为属性（图 3-8）。

但是，函数类型与其他的派生类型稍有不同。

不论是 int 型还是 double 型，抑或是数组、指针、结构体，只要是函数类型以外的类型，其实体基本上都可以定义为变量。而这些变量会占用一定的内存空间。因此，我们能够通过 sizeof 运算符获取它们的长度。

图3-8
函数类型派生

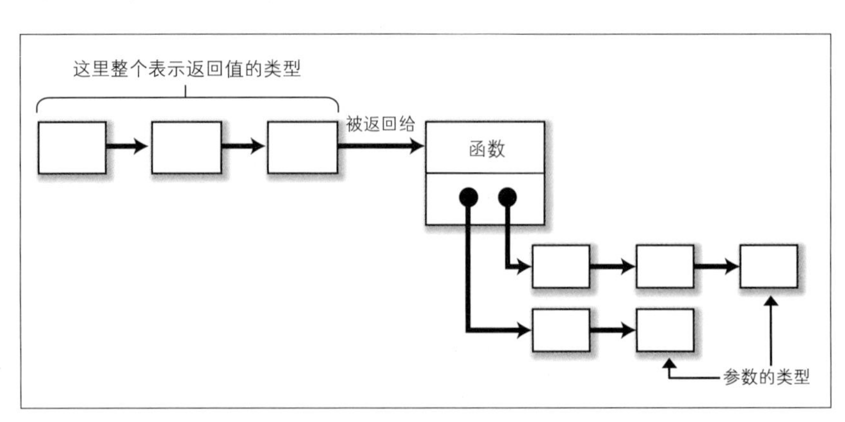

像这样可以确定长度的类型，在标准中被称为**对象类型**（object type）。

然而，函数类型不是对象类型。C 语言中不存在函数类型的变量，因而我们无法（也没必要）确定其长度。

我们说过，数组类型是由若干个派生源类型排列而成的类型。因此，数组类型的总长度为：

> 派生源类型的长度 × 数组的元素个数

但是，由于函数类型的长度无法确定，所以也就无法从函数类型派生出数组类型。也就是说，无法创造出“函数的数组”这种类型。但是，可以生成“指向函数的指针”这一类型。只是指向函数类型的指针是不能进行指针运算的，因为我们无法确定指针指向的类型的长度。

另外，函数类型也不能成为结构体和联合体的成员。

总而言之，结论就是：

> 从函数类型不能派生出指针类型以外的类型。

但如果是“指向函数的指针”类型，就可以用它生成数组，或者让它成为结构体、联合体的成员。这是因为“指向函数的指针”类型说到底是一种指针类型，而指针类型是对象类型。

另外，函数类型也无法从数组类型派生。

这是由于，函数类型是由“返回 ×× 的函数”的形式派生而来的，而在 C 语言中，数组无法作为函数的返回值返回（1-1-11 节）。

要点

从函数类型不能派生出指针类型以外的类型。
从数组类型不能派生出函数类型。

3-2-7 计算类型的长度

除了函数类型与不完全类型（3-2-10 节）之外的类型都是有长度的。

```
sizeof(类型名)
```

使用上面的写法，编译器就会为我们计算出该类型的长度——不论它是多么复杂的类型。

```
printf("size..%d\n", (int)sizeof(int(*[5])(double)));
```

上面这段代码要输出的是以下数组的长度。

指向返回 int 的函数（参数为 double）的指针的数组（元素个数为 5）

下面进行一些练习，模仿编译器的处理方式，尝试计算一下各种类型的长度，就当作对前面内容的复习吧！

此处，我们以使用以下构成的机器为例思考一下。

int	4字节
double	8字节
指针	8字节

【注意！】

为了方便说明，这里特意进行了上述假设，但其实标准并没有对 int、double 以及指针的长度进行任何规定，它们是取决于运行环境的。

因此，我们通常不应该在意数据类型的物理长度。请不要写出依赖类型长度的代码。

在计算类型长度时，可以按从前往后的顺序，像下面这样进行计算。

1. **基本类型**

   基本类型的长度取决于运行环境。

2. **指针**

   指针的长度取决于运行环境，并且在大多数情况下是不受派生源的类型影响的固定长度。

3. **数组**

   数组的长度可以通过派生源的类型的长度乘以数组元素的个数得到。

4. **函数**

   函数类型的长度无法计算。

接下来，我们来计算一下刚才提到的下面这个类型的长度。

指向返回 int 的函数（参数为 double）的指针的数组（元素个数为 5）

1. **指向返回 `int` 的函数（参数为 `double`）的指针的数组（元素个数为 5）**
   因为是 int 类型，所以在这里假设的环境中，计算结果为 4 字节。
2. **指向返回 `int` 的函数（参数为 `double`）的指针的数组（元素个数为 5）**
   因为是函数，所以无法计算长度。
3. **指向返回 `int` 的函数（参数为 `double`）的指针的数组（元素个数为 5）**
   因为是指针，所以在这里假设的环境中，计算结果为 8 字节。
4. **指向返回 `int` 的函数（参数为 `double`）的指针的数组（元素个数为 5）**
   因为是派生源的类型长度为 8 的“元素个数为 5 的数组”，所以计算结果为（8 × 5 = ）40 字节。

以同样的方式计算各种类型的长度，整理可得表 3-3。

表 3-3 计算各种类型的长度

声　明	中文表达	长　度
`int hoge;`	hoge 是 int	4 字节
`int hoge[10];`	hoge 是 int 的数组（元素个数为 10）	4 × 10 = 40 字节
`int *hoge[10];`	hoge 是指向 int 的指针的数组（元素个数为 10）	8 × 10 = 80 字节
`double *hoge[10];`	hoge 是指向 double 的指针的数组（元素个数为 10）	8 × 10 = 80 字节
`int hoge[2][3];`	hoge 是 int 的数组（元素个数3为）的数组（元素个数2为）	4 × 3 × 2 = 24 字节

3-2-8 基本类型

派生类型的基础是**基本类型**（basic type）。

关于基本类型，C 语言标准中是这样定义的：类型 char、有符号整数类型、无符号整数类型以及浮点类型统称为基本类型。从 C99 开始，_Bool 包含在无符号整数类型中，同样地复数类型包含在浮点类型中。虽然这么看起来枚举类型是不包括在基本类型中的，但在 *K&R* 中，它们是混在一起的（见该书 A.4.2 节），所以可以认为它们是一样的。

顺便提一下，在 C 语言中，声明 short int 类型的变量，和单单声明

short 类型的变量，意思是一样的。

这些内容非常容易混淆，所以这里整理了一张表，就整数类型与浮点类型，写明了什么样的写法是允许的，哪些写法的意思是相同的（表 3-4）。

表 3-4
整数类型和浮点类型的种类

推荐写法	同义的表现形式
char	
signed char	
unsigned char	
short	signed short, short int, signed short int
unsigned short	unsigned short int
int	signed, signed int
unsigned	unsigned int
long	signed long, long int, signed long int
unsigned long	unsigned long int
long long（从 C99 开始支持）	signed long long, long long int, signed long long int
unsigned long long（从 C99 开始支持）	unsigned long long int
float	
double	
long double	
_Bool（从 C99 开始支持）	
float _Complex（从 C99 开始支持）	
double _Complex（从 C99 开始支持）	
long double _Complex（从 C99 开始支持）	
float _Imaginary（从 C99 开始支持）	
double _Imaginary（从 C99 开始支持）	
long double _Imaginary（从 C99 开始支持）	

char 与 signed char 或 unsigned char 中的某一个同义。根据标准，默认的 char 到底是有符号还是无符号，是由运行环境定义的。

另外，关于这些类型的长度，除了 sizeof(char)（signed、unsigned 同样）被规定为 1 以外，其他的都是由运行环境定义的。而关于 char，也只是规定了对它使用 sizeof 之后的返回值为 1，并没有规定它一定是 8 位*。char 为 9 位的运行环境在现实中也是存在的。

* 规定的是 8 位以上。

3-2-9 结构体和联合体

在语法上，结构体与联合体是作为一种派生类型进行处理的。

然而，我们到目前的为止的讲解都将结构体、联合体排除在外了。这么做的理由如下。

- 结构体、联合体虽然在语法上属于派生类型，但在声明中它们与类型修饰符，也就是 `int` 或 `double` 等处于相同的位置。
- 当对象仅限于指针、数组、函数时，还能够使用一维链结构的表现形式，但一旦加入了结构体、联合体，就无法使用链结构，而必须使用树形结构。

结构体是由其他多种类型整合而成的类型。数组是由相同类型的多个元素排列而成的，而结构体整合的则是不同的类型。

联合体的语法结构与结构体相似，但结构体是“排列地”分配各个成员的内存空间，而联合体是“重叠地”分配。关于联合体的用途，我们将在第 5 章进行说明。

如果用“类型的链式表示”来展现结构体和联合体，则如图 3-9 所示。

图3-9 结构体类型派生

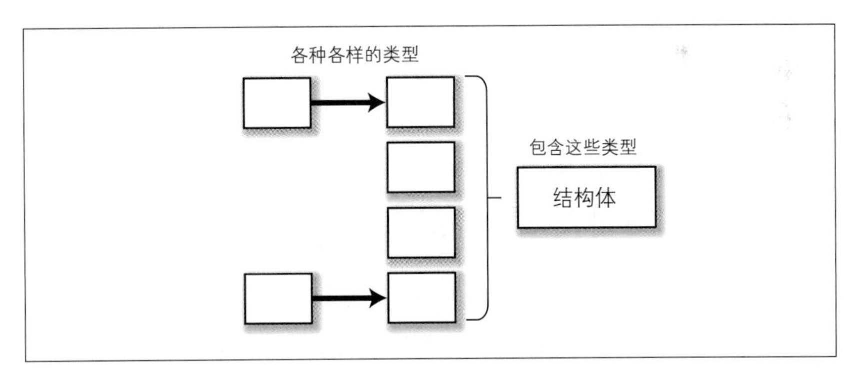

3-2-10 不完全类型

所谓不完全类型，是指除函数类型外的长度不确定的类型。

也就是说，C 语言的类型最终可以分为以下几种。

- 对象类型（char、int、数组、指针、结构体等）
- 函数类型
- 不完全类型

不完全类型的一个典型例子就是结构体标签的声明。

男性（Man）可能有妻子（wife）。假设将单身汉的 wife 设置为 NULL，那么 Man 这个类型可以进行如下声明。

```
struct Man_tag {
        ⋮
    struct Woman_tag *wife; /* 妻子 */
        ⋮
};
```

此时，女性（Woman）就可以像下面这样进行声明。

```
struct Woman_tag {
        ⋮
    struct Man_tag *husband; /* 丈夫 */
        ⋮
};
```

在这种情况下，struct Man_tag 和 struct Woman_tag 是相互引用的，因此不论先声明哪一个都不行。

可以像下面这样，通过先仅声明结构体的标签来回避这个问题。

```
struct Woman_tag; ⬅先仅声明标签

struct Man_tag {
        ⋮
    struct Woman_tag *wife; /* 妻子 */
        ⋮
};

struct Woman_tag {
        ⋮
    struct Man_tag *husband; /* 丈夫 */
        ⋮
};
```

我平时在写结构体时一定会使用 typedef，所以代码会变成下面这样。

```
typedef struct Woman_tag Woman;        ← 先typedef标签

typedef struct {
        ⋮
    Woman *wife; /* 妻子 */
        ⋮
} Man;

struct Woman_tag {
        ⋮
    Man *husband; /* 丈夫 */
        ⋮
};
```

那么，由于在仅声明标签时，Woman类型的内容还是未知的，所以此时无法确定其长度。这样的类型就称为**不完全类型**（incomplete type）。

由于不完全类型的长度是不确定的，所以我们无法将它用于数组，也无法将它作为结构体的成员，或者声明它的变量。不过，如果仅是获取它的指针，那还是可以做到的。上面的结构体Man中就是将Woman类型的指针作为成员使用的。

然后，struct Woman_tag的内容一旦被定义，Woman就不再是不完全类型了。

按照标准，void类型也属于不完全类型。

表达式

前面我们讲解了C语言声明的解读方法，以及由此得来的类型到底是怎么一回事。

本节将对实际使用这些类型进行计算、赋值和调用函数的部分，即表达式进行说明。

3-3-1 表达式和数据类型

虽然我们已经在使用“表达式”这个词了，但并没有明确地定义过**表达式**（expression）。

首先，表达式中有一种称为**基本表达式**（primary expression），具体来说就是以下内容。

- 标识符（变量名、函数名）
- 常量（整数常量、浮点数常量、枚举常量、字符常量）
- 字符串字面量（用 "" 括起来的字符串）
- 用 () 括起来的表达式

另外，通过对表达式使用运算符或者通过运算符将表达式与表达式连接起来得到的也是表达式。

也就是说，“5”是表达式，“hoge”也是表达式（前提是已经声明了hoge变量或函数）。此外，“5 + hoge”也是表达式。

假如有如下所示的表达式，它的构造是图3-10所示的树形结构，而这个树形结构中的所有子树* 也都是表达式。

* 某个特定节点（node）以下的树。

```
a + b * 3 / (4 + c)
```

图3-10
表达式的树形结构

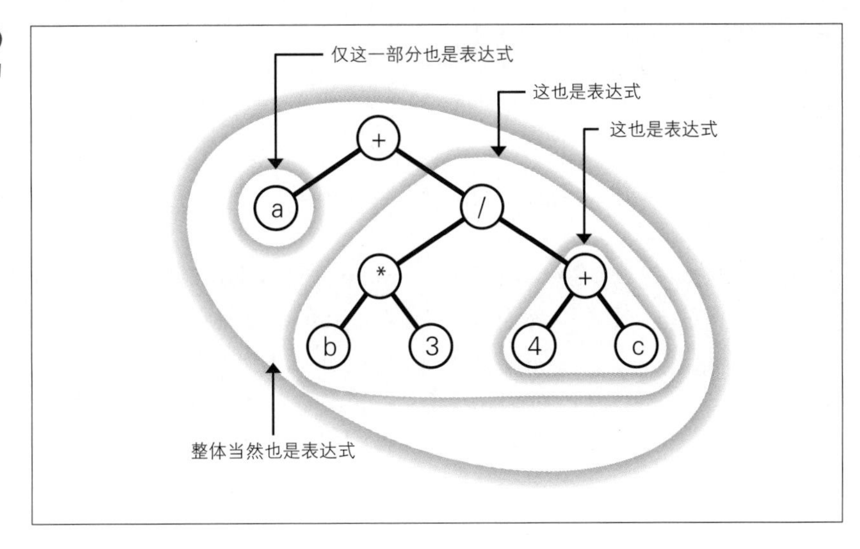

此外，**所有的表达式都具有类型**。

在 3-2 节中，我们提到类型可以通过链结构表示。

这就意味着，如果所有的表达式都具有类型，那么就可以在表示表达式的树形结构的各个节点加上表示类型的链（图 3-11）。

图3-11
给所有的表达式加上类型

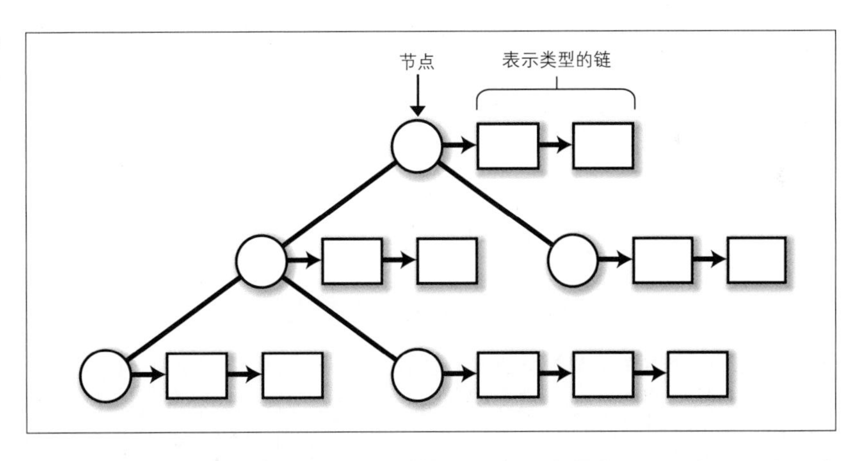

在对表达式使用运算符，以及将表达式作为参数传递给函数时，表达式中持有的类型具有重要意义。

对于如下数组，

```
char str[256];
```

当使用下面的代码输出其内容时，

```
printf(str);
```

C 语言初学者往往会感叹:“原来 printf() 还能这样写啊!”

的确，正如下面这个世上最著名的 C 语言程序所示。

```
printf("hello, world\n");
```

在大多数情况下，printf() 会将字符串字面量传递给第 1 个参数。

然而，如果你看过 stdio.h 中的原型声明，就会发现 printf() 的第 1 个参数的类型是“指向 char 的指针”。

字符串字面量的类型是“char 的数组”，而它又在表达式中，所以它的类型就变成了“指向 char 的指针”。因此，我们才能将字符串字面量传递给 printf()。而上面所写的 str 也同样是“char 的数组”，也在表达式中，所以也会变成“指向 char 的指针”，这样一来，自然就能够将它作为参数传递给 printf() 了。

不过嘛，如果只是想输出字符串，由于当字符串中包含 % 时会很麻烦，所以写成下面这样，或者改用 puts() 或许会更好一些，不过这又是题外话了。

```
printf("%s", str);
```

反之，看到下面的写法，有人会感到惊奇。

```
"01234567890ABCDEF"[index]
```

但如果写成

```
str[index]
```

恐怕就没人大惊小怪了。不论是 str 还是字符串字面量，在表达式中* 它们都是“指向 char 的指针”，因此同样都可以成为 [] 运算符的操作数。

* 字符串字面量虽然是“char 的数组”，但如前所述，在表达式中数组会被解读为指针。

补充　对“表达式”使用 sizeof

sizeof 运算符有两种使用方法。

一种是:

```
sizeof(类型名)
```

另一种是：

```
sizeof 表达式
```

在使用后一种方法时，返回值是表达式的类型的长度。

程序员应该是知道表达式的类型的，所以我们也可以认为只要有“sizeof(类型名)”这一种写法就够用了，但在以下情况下，“sizeof 表达式”的形式更有优势。

- int 不够用而需要改为 long 时，只需修改少量代码
- 获取数组的长度

这里对第二种情况加以补充说明。

```
int hoge[10];
```

对于上述声明，如果是在 sizeof(int) 为 4 的运行环境下，则

```
sizeof(hoge)
```

返回 40。因此，用它除以 sizeof(int)，就可以得到数组元素的个数。如果考虑到将来会出现 int 不够用而需要改为 long 的情况，那么这里不除以 sizeof(int)，除以 sizeof(hoge[0]) 可能会更好。

话说回来，一个比较现实的问题是，在声明数组时，像“int hoge[10];”这样直接写上数值本来就是一种不太好的编程风格，实际上我们应该为数组的长度起一个合适的名字，然后通过 #define 指定。这样一来，就不必到处使用 sizeof 运算符，直接用那个 #define 值就可以了。但是，在以下情况下，还是使用 sizeof 运算符更加方便。

```
char *color_name[] = {
    "black",
    "blue",
        ⋮
};
/* 在循环等中需要根据color_name的元素个数进行循环时，使用这个宏 */
#define COLOR_COUNT (sizeof(color_name) / sizeof(char*))
```

在这种情况下，由于对数组进行了初始化，所以可以例外地将数组元素个数省略*，于是就没有地方写 #define 的常量值了。另外，特别是在这种情况下，以后很可能需要向 color_name 追加元素，所以

* 参考 3-5-3 节。

哪怕是为了到那时只需修改一处就能解决问题，也应该是使用 sizeof 来计算长度的方式更好一些。

然而，sizeof 运算符说到底也只是通过询问编译器来获取长度的，所以只能用于编译器明确知道长度的情况（关于在 C99 中的情况，留待后文进行讲解）。

```
extern int hoge[];
```

在如上所示的情况下，该方法是不能使用的，更不用说下面这种情况了。

```
void func(int hoge[])
{
    printf("%d\n", (int)sizeof(hoge));
}
```

即便代码这样写，输出的也只会是指针的长度（3-5-1 节）。

另外，到 ANSI C 为止，sizeof 运算符的返回值都是固定的（在编译时确定的），但在 C99 中，由于引入了可变长数组（VLA），所以在某些情况下，sizeof 运算符的返回值是在运行时决定的。

对可变长数组使用 sizeof 运算符之后，程序能够正确地返回指定元素个数的数组的长度。这正如 1-4-8 节的实验所示。

3-3-2 什么是左值——变量的两张面孔

假设有如下声明。

```
int hoge;
```

此时，由于 hoge 是 int 类型，所以只要是能写 int 类型的值的地方，就可以像使用常量一样使用 hoge。

如果将 5 赋值给 hoge，那么无论是写成

```
piyo = 5 * 10;
```

还是写成

```
piyo = hoge * 10;
```

意思都一样。这是理所当然的。

但是，在进行如下的赋值时，

```
hoge = 10;
```

即便此时 hoge 的值是 5，也不能替换成下面这样的写法。

```
5 = 10;
```

也就是说，变量有时作为“赋给该变量的值”使用，有时作为“该变量的存储空间”使用。

另外，在 C 语言中，除了直接写变量名的情况外，有时将运算符用于变量等的表达式也可以代表“某个变量的存储空间”，比如以下情况。

```
hoge_p = &hoge;
*hoge_p = 10;   ← *hoge_p代表hoge的存储空间
```

像这样，当表达式代表的是某处的存储空间时，该表达式就称为**左值**。与此相对，当表达式仅代表值时，该表达式称为**右值**。

表达式中有时存在左值，有时不存在左值。例如，变量名是左值，而 5 这样的常量、1 + hoge 这样使用运算符的表达式就不是左值。

补充 “左值”的由来

在 C 语言之前的大多数语言中，当表达式在赋值语句的左边时，该表达式将被解释为左值，似乎这就是“左值”这个词语的由来。“左”在英语中是 left，因此为了表示 left value 的意思，英语中将其称为 lvalue。

但在 C 语言中，++hoge；这样的写法也是可行的，这时的 hoge 指的是变量的存储空间，不管怎么看，我们也不会觉得它位于“左边”。因此“左值”这个词就显得不太恰当。

标准化委员会似乎并不认为 lvalue 的 l 是 left 中的 l，而认为它是 locator（表示位置的事物）中的 l，并在 Rationale 中这么说：

> The Committee has adopted the definition of lvalue as an object locator.

不过，在 JIS X3010 中，lvalue 还是被翻译成了“左值”*。

* 在中国国家标准 GB/T 15272-1994 中，lvalue 也被译为“左值”。——译者注

3-3-3 数组→指针的转换

正如我们之前反复说明的那样，在表达式中，数组会被解读为指针。

以如下声明为例，表达式中的 hoge 与 &hoge[0] 是相同的意思。

```
int hoge[10];
```

hoge 原本的类型是“int 的数组（元素个数为 10）”，但该类型所属的分类“数组”会被转换为“指针”。

如果用图表示，那么从数组类型到指针类型的转换过程如图 3-12 所示。

图 3-12 数组→指针的转换

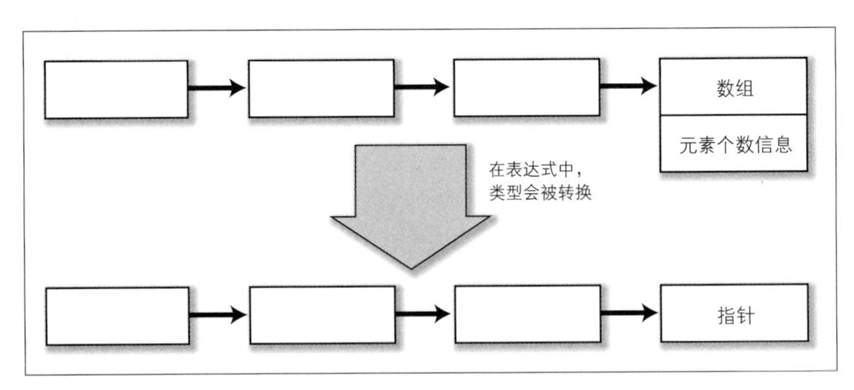

但是，该规则有以下例外情况。

1. 当作为 sizeof 运算符的操作数时

   在以“sizeof 表达式”的形式使用 sizeof 运算符时，由于这里的操作数是表达式，所以即使是对数组使用 sizeof，数组也会被解读为指针，从而只能获取指针的长度——或许有人是这样认为的，但其实在数组作为 sizeof 运算符的操作数的情况下，将数组解读为指针这一规则是无效的，在这种情况下返回的是数组整体的长度。

请参考 3-3-1 节的补充内容。

2. **当作为 & 运算符的操作数时**

   在数组前加上 & 之后，返回的就是指向数组整体的指针。这就是 3-2-4 节中解释过的“指向数组的指针”。

3. **初始化数组时的字符串字面量**

   由于字符串字面量是“char 的数组”，所以在表达式中，它通常会被解读为“指向 char 的指针”，但关于初始化 char 的数组时的字符串字面量，编译器会将其特别解释为花括号内字符分段书写的初始化列表的省略形式（3-5-4 节）。请注意它与初始化 char 的指针时的字符串字面量的区别。

另外，当数组被解读为指针时，该指针不是左值。

初学者可能会写出如下所示的代码。

```
char str[10];

str = "abc";
```

赋值语句左边的 str 原本是数组，在表达式中会被解读为指针，但由于它并不是左值，所以我们不能对它进行赋值。

3-3-4 与数组和指针相关的运算符

与数组和指针相关的运算符有如下几种。

■间接运算符

单目运算符 * 被称为**间接运算符**（indirection operator）。

* 取指针作为操作数，返回其指向的对象或函数。只要返回的不是函数，* 的结果都是左值。

* 返回的表达式的类型就是从操作数类型中去掉一个指针之后的类型（图 3-13）。

图 3-13
间接运算符导致的类型变化

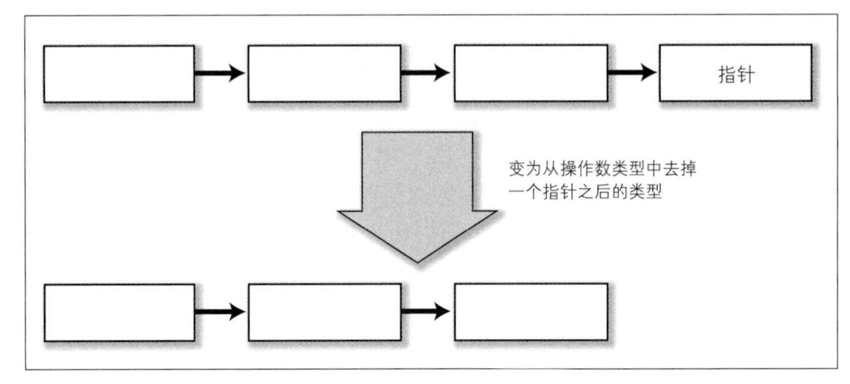

■地址运算符

单目运算符 & 被称为**地址运算符**（address operator）。

& 取左值作为操作数，返回指向该左值的指针，其类型为操作数类型加上一个指针之后的类型（图 3-14）。

图 3-14
地址运算符导致的类型变化

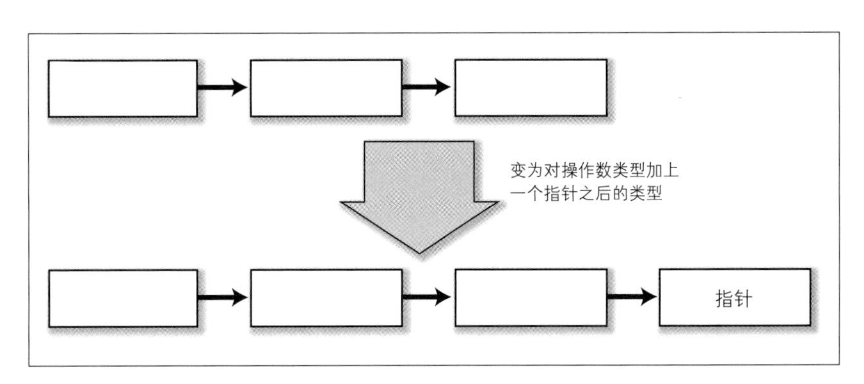

地址运算符不能取非左值的表达式作为操作数。

■下标运算符

后置运算符 [] 被称为**下标运算符**。

[] 取指针和整数作为操作数。

p[i] 是

```
*(p + i)
```

的语法糖，除此以外没有任何意义。

在以 a[i] 访问声明为 int a[10]; 的数组时，由于 a 在表达式中，所以它会被解读为指针。因此通过（取指针和整数作为操作数的）下标运算符，我们可以访问数组。

表达式 p[i] 其实就等同于 *(p + i)，所以其返回类型为从 p 的类型去掉一个指针之后的类型。

■ -> 运算符

关于 -> 运算符，在标准中似乎也只是提到了“-> 运算符”，而在 JIS X3010 的索引中，它被称为“结构体或联合体指针运算符”，在 ISO/IEC 9899:2011 的索引中则被称为 arrow operator*。我们有时也称之为“箭头运算符”。

* 在中国国家标准 GB/T 15272-1994 中，被称为“结构或联合指针运算符”。——译者注

在通过指针引用结构体的成员时，需要用到 -> 运算符。

```
p->hoge;
```

是

```
(*p).hoge;
```

的语法糖。

以上代码通过 *p 的 * 从指针 p 获取了结构体的实例，从而引用了其成员 hoge。

3-3-5 多维数组

在 3-2-5 节中，我们说过 C **语言中不存在多维数组**。

看似多维数组的其实是“数组的数组”。

这样的“多维数组”（仿造版）通常是通过 hoge[i][j] 访问的，那么此时会发生什么呢？下面我们来看一下。

假设有如下所示的“数组的数组”，我们通过 hoge[i][j] 的形式对它进行访问（图 3-15）。

```
int hoge[3][5];
```

1. hoge 的类型为“int 的数组（元素个数为 5）的数组（元素个数为 3）”。
2. 然而，由于是在表达式中，所以数组会被解读为指针。因此，hoge 的类型变为“指向 int 的数组（元素个数为 5）的指针”。
3. hoge[i] 是 *(hoge + i) 的语法糖。
   ① 给指针加 i 就意味着指针将前进该指针所指类型的长度 × i 的距离。由于 hoge 指向的类型为“int 的数组（元素个数为 5）”，

所以 hoge + i 将使指针前进 sizeof(int[5]) * i 的距离。

② 通过 *(hoge + i) 的 *，一个指针会被去掉。因此 *(hoge + i) 的类型就变为“int 的数组 (元素个数为 5)”。

③ 但由于是在表达式中，所以数组会被解读为指针。最终 *(hoge + i) 的类型为“指向 int 的指针”。

4. (*(hoge + i))[j] 等同于 *((*(hoge + i)) + j)。因此，(*(hoge + i))[j] 就是对指向 int 的指针加 j 后得到的地址上的内容，类型为 int。

图 3-15 访问多维数组

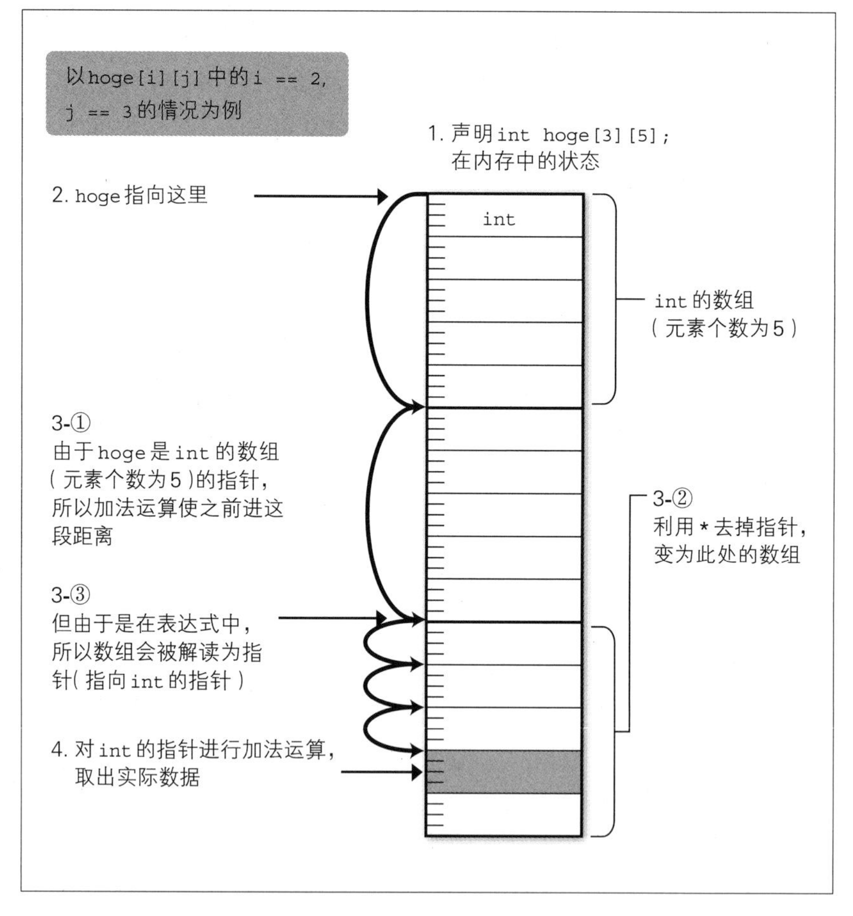

某些语言会以 array[i,j] 的写法来支持多维数组*。

C 语言中虽然没有多维数组，但因为可以用“数组的数组”替代，所以倒也没有什么不便。但是，如果反过来只有多维数组而没有“数组的数组”，反而会让人困扰。

* 比如 Pascal、C# 等。Pascal 中的多维数组只不过是“数组的数组”的语法糖而已，而 C# 中的多维数组与“数组的数组”(被称为**交错数组**) 是完全不同的东西。

* 这里假定月和日从零开始计数，在输出时再进行相应的修正。遇到二月等情况，数组会稍有冗余，我们暂且不考虑这些。

比如，将某人一整年的每日工作时间以如下的“数组的数组”形式表示*：

```
int working_time[12][31];
```

此处假设有函数可以根据一个月的工作时间计算出薪资等，现在我们以如下方式将某月的工作时间传递给该函数。

```
calc_salary(working_time[month]);
```

calc_salary() 的原型如下所示。

```
int calc_salary(int *working_time);
```

正是由于 working_time 不是多维数组而是“数组的数组”，我们才能使用这种技巧。

补充 运算符的优先级

C 语言拥有为数众多的运算符，且其优先级多达 16 级。

由于同其他语言相比，C 语言的优先级数量极多，所以大多数的 C 语言参考书中会有像表 3-5 这样的优先级列表。

表 3-5 运算符的优先级列表

	运 算 符	结合规则
后置运算符	() [] . -> ++ -- (type name) {list}（从 C99 开始支持）	从左往右
单目运算符	! ~ ++ -- + - * & sizeof	从右往左
强制类型转换运算符	(type name)	从右往左
乘除运算符	* / %	从左往右
加减运算符	+ -	从左往右
按位移位运算符	<< >>	从左往右
关系运算符	< <= > >=	从左往右
相等运算符	== !=	从左往右
按位与运算符	&	从左往右
按位异或运算符	^	从左往右
按位或运算符	|	从左往右
逻辑与运算符	&&	从左往右
逻辑或运算符	||	从左往右
条件运算符	? :	从右往左
赋值运算符	= += -= *= /= %= &= ^= |= <<= >>=	从右往左
逗号运算符	,	从左往右

关于这之中优先级“最高”的 ()，似乎有许多人持有以下想法。

> () 是程序员无视语法规定的优先级，强制设置优先级时使用的运算符。所以它的优先级当然是最高的。

但这是对它的**误解**。

本来嘛，如果这个 () 是这个意思，那就根本没必要特地把它写进优先级列表里了。

该表中的 () 是代表函数调用的运算符，这种情况下的优先级表示的是表达式 func(a, b) 中 func 与 (a, b) 之间结合的强度。

另外，*K&R* 中也有同样的表格（见该书 2.12 节，这里引用至表 3-6）。

表 3-6 *K&R* 中的运算符优先级列表（该表存在许多问题）

运 算 符	结合规则
() [] -> .	从左往右
! ~ ++ -- + - * & (type) sizeof	从右往左
* / %	从左往右
+ -	从左往右
<< >>	从左往右
< <= > >=	从左往右
== !=	从左往右
&	从左往右
^	从左往右
|	从左往右
&&	从左往右
||	从左往右
? :	从右往左
= += -= *= /= %= &= ^= |= <<= >>=	从右往左
,	从左往右

注：单目运算符 +、- 和 * 的优先级比相应的双目运算符高。

在 *K&R* 的优先级列表中，++ 与 -- 只在单目运算符的地方有所记载。这样一来，在运用指针运算的编码中很常见的如下表达式中，

```
*p++;
```

就分不清这里到底是对 p 进行自增，还是对 p 指向的内容 (*p) 进行自增了。关于这一点，过去常看到下面这样的解释。

> * 与 ++ 的优先级是相同的。但是，由于结合规则是从右往左的，所以 p 会先与 ++ 结合。因此，自增的并非是 *p，而是 p。

不说别的，就连 *K&R* 也是这样解释的（见该书 5.1 节）。但是，如表 3-5 所示，由于后置的 ++ 的优先级比单目运算符 * 还要高，所以这里根本没有必要抬出结合规则来说明问题。从这个意义上来说，*K&R* 的说明是**略有不当**的。

标准中虽然没有像表 3-5 这样的优先级列表，但它通过 BNF（Backus–Naur Form，巴科斯范式）定义了语法规则，运算符的优先级也包含在语法规则中。通过该语法规则可以看到，后置的 ++ 比前置的 ++ 或 * 的优先级更高（顺便说一下，在 *K&R* 的优先级列表中，单目运算符的优先级与强制类型转换运算符相同，这一点也与标准有异）。这样看来，*K&R* 的 2.12 节中所写的运算符优先级列表实在是挺随意的。

不过，*K&R* 在 A.13 中记载的语法规则还是非常符合标准的。

记得在写作本书第 1 版时，我曾看到过书店里陈列的 C 语言书中的运算符优先级列表，而那些列表大多数是从 *K&R* 原封不动地照搬过去的。

时至今日，不论是书本上还是网络上的讲解，大多已经能够将后置的 ++ 区分出来了。这让人不禁感慨：大家终于逐渐摆脱 *K&R* 的束缚了！

3-4 解读 C 语言声明（续）

3-4-1 const 修饰符

const 是 ANSI C 中增加的类型修饰符，用于修饰类型，表示其为只读。

名不副实的是，const 并不一定代表常量。const 最重要的用途就是修饰函数的参数，但如果函数的参数是常量，那就没有必要去传递它了。const 其实只是修饰标识符（变量名）的类型，表示它是只读的而已。

```
/* const参数的典型示例 */
char *strcpy(char *dest, const char *src);
```

strcpy() 是持有被指定为 const 的参数的函数的典型示例，此时只读的是什么呢？

做个实验就可以明白：在上述示例中，变量 src 并没有变为只读。

```
char *my_strcpy(char *dest, const char *src)
{
    src = NULL;  ⬅即使给src赋值，编译器也不会报错
}
```

这时变为只读的并不是 src，而是 src 指向的地址中的内容。

```
char *my_strcpy(char *dest, const char *src)
{
    *src = 'a';  ⬅报错！
}
```

如果想将 src 本身设为只读，必须写成下面这样。

```
char *my_strcpy(char *dest, char * const src)
{
    src = NULL;  ⬅报错!
}
```

如果想将 src 与 src 指向的地址中的内容都设为只读，可以写成下面这样。

```
char *my_strcpy(char *dest, const char * const src)
{
    src = NULL;  ⬅报错!
    *src = 'a';  ⬅报错!
}
```

实际上，const 大多用于当参数为指针时，将指针指向的地址中的内容设为只读。

通常 C 语言的参数都是值传递的，因此不论被调用方对参数进行什么样的更改，都不会对调用方产生影响。如果想要对调用方的变量施加影响（通过参数返回函数内的某些值），可以将指针作为参数传递，然后对指针指向的内容进行更改。

但在上述示例（my_strcpy）中传递的是 src 这个指针。这里其实真正想要传递的是字符串，即 char 的数组，但由于在 C 语言中无法将数组作为参数传递，所以不得已只能将指向数组初始元素的指针传递给函数（由于数组可能会非常庞大，所以即便从效率上考虑，也最好传递指针）。

问题是，这种情况很容易与“为了从函数返回值而传递指针”的情况混淆。

此时，如果在原型声明中加入 const，我们就可以提出以下主张。

> “这个函数虽然能够接收指针作为参数，但不能改写指针指向的内容。”

也就是说，

> “这里虽然接收了指针，但并不是为了向调用方返回某些值。”

可以说，strcpy() 通过该原型声明表明了“对 strcpy() 来说 src 是输入，其指向的对象不能被改写”的意图。

我们可以按照以下规则解读包含 const 的声明。

① 按照 3-1-2 节中提到的规则，从标识符开始，依次由内向外地使用

英语解读声明。

② 如果已解读部分的左侧出现了 const，就在当前位置追加 read-only。

③ 如果已解读部分的左侧出现了类型修饰符，并且其左侧有 const，就暂且跳过类型修饰符，追加 read-only。

④ 不擅长英语的读者，在翻译成中文时请注意：read-only **修饰的是紧跟其后的单词。**

因此，

```
char * const src;
```

可以解读为：

```
src is read-only pointer to char
    ➡src是指向char的只读的指针
```

```
char const *src;
```

可以解读为：

```
src is pointer to read-only char
    ➡src是指向(只读的char)的指针
```

而最容易让人混淆的是，

```
char const *src
```

与

```
const char *src
```

意思完全相同。

3-4-2 如何使用 const？可以用到哪种程度

我们经常可以看到一些工程文件在函数的头部注释中为参数加上（i）、

(o)、(i/o) 等标记。

下面举一个有点矫揉造作但比较典型的例子。

```
/**********************************************************
* void search_point(char *name, double *x, double *y)
*
* 功能：以名称为关键字搜索“点”，返回其坐标
* 参数：(i) name 名称(搜索关键字)
*       (o) x    X 坐标
*       (o) y    Y 坐标
**********************************************************/
```

不过，由于这种头部注释写起来实在是很麻烦，所以也会发生把其他函数的头部注释复制过来之后忘记修改，结果导致错误百出的情况，而且这里面的信息几乎都已经写在下方的函数接口里了，所以也总会让人觉得把精力花在这种地方有点白费力气，不过这些我们暂且按下不表。

虽然这里在注释中写着 (i)、(o) 之类的信息，但编译器对此是不加以任何考虑的。

对此，如果将 search_point() 的原型声明为下面这样。

```
void search_point(char const *name, double *x, double *y);
```

那么当错误地对 name[i] 赋值时，编译器会准确地为我们报出警告。因此，与其在注释中写上 (i)、(o) 之类的信息，还不如使用 const 更加可靠一些*。

* 在不使用 const 时，偶尔会发生下面这种令人困扰的情况：由于写着 (i)，所以安安心心地把指针传递给了函数，结果指针指向的内容在函数内被改写了。

上面的 char const *name 不能赋值给普通的 char* 类型的变量（除非进行强制类型转换）。这是理所当然的，因为如果单纯地将它赋值给 char* 类型的变量，之后就可以随心所欲地改写它指向的地址中的内容了，这样一来 const 就毫无意义了。

同理，也不能将 char const* 类型的指针传递给参数为 char* 的函数。因此，如果将指针类型的参数指定为 const，那么这一层以下的所有函数就都需要引入 const*。

* 在通用的库函数中，本该加 const 的参数却没有，从而导致调用方无法使用 const 的情况比比皆是。

下面我们假设有这样一个结构体。

```
typedef struct {
    char *title; /* 书名 */
    int price; /* 价格 */
    char isbn[32]; /* ISBN */
      ⋮
} BookData;
```

将其接收为输入参数的函数的原型可以写成下面这样。

```
/* 登记图书的数据 */
void register_book(BookData const *book_data);
```

由于加上了 const，所以 book_data 指向的对象是禁止写入的。这样应该就可以高枕无忧地传递 BookData 了……

然而，其实接收方是可以改写图书标题（book_data->title）所指向的地址中的内容的。

之所以出现这样的情况，是由于被 const 指定为只读的说到底只是“book_data 指向的内容”，而并非“book_data 指向的内容再进一步指向的内容”（图 3-16）。

图3-16
const 的界限

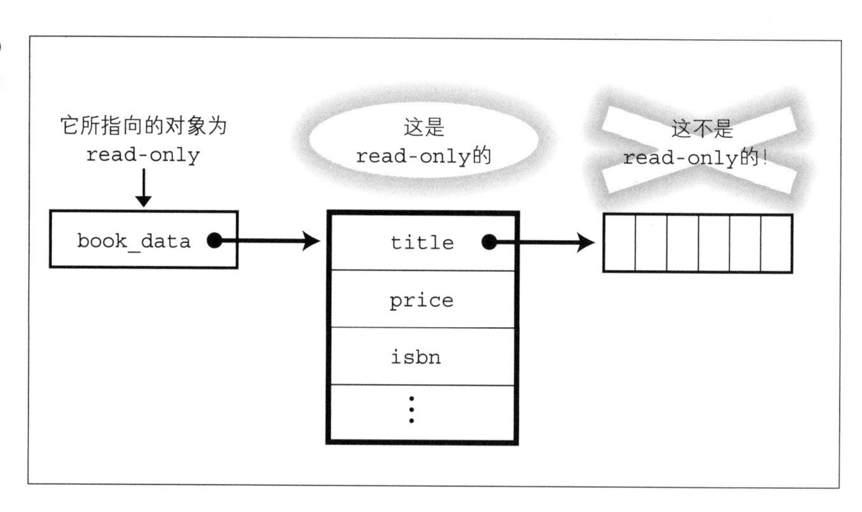

要是因为这样就把 Book_Data 结构体整个写成下面这样。

```
typedef struct {        试着写成了const
    char const *title; /* 书名 */
    int price; /* 价格 */
    char isbn[32]; /* ISBN */
        ⋮
} BookData;
```

那可就**没人**能对 title 指向的内容进行写入了*。

也正因为如此，有人对 const 在现实中到底能够给我们带来多少便利是持怀疑态度的。

* 虽然说在这种情况下即使不能改写也没什么问题……

补充 const可以代替#define吗

在C语言中定义常量时，通常会像下面这样使用预处理器的宏功能。

```
#define HOGE_SIZE (100)
        ⋮
int hoge[HOGE_SIZE];
```

但是，由于预处理器的宏是独立于C语言语法的，所以这会给调试等工作带来一定困难。当宏定义中有拼写错误时，往往要到展开宏的地方才会报出错误，所以要查明错误原因是很困难的。

那么，既然宏是如此邪恶之物，还不如尽可能地不要去使用它，来琢磨一下可不可以写成下面这样。

```
const int HOGE_SIZE = 100;
int hoge[HOGE_SIZE];
```

很遗憾，答案是**不可以**。

虽然在C语言中数组的元素个数必须是常量，但被指定为const的标识符其实只不过是具有只读属性而已，它本身并不是常量，所以无法用于定义数组元素的个数*。由于C99中的VLA功能已经使得变量也可以用来定义自动变量的数组的元素个数了，所以被指定为const的标识符也能够用于定义元素个数，不过全局变量和static还是一样不能用于定义元素个数。

* 不过如果是C++，就另当别论了。

3-4-3 typedef

typedef功能用于为某个类型定义别名。

例如，下面的声明就代表以后对于“指向char的指针”这个类型，可以使用String这个别名。

```
typedef char *String;
```

可以按照与通常的变量声明相同的顺序解读 typedef。对于上例中的 String，可以将其视同变量名，以英语语序解读为如下内容。

```
String is pointer to char
    ➡String是指向char的指针
```

由此，String 被声明为“指向 char 的指针”这个类型的别名。

而后，当要使用 String 时，可以写成下面这样。

```
String hoge[10];
```

这意味着：

```
hoge is array(元素个数为10) of String
    ➡hoge是String的数组(元素个数为10)
```

如果将这里的 String 的部分机械地替换成被定义为 String 类型的“指向 char 的指针”，则对声明的解读就会变成下面这样。

```
hoge is array(元素个数为10) of pointer to char
    ➡hoge是指向char的指针的数组(元素个数为10)
```

从语法上来说，typedef 属于“存储类说明符”（2-2-1 节）。但从意思上来看，怎么也看不出 typedef 用于指定“存储类”。其实，typedef 之所以被归类为存储类说明符，应该是因为用它指定类型的语法沿用了通常的标识符声明语法。

要点

可以按照与通常的变量声明相同的方式解读 typedef。
但是，它所声明的不是变量或函数，而是类型的别名。

我在声明结构体的时候总会加上 typedef，同时也会尽可能地省略标签*。

* 也有人不认同这种编程风格……

```
typedef struct {
        ⋮
} Hoge;
```

上面这个声明其实并没什么特别之处，假设将结构体写成下面这样。

```
struct Hoge_tag {
        ⋮
} hoge;
```

那么这里就声明了 struct Hoge_tag 类型的变量 hoge。如果将相当于变量名的部分替换成类型的名称，并在开头加上 typedef，该声明就会变成 typedef 的声明。

另外，在声明变量时，可以像下面这样一次性声明多个变量。

```
int a, b;
```

同样地，typedef 也可以同时声明多个类型的别名。

不过这么做只会使代码变得晦涩难懂，并没什么益处，但偶尔还是会看到如下声明。

```
typedef struct {
        ⋮
} Hoge, *HogeP;
```

这其实与下面的写法是一个意思。

```
typedef struct {
        ⋮
} Hoge;

typedef Hoge *HogeP;
```

另外，在 C99 中，对可变长数组（VLA），也可以进行 typedef。

如下所示进行 typedef 之后，就可以通过 sizeof(Array) 获知 Array 的长度了。

```
typedef int Array[size];
```

当然，用上面获取的长度除以 sizeof(int)，就可以计算出数组的元素个数 size 了。

另外，如下所示，即使在 typedef 之后改变变量 size 的值，sizeof(Array) 的值也不会发生变化。

```
void func(int size) ← 假设以size = 5调用了该函数
{
    typedef int Array[size];

    printf("sizeof Array..%d\n", (int)sizeof(Array));← 若int为4字节，
                                                       则显示20
    size = 10;
    printf("sizeof Array..%d\n", (int)sizeof(Array));← 依然显示20
}
```

其他

3-5-1 函数形参的声明（ANSI C 版）

在 C 语言中，我们可以通过以下形式声明函数的形参。

```
void func(int a[])
{
        ⋮
}
```

这种写法看上去好像是要将数组传递给参数。

但在 C 语言中，我们是不能将数组作为参数传递给函数的，此时传递的只不过是指向数组的初始元素的指针而已。

在函数形参的声明中，作为类型分类的数组会被解读为指针。

```
void func(int a[])
{
        ⋮
}
```

会被自动地解读成

```
void func(int *a)
{
        ⋮
}
```

这时就算写上数组元素的个数，也会被**忽略**。

需要注意的是，在 C 语言中，**只有在这种情况下**，`int a[]` 与 `int`

*a 才代表相同意思。请同时参考 3-5-3 节的内容。

要点

【非常重要！】

只有在声明函数形参的情况下，int a[] 与 int *a 才具有相同的意义。

下面是一个稍微复杂一点的形参声明的例子。

```
void func(int a[][5])
```

a 的类型为“int 的数组（元素个数为 5）的数组（元素个数不详）”，所以它会被解读为“指向 int 的数组（元素个数为 5）的指针”。因此，它原本的意思其实是下面这样。

```
void func(int (*a)[5])
```

与一维数组的情况相同，就算像下面这样写上元素个数（3），元素个数也会被忽略。

```
void func(int a[3][5]);
```

另外，对于多维数组（数组的数组），**只有最外层的数组（作为类型分类的数组）**会被解读为指针。因此，下面的写法是不允许的。

```
void func(int a[][]);
```

补充 ***K&R* 中关于函数形参声明的说明**

在 *K&R* 的 5.3 节中，有如下描述。

> 在函数定义中，形式参数
>
> ```
> char s[];
> ```
>
> 和
>
> ```
> char *s;
> ```
>
> 是等价的。我们通常更习惯于使用后一种形式，因为它比前者更直观地表明了该参数是一个指针。

* 在原书中，“在函数定义中，形式参数”（As formal parameters in a function definition）这句话正好在页尾，这又增大了读者漏读的可能性。

* 这并非翻译过程中的误写，原书本身就有分号。

这段叙述本身可能并没有什么错误。但在 *K&R* 中，这段叙述是在说明了 `*(pa + i)` 与 `pa[i]` 具有同等意义之后，突然冒出来的。这样很容易使人漏看开头的“在函数定义中，形式参数”这一重要的前提条件*。

再加上，本例又不知为何在代码的右边加上了分号*。在 ANSI C 的函数定义中，形参的声明一般是不加分号的。难道是此处需要使用过去的 C 语言写法？或者是改版时忘记修改了？

更糟糕的是，在 *K&R* 中，紧接着又出现了下面这段话。

> 如果将数组名传递给函数，函数可以根据情况判定是按照数组处理还是按照指针处理，随后根据相应的方式操作该参数。

反正我是费了很大的劲去读它，结果还是完全没弄明白它的意思。真相应该是下面这样。

- 在 C 语言中，表达式中的数组会被解读为“指向初始元素的指针”。
- 由于函数的参数是表达式，所以数组会被解读为“指向初始元素的指针”。
- 因此，最终传递给函数的就是指针。

C 语言并不具备“根据情况判定是按照数组处理还是按照指针处理”这样精妙的功能。作为参数传递给函数的，始终都是指针。

实际上，前面的引文也提到：

> 我们通常更习惯于使用后一种形式，因为它比前者更直观地表明了该参数是一个指针。

这种说法让人感到不可思议，人们难免会像下面这样想。

> 如果连 C 语言的作者自己都觉得后者的写法更好，那么为什么还要特地引入“只有在作为函数形参时，数组的声明才会被解读为指针”这样奇怪的规则呢？

关于这一点，*The Development of the C Language* 中有相关说明：

> Moreover, some rules designed to ease early transitions contributed to later confusion. For example, the empty square brackets in the function declaration
>
> ```
> int f(a) int a[]; { ... }
> ```
>
> are a living fossil, a remnant of NB's way of declaring a pointer;

中文意思大致如下。

> 此外，为使早期的移植更容易进行而设计的某些规则，却在之后引发了混乱。例如，函数声明* 中的空的方括号就是个活化石，是 NB 的指针声明方法的后遗症。
>
> ```
> int f(a) int a[]; { ... }
> ```

* 这是 ANSI C 之前的老式写法。

3-5-2　函数形参的声明（C99 版）

由于在 C 语言中，将数组传递给函数就相当于将指向该数组的初始元素的指针传递给函数，所以函数的定义就会变成下面这样。

```
void func(int *a)
```

也可以写成 `void func(int a[])`，不过它们的意思是一样的。

由于此时传递给函数的只是指针，所以无论数组长度是多少都没关系。这就意味着可以向函数传递包含任意多个元素的数组。在实际使用中，通常会像下面这样同时将长度也传递给函数。

```
void func(int *a, int size)
```

但是，ANSI C 无法实现“使二维数组的纵横双向的元素个数可变”的功能。

在 C99 中，作为 VLA 的一环，将“纵横可变的多维数组”传递给函数已成为可能。如下所示的原型声明（以及函数定义）可以接收 `size1` × `size2` 的二维数组作为参数。

```
void func(int size1, int size2, int a[size1][size2])
```

通过将 size1 和 size2 作为参数进行传递，并显式地指定它们各自代表的是数组的哪个维度的长度，我们实现了让编译器计算数组元素的地址的功能。

在上面的例子中，size1 和 size2 排在 a 之前。这是为了将 size1 和 size2 作为 a 的元素个数使用。如果想先声明数组再声明数组的长度，原型声明就要写成下面这样。

```
void func(int a[*][*], int size1, int size2);
```

可能有人会想："这么一来不就搞不清传进去的长度对应的是哪个维度了吗?"但是，其实只有函数的原型声明才可以采用上面这种写法，而函数本身的定义必须写成下面这样，所以是不会有问题的。

```
void func(int a[size1][size2], int size1, int size2)
{
        ⋮
```

另外，即便是在 C99 中，"被传递给数组的只是指针"这一事实也并没有改变，因此以下三种写法意思完全相同。

```
void func(int size1, int size2, int a[size1][size2])
```

```
/* 数组长度size1会被忽略，所以也可以省略不写 */
void func(int size1, int size2, int a[][size2])
```

```
/* 实际形态就是指针，所以可以作为指针声明 */
void func(int size1, int size2, int (*a)[size2])
```

3-5-3 关于空的下标运算符 []

在 C 语言中，当遇到以下情况时，可以使用下标运算符 [] 将元素个数省略不写。

以下情况都会**通过编译器做出特别解释**。请不要将这些规则视为一般通用规则。

1. **函数形参的声明**

   如 3-5-1 节中所述，在函数的形参中，**只有最外层的数组**会被解读为指针。即使写上元素个数，也会被忽略。

2. **能够通过初始化列表确定数组长度的情况**

   在以下情况中，编译器能够通过初始化列表确定所需的元素个数，因此对于最外层的数组，可以省略其元素个数。

```
int a[] = {1, 2, 3, 4, 5};
char str[] = "abc";
double matrix[][2] = {{1, 0}, {0, 1}};
char *color_name[] = {
    "red",
    "green",
    "blue",
};
char color_name[][6] = {
    "red",
    "green",
    "blue",
};
```

   在对数组的数组进行初始化时，乍看之下会觉得，只要有了初始化列表，即使不是最外层的数组，编译器也能确定其元素个数。但是，由于 C 语言允许如下所示的未对齐的数组初始化，所以编译器还是无法简单地确定除最外层数组以外的数组的元素个数。

```
int a[][3] = { /* int a[3][3] 的省略形式 */
    {1, 2, 3},
    {4, 5},
    {6}
};
char str[][5] = { /* char str[3][5] 的省略形式 */
    "hoge",
    "hog",
    "ho",
};
```

   虽然也可以考虑让编译器为我们选择一个最大值，但遗憾的是，C 语言的语法并没有这样做。

顺便说一下，在对上述未对齐的数组进行初始化时，没有相应的初始化列表的元素会被初始化为 0。

3. 使用 extern 声明全局变量的情况

全局变量仅在多个编译单元（.c 文件）的某一个中**定义**，然后在其他的代码文件中通过 extern 进行声明。

虽然定义时元素个数是必需的，但在 extern 时，由于实际的长度到链接时才会确定，所以最外层的数组的元素个数是可以省略的。

正如我们之前所说的那样，只有在声明函数的形参时，数组的声明才可以解读为指针。

下面这种在全局变量的声明中混合使用数组和指针的程序是无法正常运行的。

在 file_1.c 中……

```
int a[100];
```

在 file_2.c 中……

```
extern int *a;
```

在这种情况下，file_1.c 中（假设 int 为 4 字节）的 sizeof(a) 是 400，file_2.c 中（假设指针为 8 字节）的 sizeof(a) 是 8。即使用链接器将它们结合起来，程序也还是不能运行。因为 file_2.c 把原本是 int 数组的 a 的前 8 个字节解释成了指针，并引用了它指向的内容，这样的程序当然会崩溃。对于这种情况，我们当然会期待链接器给出点警告什么的*，但在我的环境（Ubuntu Linux）中，什么警告都没有出现。

* 实际上有些链接器应该会报出警告。

4. 结构体的柔性数组成员（从 C99 开始支持）

从 C99 开始，对于结构体的最后一个成员，我们可以用空的 [] 指定其长度。

这是在 C99 之前就已经可以使用的可变长结构体的技巧，只是从 C99 开始才正式写入语言规范。关于它的具体用法，我们将在第 4 章进行说明。

补充 定义与声明

在 C 语言中，用于规定变量和函数的实体的“声明”被称为“定义”。

例如，下面这样的全局变量的声明就是定义*。

```
int a;
```

如下所示的 extern 声明表示的是“使在某处定义的内容在此处也可用”，因此它并不是定义。

```
extern int a;
```

同理，函数的原型是声明，而函数的定义指的则是实际写有该函数的实现代码的那部分内容。

对于自动变量，区分定义与声明是没有意义的。因为自动变量的声明必定伴随着定义。

* int a;这样的定义准确来说是暂定的定义（tentative definition），像 int a = 0;这样加上初始化值之后，它才会成为“外部定义”。

3-5-4 字符串字面量

用 "" 引起来的字符串称为**字符串字面量**（string literal）。

字符串字面量的类型是“char 的数组”。因此，在表达式中，它会被解读为指向 char 的指针。

```
char *str;

str = "abc";  ← 将指向"abc"初始元素的指针赋值给str
```

但是，对 char 的数组进行初始化时的情况是一个例外。此时，编译器会将字符串字面量特别解释为花括号内字符分段书写的初始化列表的省略形式。

```
char str[] = "abc";
```

和

```
char str[] = {'a', 'b', 'c', '\0'};
```

具有相同含义。

由于 C 语言原本是只能处理标量的语言，所以以前是不能对自动变量的数组进行初始化的。因此，以前我们不能写下面这样的代码。

```
char str[] = "abc";
```

必须写成下面这样才可以。

```
static char str[] = "abc";
```

不过，从 ANSI C 开始，即使是自动变量的数组，也可以一并进行初始化。

正因为如此，我们才能够使用下面这样的写法。

```
char str[] = "abc";
```

不过，这仅限于用作初始化列表的情况，所以下面这种写法是不可以的。

```
char str[4];

str = "abc";
```

以下内容可能会让人觉得有些混乱，我们来看一下：在下面的例子中，由于被初始化的并不是 char 的数组，而是指针，所以这并不属于上述的例外情况。

```
char *str = "abc";
```

在这种情况下，"abc" 是“char 的数组”，由于它在表达式中，所以会被解读为指向 char 的指针，然后被赋值给 str。

不管是多么复杂的情况，只要按顺序认真分析标识符的声明与初始化列表的花括号的对应关系，应该都能够解释清楚。

在下面这种情况下，标识符 color_name 的类型是“指向 char 的指针的数组”，作为类型分类的数组对应的是初始化列表中最外层的花括号。因此，"red"、"blue" 对应的就是指向 char 的指针。

```
char *color_name[] = {
    "red",
    "green",
    "blue",
};
```

在下面这个例子中，color_name 的类型变成了“char 的数组（元素个数为 6）的数组”。

```
char color_name[][6] = {
    "red",
    "green",
    "blue",
};
```

同样地，由于作为类型分类的数组对应的是初始化列表中最外层的花括号，所以 "red"、"blue" 对应的是“char 的数组（元素个数为 6）”。于是，这个声明与下面的写法是同一个意思。

```
char color_name[][6] = {
    {'r', 'e', 'd', '\0'},
    {'g', 'r', 'e', 'e', 'n', '\0'},
    {'b', 'l', 'u', 'e', '\0'},
};
```

字符串字面量保存在只读区域中。但是，在被用于初始化 char 的数组时，它就只是花括号内字符分段书写的初始化列表的省略形式，所以只要数组本身没有被指定为 const，那么该数组就是可写的。

```
char str[] = "abc";

str[0] = 'd'; ⬅可写
```

但如果写成下面这样，操作系统就会报错。

```
char *str = "abc";
str[0] = 'd'; ⬅在大多数运行环境中，运行时操作系统会报错
```

补充 字符串字面量是 char 的数组

字符串字面量的类型是“char 的数组”。

但是，由于在表达式中数组会被解读为指针，所以它会被当作指向 char 的指针处理。

有没有读者认为字符串字面量从一开始就是指向 char 的指针呢？

下面的代码可以用来确认“字符串字面量原本是数组”这一事实。

```
printf("size..%d\n", (int)sizeof("abcdefghijklmnopqrstuvwx
yz"));
```

3-5-5 关于指向函数的指针引发的混乱

正如2-3-2节中所说，在C语言中，函数在表达式中会被解读为指向函数的指针。

信号处理、event-driven程序的回调函数经常利用这种特性。

```
/* 设置为在发生SIGSEGV(Segmentation fault)时回调函数segv_handler */
signal(SIGSEGV, segv_handler);
```

但是，如果基于此前讲述的规则解读C语言声明，比如在`int func();`这个声明中，`func`是“返回`int`的函数”，而只提取出`func`并将它解读为“指向返回`int`的函数的指针”的做法就显得很奇怪。如果需要使用指向函数的指针，那就应该加上`&`，把它写成`&func`。

此处，即使将上面的信号处理的设置写成下面这样。

```
signal(SIGSEGV, &segv_handler);
```

其实也是**能够完美运行**的。

反过来，如下所示，

```
void (*func_p)();
```

在使用被声明为指向函数的指针的变量`func_p`调用函数时，虽然可以写成

```
func_p();
```

但由于对于声明成`int func();`的`func`，需要采用`func()`的方式进行调用，所以从对称性上来说，声明成`void (*func_p)();`的`func_p`必须写成下面这样*。

* 事实上，以前似乎只能采用这种写法。

```
(*func_p)();
```

这其实也是**能够完美运行**的。

总之，关于指向函数的指针的C语言的语法是比较混乱的。

造成这种混乱的罪魁祸首就是“函数在表达式中会被解读为指向函数的指针”这一意图不明（难不成是为了与数组保持一致？）的规则。

为了顾全这个问题，ANSI C标准对语法制定了以下的例外规定。

- 函数在表达式中自动转换为指向函数的指针，但在作为地址运算符 & 或者 sizeof 运算符的操作数时例外。
- 函数调用运算符 () 的操作数不是函数，而是指向函数的指针。

对指向函数的指针使用间接运算符 * 之后，指向函数的指针会暂时变为函数，但由于是在表达式中，所以它又会立刻被转换为指向函数的指针。

结论就是，即使将 * 运算符运用于指向函数的指针”（看上去）它也起不到任何作用。

因此，下面这样的写法也是能够完美运行的。

```
(**********printf)("hello, world\n");  ⬅反正*什么也不做
```

3-5-6 强制类型转换

强制类型转换符是将某种类型强制转换为其他类型的运算符，如下所示。

```
(类型名)
```

关于强制类型转换符，有两种截然不同的用法。

一种是基本类型的转换，例如，在想要将 int 类型的变量当作 double 类型处理时，就需要进行这种类型转换。

```
int hoge, piyo;
        ⋮
printf("hoge / piyo..%f\n", (double)hoge / piyo);
```

* 这可是一个很大的陷阱。

在 C 语言中，由于 int 之间进行除法运算后结果也会是 int*，所以如果想要获取小数部分的数据，就需要像上面这样，将其中的某一方（或者两方）转换为 double。

这种情况下的强制类型转换将 int 类型的值实际转换成了 double 类型。也就是说，值的内部表现发生了变化，编译器会在这部分生成相当于强制类型转换的机器码。

强制类型转换符的另一种用法是指针的转换。

在C语言中，指针类型会因其指向的对象类型的不同而被当作不同的类型进行处理，但对这些信息的掌握只到编译器为止。因为在运行时，在大多数机器中，指针只是单纯的内存地址，不论是指向 int 的指针，还是指向 double 的指针，从机器语言的层面来看，往往都是一样的。对指针进行强制的读取替换就是指针的强制类型转换。

例如，在 char 类型的数组 buf 中以二进制形式保存了数据，那么当想要取出位于 offset 位置的 int 类型数据时，就可以采用以下写法。

```
char buf[1000];
int offset;
int int_value;
        ⋮
int_value = *(int*)(buf + offset);
```

在本例中，通过将 buf 加 offset 后得到的地址强制转换为 int* 类型，并对它使用间接运算符，可以获取 int 类型的值。这里的强制类型转换对编译器而言只是改变了类型信息，通常在运行时也不会有任何对应，所以也不存在相应的机器码。

如果想要写出可移植性高的程序，就应该避免对指针进行强制类型转换。就上例来说也是如此，要想正确使用存放在 buf 中的数据，就必须确保移植前后系统中 int 类型的长度以及字节序是相同的*。就算是这种不得不处理二进制数据的情况，也应该将相应的代码整合成特定的模块才对。

* 如果这个数据不需要从外部读取进来，而只在同一个程序内部使用，应该没什么问题，但如果这样，那么一开始就应该把数据保存在结构体里。

另外，比如在通用的 GUI 库中，往往会需要将任意数据分配给在画面上显示的按钮等显示元素（比如在“计算器”程序中，数字按钮中需要记录相应数字的情况等）。在这种情况下，可以先将这些元素记录为 void*，然后再通过指针的强制类型转换，将它们转换成原来的类型。现实中关于指针的强制类型转换的应用场景，大致也就是这种程度吧。

“不知怎么地，编译器就报出警告了，那就做一下强制类型转换吧！”→“警告没了，太好啦！”——这种情况是我们一定要避免的*。

* 可悲的是，这种情况经常发生。

编译器给出警告总是有它的理由的，所以我们不能就这样通过强制类型转换让它“闭嘴”。要是这么做，就算通过了编译，程序也未必能够运行，或者虽然在当前的运行环境中能够运行，但一换到别的运行环境就跑不起来了。

要点

不要用强制类型转换掩饰编译器报出的警告。

3-5-7 练习——解读复杂声明

我们先来练练手。

C 语言的标准库中有一个叫作 `atexit()` 的函数。通过该函数，可以在程序正常结束时调用事先注册过的函数。

`atexit()` 的原型定义如下。

```
int atexit(void (*func)(void));
```

1. 先看标识符。

```
int atexit(void (*func)(void));
```

英语表达：

`atexit is`

2. 解析代表函数的 ()。

```
int atexit(void (*func)(void));
```

英语表达：

`atexit is function() returning`

3. 由于函数的参数部分比较复杂，所以我们先解析这部分内容。这里也是先看标识符。

```
int atexit(void (*func)(void));
```

英语表达：

`atexit is function(func is) returning`

4. 因为有括号，所以先解析 *。

```
int atexit(void (*func)(void));
```

英语表达：

`atexit is function(func is pointer to) returning`

5. 解析代表函数的 ()。这里的参数比较简单，是 void(无参数)。

```
int atexit(void (*func)(void));
```

英语表达：

atexit is function(func is pointer to function(void)
returning)
returning

6. 解析类型修饰符 void。至此，atexit 的参数部分解析完毕。

```
int atexit(void (*func)(void));
```

英语表达：

atexit is function(func is pointer to function(void)
returning void)
returning

7. 解析类型修饰符 int。

```
int atexit(void (*func)(void));
```

英语表达：

atexit is function(func is pointer to function(void)
returning void)
returning int

8. 翻译成中文……

atexit是返回int的函数(参数为指向返回void的不带参函数的指针)。

接下来，我们来看一个更加复杂的例子。

标准库中还有一个叫作 signal() 的函数，它的原型声明如下所示。

```
void (*signal(int sig, void (*func)(int)))(int);
```

1. 先看标识符。

```
void (*signal(int sig, void (*func)(int)))(int);
```

英语表达：

signal is

2. 由于 () 的优先级比 * 高，所以先解析 () 的部分。

```
void (*signal(int sig, void (*func)(int)))(int);
```

英语表达：

```
signal is function() returning
```

3. 解析参数部分。参数有两个，第一个参数为 int sig。

```
void (*signal(int sig, void (*func)(int)))(int);
```

英语表达：

```
signal is function(sig is int,) returning
```

4. 现在来看另一个参数的标识符 func。

```
void (*signal(int sig, void (*func)(int)))(int);
```

英语表达：

```
signal is function(sig is int, func is) returning
```

5. 因为有括号，所以先解析 *。

```
void (*signal(int sig, void (*func)(int)))(int);
```

英语表达：

```
signal is function(sig is int, func is pointer to) returning
```

6. 解析代表函数的 ()。参数为 int。

```
void (*signal(int sig, void (*func)(int)))(int);
```

英语表达：

```
signal is function(sig is int, func is pointer to
function(int)
returning) returning
```

7. 解析类型修饰符 void。

```
void (*signal(int sig, void (*func)(int)))(int);
```

英语表达：

signal is function(sig is int, func is pointer to
function(int)
returning void) returning

8. 参数部分解析完毕。接下来，因为有括号，所以先解析 *。

```
void (*signal(int sig, void (*func)(int)))(int);
```

英语表达：

signal is function(sig is int, func is pointer to
function(int)
returning void) returning pointer to

9. 解析代表函数的 ()。参数为 int。

```
void (*signal(int sig, void (*func)(int)))(int);
```

英语表达：

signal is function(sig is int, func is pointer to
function(int)
returning void) returning pointer to function(int)
returning

10. 最后加上 void。

```
void (*signal(int sig, void (*func)(int)))(int );
```

英语表达：

signal is function(sig is int, func is pointer to
function(int)
returning void) returning pointer to function(int)
returning void

11. 翻译成中文。

signal是返回“指向返回void的参数为int的函数的指针”的函数，它有两个参数，一个是int，另一个是指向返回void的参数为int的函数的指针。

只要能够解读这种程度的声明，其他的就都不在话下了。

不过，也有可能是就此彻底厌恶 C 语言。

另外，signal() 函数原本是用于注册信号处理程序（发生中断时被调用的函数）的函数，它的返回值是此前注册过的（旧的）信号处理程序。

也就是说，其中一个参数的类型和返回值的类型是相同的，都是指向信号处理程序的指针。这难道不会造成声明中出现两次相同模式的情况吗？有这个想法很正常，不过在 C 语言中，并不会发生这种情况。这是因为，从结构上来说，C 语言的声明是“忽左忽右的”，因而表示返回值类型的部分通常分散在声明语句的左右两侧。

在这种情况下，像下面这样使用 typedef 的写法，可以使声明变得非常简洁。

```
/* 摘录自Linux的man page */
typedef void(*sighandler_t)(int);

sighandler_t signal(int sig, sighandler_t func);
```

sighandler_t 表示指向信号处理程序的指针这一类型。

3-6 请记住：数组与指针截然不同

3-6-1 你为什么感到混乱

在此，请允许我强调一下本章的重要观点：

在 C 语言中，数组与指针是截然不同的。

人们常说 C 语言中的指针难以理解，但其实罪魁祸首并非指针本身，“将数组与指针混为一谈”才是让初学者感到混乱的原因所在。雪上加霜的是，许多入门书等对数组与指针的讲解中也充斥着大量令人感到混乱的内容。

例如，*K&R* 中就有以下内容（见该书 5.3 节）。

> 在 C 语言中，指针与数组之间的关系十分紧密，因此，在接下来的部分中，我们将同时讨论指针与数组。

令人意外的是，许多程序员认为数组与指针几乎是相同的，这一认识是让很多人对 C 语言感到混乱的主要原因。

数组与指针是截然不同的。从图 3-17 中可以一目了然地看出，数组是由一些对象排列而成的，而指针表示指向某处。

图3-17 数组与指针

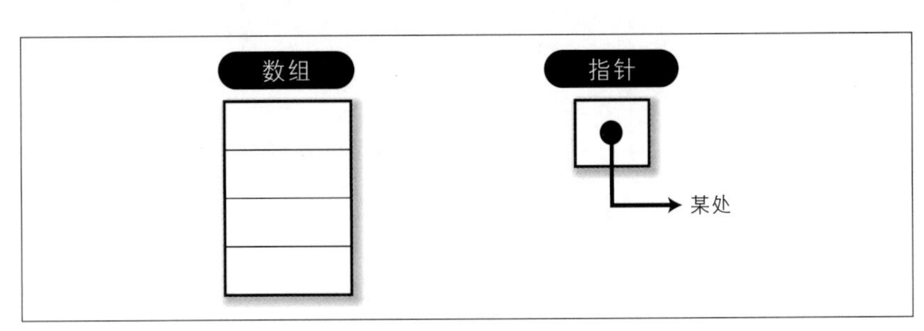

事实上，在运用 sizeof 运算符之后，如果操作数是数组，则返回值是“元素长度 × 数组的元素个数”；如果操作数是指针，则返回值是指针的长度。

可是，初学者常会基于“数组与指针几乎是相同的”这一错误理解，写出下面这样的代码。

```
int *p;
p[3] = 10;  ⬅突然使用没有指向任何内存空间的指针
```

——当自动变量的指针处于初期状态时，值是不确定的。

```
char str[10];
        ⋮
str = "abc";  ⬅突然赋值给数组
```

——数组既不是标量也不是结构体，因此这样的写法并不能把 abc 当作一个整体赋给数组。

```
int p[]; ⬅在局部变量的声明中使用空的下标运算符 []
```

——只有在声明函数形参时，数组的声明才会被解读为指针。

数组与指针到底在哪些方面是相似的，在哪些方面是不同的呢？下面我们再次说明一下，其中可能会出现与前面重复的内容。

3-6-2 在表达式中

在表达式中，数组会被解读为指向该数组初始元素的指针，因此代码可以写成下面这样。

```
int *p;
int array[10];
p = array; ⬅将指向array[0]的指针赋给p
```

但是，反过来写成下面这样就不行。

```
array = p;
```

在表达式中，array 的确是被解读成了指针，但它其实是被解读成了

* 关于这一点，标准中也有关于数组不是**可修改的左值**（modifiable lvalue）的说明。无论如何，不能赋值的结论是不变的。

&array[0]，因为此时的指针是一个**右值***。

假设有 int 类型的变量 a，可以对它进行 a = 10; 这样的赋值。但是，应该没人想要进行 a + 1= 10; 这样的赋值吧？不论是 a 还是 a + 1，它们的类型都是 int。而 a + 1 是不具有相应存储空间的右值，所以我们无法对它进行赋值。array 不能被赋值也是同样的道理。

另外，当有如下指针时，

```
int *p;
```

如果 p 指向了某个数组，那么通过 p[i] 的方式访问数组是可行的，但这并不意味着 p 就是数组。

因为 p[i] 只是 *(p + i) 的语法糖，所以只要指针 p 正确地指向了数组，我们就可以通过 p[i] 的方式访问数组的内容。假如用图表示，则如图 3-18 所示。

图 3-18 使用指针访问数组

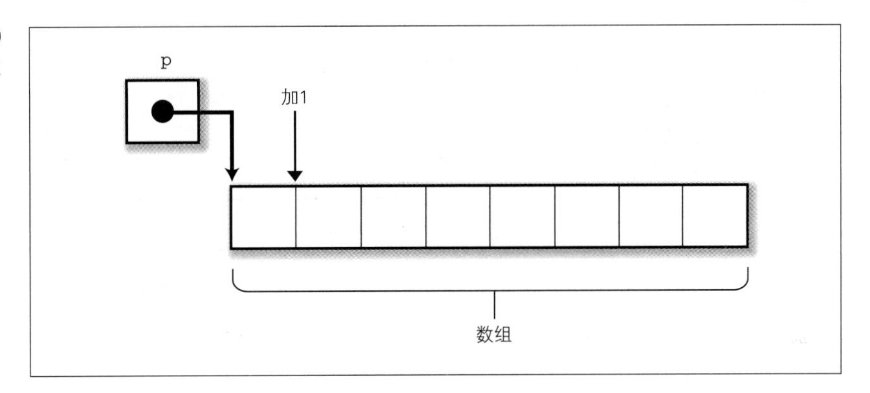

其他比较容易使初学者感到混乱的还有“指针的数组”和“数组的数组”（二维数组）。

```
char *color_name[] = { ⬅指针的数组
    "red",
    "green",
    "blue",
};
```

上述代码如图 3-19 所示。

图 3-19
指针的数组

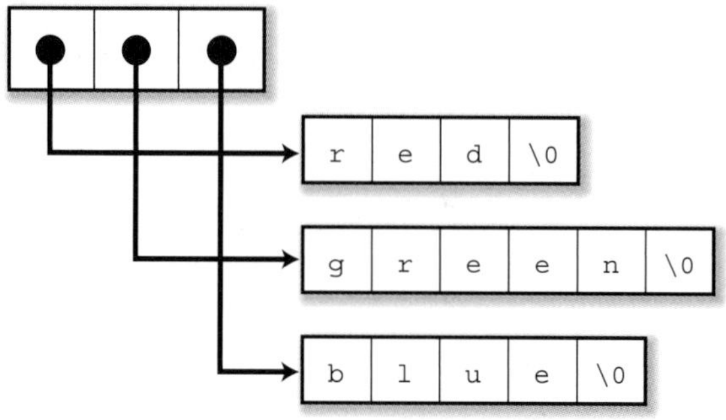

```
char color_name[][6] = {  ⬅数组的数组
    "red",
    "green",
    "blue",
};
```

上述代码则如图 3-20 所示。

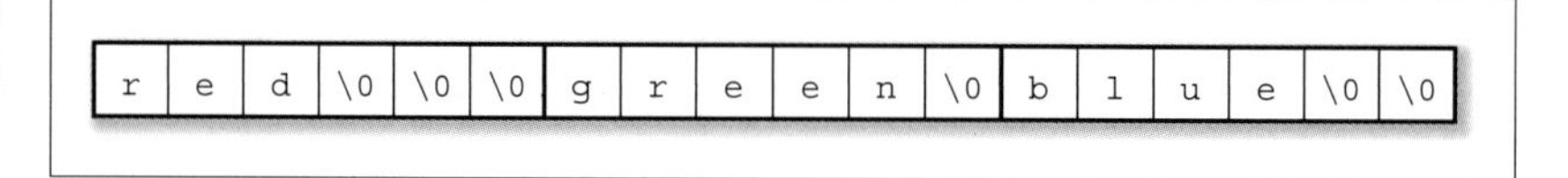

图 3-20
数组的数组

虽然这两段代码中的任何一段都可以通过 `color_name[i][j]` 的方式访问数组，但请注意，它们在内存上的布局是全然不同的。

3-6-3 在声明中

只有在声明函数形参时，才可以将数组的声明解读成指针的声明（3-5-1 节）。

很多人都觉得，与其说“只有在声明函数形参时才能将数组的声明解读成指针的声明”这一语法糖提高了 C 语言的可读性，不如说它反而助长了 C 语言中的混乱之势。顺便说一下，我也是这么认为的*。而 *K&R* 中杂乱的说明又推波助澜般地加重了这一混乱的局面。

除了声明函数形参以外，将数组的声明等同于指针的声明的情况是**不存在的**。

* 当然我同时也觉得在传递多维数组时，使用这个语法糖的代码更容易理解。

最容易招致混乱的就是在使用 extern 时（3-5-3 节）。另外，如果将局部变量或结构体成员写成下面这样，就会引发语法错误*。

* C99 的柔性数组成员（3-5-3 节）除外。

```
int hoge[];
```

即使存在初始化列表，也可以在声明数组时使用空的 []，但这只是单纯地由于在这种情况下编译器可以数出元素个数，所以才能将元素个数省略，这与指针没有任何关系。

要点

【非常重要！】

数组与指针是截然不同的。

第4章

数组和指针的常见用法

基本用法

4-1-1 通过返回值以外的方法返回

关于通过返回值以外的方法返回值，我们在 1-3-7 节已经说明过了，这里总结一下。

在 C 语言中，可以使用返回值让函数返回值，但是这种方法只能返回一个值。

在没有异常处理机制的 C 语言中，函数的返回值多半用于返回处理状态（成功或失败，如果失败，还需要返回失败的原因）。

此处，如果将指针作为参数传递给函数，并在被调用方对该指针指向的对象进行填充，就可以一次性地从函数返回多个值。

在这种情况下，假设需要返回的数据的类型为 T，则参数类型为“指向 T 的指针”。

如代码清单 4-1 所示，可以将 int 和 double 的指针分别传递给 func()，然后向它们指向的内容填充值。

代码清单 4-1 output_argument.c

```
 1 #include <stdio.h>
 2 
 3 void func(int *a, double *b)
 4 {
 5     *a = 5;
 6     *b = 3.5;
 7 }
 8 
 9 int main(void)
10 {
```

```
11      int     a;
12      double b;
13
14      func(&a, &b);
15      printf("a..%d b..%f\n", a, b);
16
17      return 0;
18  }
```

要点

如果希望通过返回值以外的方法从函数返回类型 T 的值，可以通过向函数传递“指向 T 的指针”类型的参数来实现。

4-1-2 将数组作为函数的参数传递

关于将数组作为函数的参数传递，1-4-6 节也讲解过，这里我们总结一下。

在 C 语言中其实是不可以将数组作为参数传递的，但是通过传递指向数组初始元素的指针，可以达到与传递数组相同的效果。

然后，函数就可以像下面这样引用数组的内容。

```
array[i]
```

因为 array[i] 说到底只不过是 *(array + i) 的语法糖而已。

如代码清单 4-2 所示，可以将数组 array 传递给 func()，在 func() 中输出数组的内容。

func() 还通过参数 size 接收了数组 array 的元素个数。这是因为，对 func() 来说，array 只是单纯的指针，所以 func() 无法知晓调用方的数组的元素个数。

main() 中 array 的类型是“int 的数组”，因此也可以像第 16 行那样，通过 sizeof 运算符获取数组的长度。

然而，在 func() 中，由于参数 array 的类型是“指向 int 的指针”，所以就算写了 sizeof(array)，能够获取的也只是指针的长度。

不过，如果数组能够像字符串那样末尾必定有 '\0'，那么被调用方就

可以通过检索 '\0' 确定字符串的字符个数。

代码清单4-2
pass_array.c

```
 1 #include <stdio.h>
 2 
 3 void func(int *array, int size)
 4 {
 5     int i;
 6 
 7     for (i = 0; i < size; i++) {
 8         printf("array[%d]..%d\n", i, array[i]);
 9     }
10 }
11 
12 int main(void)
13 {
14     int array[] = {1, 2, 3, 4, 5};
15 
16     func(array, sizeof(array) / sizeof(array[0]));
17 
18     return 0;
19 }
```

要点

如果想将类型 T 的数组作为参数传递，那么传递“指向 T 的指针”就可以了。但是，由于被调用方不知道数组的元素个数，所以有时需要通过别的途径将数组元素个数传递过去。

4-1-3 动态数组——通过 malloc() 分配的可变长数组

在 C 语言中，一般来说，在编译时必须知道数组的元素个数。虽然 C99 中引入了可变长数组，但由于它只能用于自动变量，所以在函数执行结束时，内存就会被释放掉。而实际需要使用可变长数组的情况多数是像“保存通过编辑器输入的一行文本”这样希望在函数结束后继续持有数据的情况。

在这种情况下，通过 malloc() 就可以在运行时仅分配所需大小的数组，并持续持有该数组。

* 这并不是C语言标准规定的术语，不过大家经常这么称呼它。另外，本书第1版称之为“可变长数组”，但现在如果还使用可变长数组的说法，就容易与C99中的VLA混淆。

在本书中，我们将这样的数组称为**动态数组**[*]。

如代码清单4-3所示，首先让用户输入数组长度（第11行～第13行），然后在第15行中使用malloc()以该长度分配数组（这里省略了对返回值的检查）。

第17行～第19行用于设置该数组的值，第20行～第22行用于输出该数组的内容。

代码清单4-3
variable_array.c

```
 1 #include <stdio.h>
 2 #include <stdlib.h>
 3 
 4 int main(void)
 5 {
 6     char        buf[256];
 7     int         size;
 8     int         *variable_array;
 9     int         i;
10 
11     printf("Input array size>");
12     fgets(buf, 256, stdin);
13     sscanf(buf, "%d", &size);
14 
15     variable_array = malloc(sizeof(int) * size);
16 
17     for (i = 0; i < size; i++) {
18         variable_array[i] = i;
19     }
20     for (i = 0; i < size; i++) {
21         printf("variable_array[%d]..%d\n", i, variable_
   array[i]);
22     }
23 
24     return 0;
25 }
```

如果想改变已分配的动态数组的长度，可以使用realloc()。

在代码清单4-4中，每当用户输入int类型的值时，程序就会使用realloc()对variable_array进行扩充（这里也省略了对返回值的检查）。

代码清单4-4
realloc.c

```
 1 #include <stdio.h>
 2 #include <stdlib.h>
 3 
```

```
 4 int main(void)
 5 {
 6     int         *variable_array = NULL;
 7     int         size = 0;
 8     char        buf[256];
 9     int         i;
10
11     while (fgets(buf, 256, stdin) != NULL) {
12         size++;
13         variable_array = realloc(variable_array, sizeof(int) *
size);
14         sscanf(buf, "%d", &variable_array[size-1]);
15     }
16
17     for (i = 0; i < size; i++) {
18         printf("variable_array[%d]..%d\n", i, variable_
array[i]);
19     }
20
21     return 0;
22 }
```

需要注意的是，在使用 C 语言实现动态数组时，程序员必须自己管理数组的元素个数。

这与通过参数传递数组时，被调用方无法获取数组长度是同样的道理。通过 malloc() 获取的只是指针，并非数组。

要点

如果想获取类型 T 的可变长数组，可以使用“指向 T 的指针”通过 malloc() 动态分配内存。

但是，此时程序员需要自己管理数组的元素个数。

补充　其他语言的数组

虽然本书是讲 C 语言的，但下面这些内容大家也可以参考一下。

如今，在除 C 语言以外的大多数语言（Java、C#、Python、Ruby 等）中，数组是被分配到堆上，然后通过引用（相当于 C 语言中的指针）进行处理的*。

在用 C 语言编写如下代码时，

* PHP 和 Go 除外。

```
int hoge[10];
```

大多数的运行环境会将数组本身分配到栈上，但如果是使用 Java，就不能采用这样的方式，而要写成下面这样。

```
int[] hoge = new int[10];
```

new 就相当于 C 语言中的 malloc()，因此这段代码与 C 语言的下面这种写法从意思上来说是非常相像的。

```
int *hoge = malloc(sizeof(int) * 10);
```

因此，Java 总是通过指针（Java 中称为“引用”）引用数组。

例如，在 Java 中，像下面这样对数组进行赋值，

```
int[] hoge = new int[10];
int[] piyo = hoge;
```

则实现过程会是图 4-1 这样。因为这里的 hoge 和 piyo 是指向数组实体的指针变量。

图 4-1
对 Java 的数组赋值

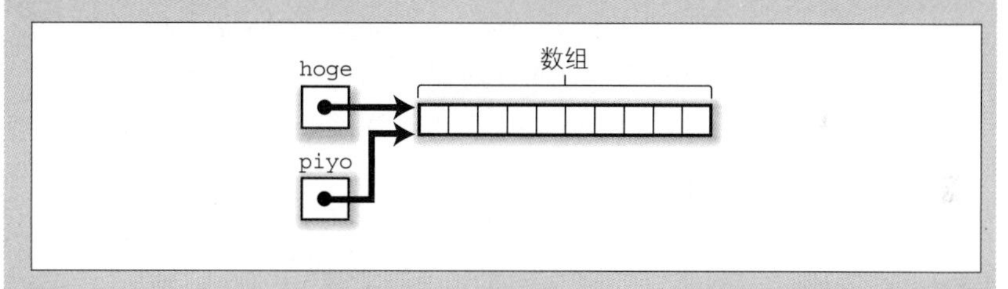

在这种情况下，如果像 hoge[3] = 5; 这样通过 hoge 改变数组的内容，则 piyo[3] 的值也会变成 5。因为它们指向的是相同的数组。

但是，Java 等的数组与用 C 语言通过 malloc() 分配的数组不同，数组的长度是可以通过询问数组本身获取的。因此，如果使用 Java，可以通过 hoge.length 获取数组的长度。

4-2 组合使用

4-2-1 动态数组的数组

这里考虑开发一个管理一整个星期的“今日标语”的程序。

星期一的标语是“日行一善”，星期二的标语是“要关心父母”……是不是充满了说教意味？

每星期的长度为 7 天，这是固定不变的。但标语的长度却每天都不同。假设中文的一个字符占 UTF-8 的 3 个字节，那么算上结尾的 '\0'，“日行一善”的长度就是 13 个字节，而“要关心父母”就是 16 个字节。在这种情况下，如果为了迎合最长的标语而生成很长的二维数组，就会造成内存的浪费。

而如果为了让用户能够自由地设置标语而采用从设置文件读取标语的形式*，那么标语的最大长度就无法预测了。

* 一般是这么做的吧？

此时，由于标语长度是可变的，所以使用 char 的动态数组似乎是一个不错的选择。也就是说，用“char 的动态数组的数组（元素个数 7）”来存放一整个星期的标语就可以了（图 4-2）。

该数组的声明如下所示。

```
char *slogan[7];
```

在用 C 语言实现动态数组时，通常需要程序员自己对数组的元素个数进行管理。但在这种情况下，数组中保存的是字符串，而字符串必定是以空字符结尾的，所以不需要保留元素个数，因为必要时随时可以通过计算获取元素个数。

图 4-2
一整个星期的标语

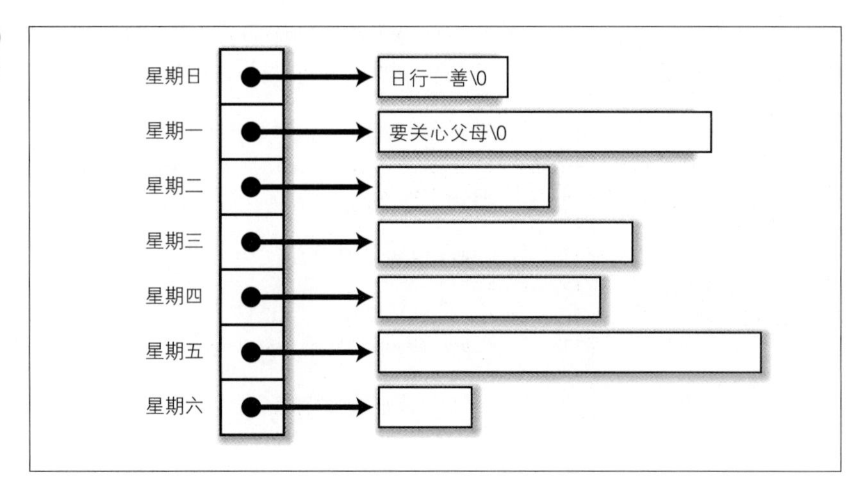

从文件等读取一整个星期的标语的程序如代码清单 4-5 所示。与前面一样，这里也省略了对 malloc() 返回值的检查。

代码清单 4-5
read_slogan.c

```
 1 #include <stdio.h>
 2 #include <stdlib.h>
 3 #include <string.h>
 4 
 5 #define SLOGAN_MAX_LEN (1024)
 6 
 7 void read_slogan(FILE *fp, char **slogan)
 8 {
 9     char buf[1024];
10     int slogan_len;
11     int  i;
12 
13     for (i = 0; i < 7; i++) {
14         fgets(buf, SLOGAN_MAX_LEN, fp);
15 
16         slogan_len = strlen(buf);
17         if (buf[slogan_len - 1] != '\n') {
18             fprintf(stderr, "标语过长。\n");
19             exit(1);
20         }
21         /* 删除换行字符 */
22         buf[slogan_len - 1] = '\0';
23 
24         /* 分配用于保存一条标语的内存空间 */
25         slogan[i] = malloc(sizeof(char) * slogan_len);
26 
```

```
27          /* 复制标语的内容 */
28          strcpy(slogan[i], buf);
29      }
30  }
31
32  int main(void)
33  {
34      char *slogan[7];
35      int i;
36
37      read_slogan(stdin, slogan);
38
39      /* 显示读取进来的标语 */
40      for (i = 0; i < 7; i++) {
41          printf("%s\n", slogan[i]);
42      }
43
44      return 0;
45  }
```

在代码清单 4-5 中，程序从标准输入读取一整个星期的标语，然后将它们输出（第 40 行 ~ 第 42 行）。因为这里通过参数向 `read_slogan()` 函数传递了“指向 `char` 的指针的数组”，所以接收它的参数的类型就是“指向 `char` 的指针的指针”（第 7 行）。我们前面说过，如果想通过参数传递类型 T 的数组，那么传递“指向 T 的指针”即可。

本程序通过 `slogan[i]` 获取的是指向标语的开头的指针，如果想要取出标语的第 *n* 个字符，可以通过 `slogan[i][n]` 实现*。

* 中文字符如果采用 GBK 编码，则占 2 个字节；如果采用 UTF-8 编码，则占 3 个字节，因此假如直接这样写，可能取不出“第 *n* 个字符”。如果需要按照实际的字符单位处理，使用宽字符（请参考本节补充内容）更好。

`slogan` 不是多维数组（数组的数组）。从图 4-2 中就可以明显看出，它在内存上的布局与多维数组是完全不同的。

比如，对于如下所示的多维数组的声明，

```
int hoge[10][10];
```

`hoge[i]` 的类型为“`int` 的数组（元素个数 10）”。因为在表达式中数组会被解读为指针，所以 `hoge[i]` 的类型变为“指向 `int` 的指针”，因而我们可以通过 `hoge[i][j]` 引用相应的内容。

对于 `slogan` 来说，由于 `slogan[i]` **一开始就是指针**，所以当然可以写成 `slogan[i][j]` 这样。

另外，通过第 5 行可以看出，本程序中标语的最大长度限制在 1024 个字符。

或许有人会产生下面的想法。

> 本以为使用的是“char 的动态数组”，所以对标语的长度就没有限制了。既然要限制，为什么不用多维数组呢？

这里请大家思考一下。如果同样地对多维数组添加“最大 1024 个字符”的限制，那么声明就会变成下面这样。

```
char slogan[7][1024];
```

这会占用 7 × 1024 个字符大小的内存。但在代码清单 4-5 中，在读取 1024 个字符大小的数组时，只需要一个临时缓冲区就解决问题了。而且，由于该数组为自动变量，所以缓冲区会在程序离开 read_slogan() 的同时被释放*。使用这种方式，就算对字符数有所限制，也可以极大地缓和这种限制，因此在实现某些用途时这种方法是十分实用的。

* 在某些运行环境中，栈的空间大小是固定的，而且还非常小。在这样的运行环境上，如果用自动变量分配特别大的数组，就会引起栈溢出。

当然，有时可能无论如何都不想添加这种限制*。在这种情况下，可以考虑依旧用 malloc() 来分配用于读取的临时缓冲区，当内存空间不足时再用 realloc() 进行扩展。

* 顺便说一下，在 GNU 的编码标准中，这种限制是被禁止的。

这里通过这种方法实现了一个能够读取任意长度的行的函数，如代码清单 4-6 所示。

read_line() 是相当通用的函数，因此我们提供一下它的头文件，使它在其他程序中也能使用（代码清单 4-7）。另外，这里还准备了一个用于测试的 main() 函数（代码清单 4-8）。

代码清单 4-6 read_line.c

```
 1 #include <stdio.h>
 2 #include <stdlib.h>
 3 #include <assert.h>
 4 #include <string.h>
 5
 6 #define ALLOC_SIZE      (256)
 7
 8 /*
 9  * 用于读取行的缓冲区。可根据需要进行扩展，不会缩小
10  * 通过调用free_buffer()释放缓冲区
11  */
12 static char *st_line_buffer = NULL;
13
14 /*
15  * 给st_line_buffer指向的区域分配的内存空间的大小
16  */
```

```
17 static int   st_current_buffer_size = 0;
18
19 /*
20  * st_line_buffer中当前保存的字符的大小
21  */
22 static int   st_current_used_size = 0;
23
24 /*
25  * 向st_line_buffer的末尾添加1个字符
26  * 可根据需要对st_line_buffer指向的内存空间进行扩展
27  */
28 static void
29 add_character(int ch)
30 {
31     /*
32      * 由于st_current_used_size一定是每次增加1字节
33      * 所以应该不会出现因以下断言而突然跳出本函数的情况
34      */
35     assert(st_current_buffer_size >= st_current_used_size);
36
37     /*
38      * 当st_current_used_size等于st_current_buffer_size时
39      * 对缓冲区进行扩展
40      */
41     if (st_current_buffer_size == st_current_used_size) {
42         st_line_buffer = realloc(st_line_buffer,
43                                  (st_current_buffer_size +
                                 ALLOC_SIZE)
44                                  * sizeof(char));
45         st_current_buffer_size += ALLOC_SIZE;
46     }
47     /* 在缓冲区末尾添加1个字符 */
48     st_line_buffer[st_current_used_size] = ch;
49     st_current_used_size++;
50 }
51
52 /*
53  * 从fp读取1行。当执行到达文件末尾时，返回NULL
54  */
55 char *read_line(FILE *fp)
56 {
57     int          ch;
58     char         *ret;
59
60     st_current_used_size = 0;
61     while ((ch = getc(fp)) != EOF) {
```

```
62         if (ch == '\n') {
63             add_character('\0');
64             break;
65         }
66         add_character(ch);
67     }
68     if (ch == EOF) {
69         if (st_current_used_size > 0) {
70             /* 最后一行的后面没有换行的情况 */
71             add_character('\0');
72         } else {
73             return NULL;
74         }
75     }
76 
77     ret = malloc(sizeof(char) * st_current_used_size);
78     strcpy(ret, st_line_buffer);
79 
80     return ret;
81 }
82 
83 /*
84  * 释放缓冲区。虽然不调用本函数其实也没什么区别
85  * 但如果你想要在程序结束时把通过malloc()分配的内存空间全部free()掉
86  * 那么在最后调用本函数即可
87  */
88 void free_buffer(void)
89 {
90     free(st_line_buffer);
91     st_line_buffer = NULL;
92     st_current_buffer_size = 0;
93     st_current_used_size = 0;
94 }
```

代码清单4-7 read_line.h

```
1 #ifndef READ_LINE_H_INCLUDED
2 #define READ_LINE_H_INCLUDED
3 
4 #include <stdio.h>
5 
6 char *read_line(FILE *fp);
7 void free_buffer(void);
8 
9 #endif /* READ_LINE_H_INCLUDED */
```

代码清单4-8
main.c

```
 1 #include <stdio.h>
 2 #include "read_line.h"
 3
 4 int main(void)
 5 {
 6     char *line;
 7
 8     while ((line = read_line(stdin)) != NULL) {
 9         printf("%s\n", line);
10     }
11     free_buffer();
12 }
```

read_line() 的返回值是读取的行（删除了换行符）。如果读到了文件末尾，则返回 NULL。

在 read_line() 中，用于临时读取的缓冲区将被分配到指针 st_line_buffer* 指向的位置。每当缓冲区不足时，就扩展大小为 ALLOC_SIZE 的空间。之所以采用这种方法，是为了避免过于频繁地调用 realloc() 而导致效率低下以及碎片化*（2-6-5 节）。

如果读到了行的末尾，就重新根据该行的长度分配内存空间（第 77 行），并在将 st_line_buffer 的内容复制过去之后返回。由于下一次调用时还需要使用缓冲区*，所以不需要释放 st_line_buffer。

由于 st_line_buffer 只会一味地增大而不会缩小，所以它会占用大小相当于之前已经读取的最大长度的行（+ α）的内存空间。不过，反正就只有这一块内存空间，所以其实放在那里不管也没什么关系，如果你觉得在程序结束时，最好将通过 malloc() 分配的内存空间全部 free() 掉，那么在最后调用一下 free_buffer() 就可以了。

read_line() 通过 malloc() 分配字符串的内存空间并返回，因此在使用完毕后必须在调用方使用 free() 释放掉内存空间。

```
char *str;
str = read_line(fp);
/* 各种处理 */
free(str); ⬅使用完毕，释放！
```

另外，代码清单 4-6 也和前面一样，省略了对 malloc() 和 realloc() 的返回值的检查。但对于如此通用的函数，我们还是应该好好地对它进行返回值检查的。因此，我们会在 4-2-4 节给出有返回值检查的版本。

* 对于作用域在文件内的 static 变量，我一般会加上前缀 st_。

* 如果是无法预测元素个数的通用集合库，与其像本例这样每次以一定数量进行扩展，不如以“当前大小的固定倍数”进行扩展。假设固定以 2 倍进行扩展，就可以保证无用的内存空间在 50% 以下，而且即便元素个数变多，需要调用 realloc() 的次数也几乎不会增加。实际上，Java 的 Vector 类等就是以 2 倍进行扩展的。

* 该方法使用了 static 的变量，因此不能直接用于多线程编程，请大家务必注意这一点。

补充 宽字符

在代码清单 4-5 中，字符串保存在 char 的（可变长）数组中。不只是本书，不少 C 语言的入门书也采用了这种方式。

但是，如果将中文字符串存放在 char 中，那么“取出第 *n* 个字符”可不是一件容易的事。利用 slogan[i][j] 这种写法能够取出的只是“第 *n* 个字节”的字节，而不是“第 *n* 个字符”。在编写诸如编辑器这样的程序时，这一点很让人头疼。因为编辑器的光标必须以字符为单位移动。

在这种情况下，可以（在某种程度上）使用宽字符（wide character）。

从根本上来说，宽字符与表示 1 字节的 char 不同，它是表示“1 个字符”的类型，在程序中被记为 wchar_t 类型（stddef.h）。

如果像 read_slogan.c 这样将字符串保存在 char 的数组中，那么以中文字符为例，GBK 编码占 2 字节，UTF-8 编码占 3 字节，我们将这样的字符表现形式称为多字节字符（multi-byte character）。

由宽字符组成的字符串（也就是 wchar_t 的数组）称为宽字符串。

代码清单 4-9 是用于确认宽字符的行为的程序*。

* 为便于读者理解宽字符，本程序保留了原书日文字符的示例，不影响读者对字符串编码内容的理解。——译者注

代码清单 4-9 wchar_t.c

```
1  #include <stdio.h>
2  #include <stddef.h>
3  #include <wchar.h>
4  #include <locale.h>
5
6  int main(void)
7  {
8      // 宽字符串字面量
9      wchar_t str[] = L"日本語123叱";
10
11     // 显示wchar_t的长度
12     printf("sizeof(wchar_t)..%d\n", (int)sizeof(wchar_t));
13     // 显示数组str的长度
14     printf("str length..%d\n", (int)(sizeof(str) /
   sizeof(str[0])));
15
16     // 输出str的内容
17     for (int i = 0; i < (sizeof(str) / sizeof(str[0]));
   i++) {
18         printf("str[%d]..%0x\n", i, str[i]);
19     }
20
21     return 0;
22 }
```

第 9 行用**宽字符串字面量**（wide string literal）对 wchar_t 类型的数组 str 进行了初始化。像这样在被 "" 括起来的字符串前加上 L，就可以生成宽字符串字面量。同理，**宽字符常量**写成 L'a'，宽字符串末尾的空字符写成 L'\0'。

第 12 行用于确认该处理环境中 wchar_t 的长度，第 14 行用于确认数组 str 的长度。然后，从第 17 行开始的 for 循环用于输出数组 str 的内容。

在我的运行环境（Ubuntu Linux）中，运行结果如下所示。

```
sizeof(wchar_t)..4
str length..8
str[0]..65e5
str[1]..672c
str[2]..8a9e
str[3]..31
str[4]..32
str[5]..33
str[6]..20b9f
str[7]..0
```

如你所见，wchar_t 的长度为 4 字节。因为一个 wchar_t 表示一个字符，所以即便是 a 这样的英语字母或数字，也需要使用 4 字节。从某种意义上来说这有点浪费，所以在 Windows 上（即使使用 gcc）wchar_t 的长度为 2 字节。

数组 str 的长度（在 Linux 中）为 8。不过，实验一下就会知道，在 Windows 中它是 9。这是因为，第 9 行中设置的字符串的最后的“𠮟”这个字符是 Unicode 中的**代理对字符**，无法用 2 字节来表示。看一下运行结果中输出的值就会发现，str[6] 是 0x20b9f，由于它超过了 2 字节的范围，所以即使在 wchar_t 为 4 字节的 Linux 上能够显示，在 Windows 上也显示不了，必须用 2 个 wchar_t 来显示才可以。

虽然这里已经自然而然地写上了“Unicode”，而且在目前大多数运行环境中宽字符是通过 Unicode 表示的，但 C99 标准中并没有这么规定*。

* 由于在 C11 中也可以写 UTF-16 或 UTF-32 的字面量，所以人们就更觉得 Unicode 受到了“特殊对待”。

在 **1 个字符要**通过 2 字节或 4 字节的整数类型来表示的前提下，如果以字节为单位来分析包含英语字母或数字的字符串，就会看到值为 0 的字节会频繁地出现，因此对于宽字符串，我们无法使用像 strcpy() 这样的面向普通字符串的函数，而需要使用像 wcscpy() 这样的用于宽字符串的函数。

输入输出也是一样，不能使用 printf()，而要使用 wprintf()。不过，由于输入输出流自身会是**字节流**（byte-oriented stream）或**宽字符流**（wide-oriented stream）这两个模式中的一个，所以 printf() 和 wprintf() 通常是不能共存的。因此，在实际的程序中，比较常见的做法是将流固定为字节流，然后使用 wcrtomb() 等对宽字符与多字节字符进行转换的函数，将宽字符转换为多字节字符串并输出*。

或许你会觉得："搞得这么麻烦，却还是可能由于混入了代理对字符而使结果出现偏差，这样的话，从我们原本的目的——取出第 n 个字符来说，使用什么宽字符不也没什么意义吗?" 实际上也确实有人认为不管什么内容，都放到 UTF-8 的多字节字符串里就可以了。但是，现在不管是 Java 还是 C#、JavaScript，只要混入了代理对字符，就都无法从字符串中选取正确的字符，所以我觉得，在对用途进行一定程度的限制的前提下使用宽字符也算是一个可以接受的选择。

Windows 会根据有无宏 UNICODE 的定义，来确定 TCHAR 类型到底是使用 char 还是 wchar_t。

* 在 printf() 系列的函数中，也可以先指定 %ls，将宽字符转换成多字节字符，再进行输出。

4-2-2 动态数组的动态数组

在 4-2-1 节中，我们虽然实现了使用动态数组表示单个标语，但标语的个数是固定的（7 个）。

如果想将任意行数的文本文件加载到内存中，就需要用到“动态数组的动态数组”。

“类型 T 的动态数组”可以通过“指向 T 的指针”实现（但元素个数需要自己另行管理）。

因此，如果想要获取“T 的动态数组的动态数组”，使用“指向 T 的指针的指针”就可以了（图 4-3）。

图 4-3
动态数组的动态数组

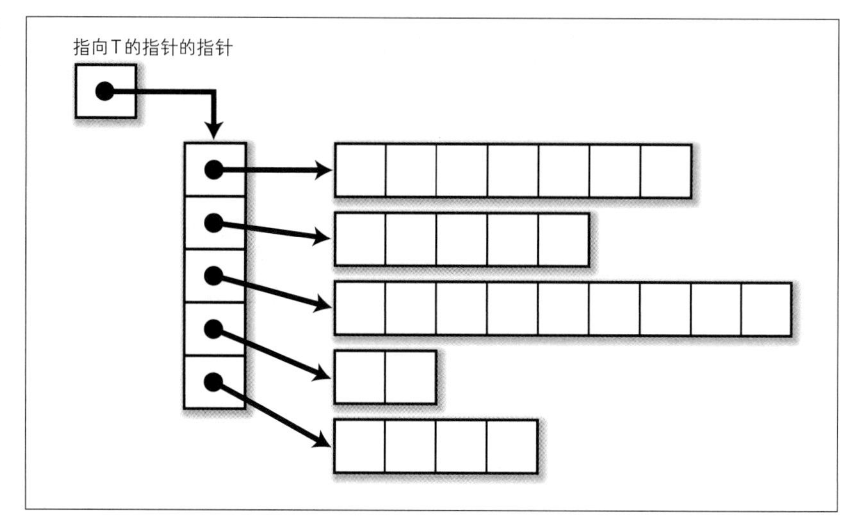

代码清单 4-10 是从标准输入读取文本文件，先将其加载到内存中再输出到标准输出的程序。为了能够读取任意长度的行，这里使用了代码清单 4-6 中的 read_line() 函数。

代码清单 4-10
read_file.c

```
 1 #include <stdio.h>
 2 #include <stdlib.h>
 3 #include <assert.h>
 4
 5 #define ALLOC_SIZE      (256)
 6
 7 #include "read_line.h"
 8
 9 char **add_line(char **text_data, char *line,
10                 int *line_alloc_num, int *line_num)
11 {
12     assert(*line_alloc_num >= *line_num);
13     if (*line_alloc_num == *line_num) {
14         text_data = realloc(text_data,
15                             (*line_alloc_num + ALLOC_SIZE) *
   sizeof(char*));
16         *line_alloc_num += ALLOC_SIZE;
17     }
18     text_data[*line_num] = line;
19     (*line_num)++;
20
21     return text_data;
22 }
23
```

```
24 char **read_file(FILE *fp, int *line_num_p)
25 {
26     char        **text_data = NULL;
27     int         line_num = 0;
28     int         line_alloc_num = 0;
29     char        *line;
30 
31     while ((line = read_line(fp)) != NULL) {
32         text_data = add_line(text_data, line,
33                              &line_alloc_num, &line_num);
34     }
35     /* 将text_data缩短到真正需要的长度 */
36     text_data = realloc(text_data, line_num * sizeof(char*));
37     *line_num_p = line_num;
38 
39     return text_data;
40 }
41 
42 int main(void)
43 {
44     char        **text_data;
45     int         line_num;
46     int         i;
47 
48     text_data = read_file(stdin, &line_num);
49 
50     for (i = 0; i < line_num; i++) {
51         printf("%s\n", text_data[i]);
52     }
53     free_buffer();
54 
55     return 0;
56 }
```

不读到文件最后，就无法获取全部的行数。因此，在 read_file() 中，对指针的数组也是使用 realloc() 按顺序扩展其内存的（第 13 行 ~ 第 17 行）*。

* 4-2-1 节的注释中也提到过，由于预测行数比预测每行中的字符个数更困难，所以在每次扩展内存时，或许不使用常量值 ALLOC_SIZE，而是使用固定的倍数更好一些。

在 read_line() 中，为了共享某些变量，我们使用了文件内的 static 变量，不过这次我们采用了将指针作为参数进行传递的方法。在通过文件内 static 变量或全局变量实现数据共享时，会造成完全不知道值会在哪里被改写的局面，并且在多线程编程中也会出现问题，所以可以说在很多情况下使用这次的方法会更好一些。

4-2-3 命令行参数

在从命令行运行程序时，可以通过**命令行参数**向程序传递参数（2-5-6 节的代码清单 2-9 中就使用了命令行参数）。例如，在需要输出文件内容时，如果是在 UNIX 中，可以使用 cat 命令。此时，可以像下面这样将文件名传递给命令。

```
> cat hoge.txt
```

像下面这样将多个文件名并列书写，输出就是将 hoge.txt 与 piyo.txt 连接后得到的内容*。

* cat 是 concatenate（连接）的缩略形式。

```
> cat hoge.txt piyo.txt
```

这时，我们无法事先预测 cat 会有几个参数，也无法预测各个参数（文件名）的长度。因此，可以用代表“char 的动态数组的动态数组”的“指向指针的指针”表示。

程序中使用 main() 函数的参数接收命令行参数。在目前为止的示例程序中，main() 函数主要写成下面这样。

```
int main(void)
```

而在接收命令行参数时，要写成下面这样*。

* 标准文档的 5.1.2.2.1 中有相关叙述。

```
int main(int argc, char *argv[])
```

当然，由于在函数的形参中数组会被解读为指针，所以写成下面这样也是一样的。

```
int main(int argc, char **argv)
```

如果用图表示 argv 的结构，则如图 4-4 所示。

图 4-4
argv 的结构

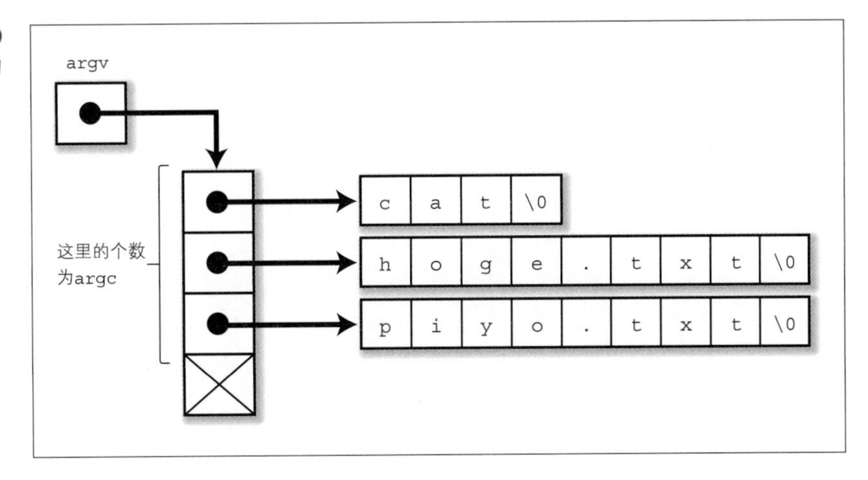

argv[0] 中保存的是命令名称本身。当需要在错误提示消息中显示命令名称时*，或需要根据命令名称改变程序的行为时，经常会使用 argv[0]。

argc 中保存的是包括 argv[0] 在内的参数的个数。实际上，从 ANSI C 开始，我们就已经能够保证 argv[argc] 等于 NULL 了。因此，要是通过对 argv 进行检查去确认参数个数，那其实**没有 argc 也没什么关系**，不过即便是现在，大多数程序还是会去引用 argc。

* 在 UNIX 中，我们可以通过管道将命令连接起来执行某些处理，这时需要在错误提示消息中自报家门。

代码清单 4-11 是 UNIX 的 cat 命令的简单实现。

代码清单 4-11
cat.c

```
 1 #include <stdio.h>
 2 #include <stdlib.h>
 3 
 4 void type_one_file(FILE *fp)
 5 {
 6     int ch;
 7 
 8     while ((ch = getc(fp)) != EOF) {
 9         putchar(ch);
10     }
11 }
12 
13 int main(int argc, char **argv)
14 {
15     if (argc == 1) {
16         type_one_file(stdin);
17     } else {
18         int     i;
19         FILE    *fp;
20 
```

```
21         for (i = 1; i < argc; i++) {
22             fp = fopen(argv[i], "rb");
23             if (fp == NULL) {
24                 fprintf(stderr, "%s:%s can not open.\n",
   argv[0], argv[i]);
25                 exit(1);
26             }
27             type_one_file(fp);
28         }
29     }
30
31     return 0;
32 }
```

与 UNIX 的 `cat` 相同，如果不指定参数，就使用标准输入（第 15 行 ~ 第 16 行）。

第 21 行 ~ 第 28 行的 `for` 循环按顺序对参数中指定的文件名进行了处理。

许多人遇到这种情况时会顽固地拒绝使用循环计数器，他们更愿意采用对 `argc` 进行减法，或者直接操纵 `argv` 前移的方法，但我还是觉得，通过计数器访问下标的方式更加容易理解。

4-2-4 通过参数返回指针

4-2-1 节中的 `read_line()` 函数（代码清单 4-6）的返回值是读取的行，读到文件末尾时返回值为 `NULL`。

但 `read_line()` 返回的是通过 `malloc()` 分配的内存空间。代码清单 4-6 省略了对 `malloc()` 返回值的检查，但如果真的要把 `read_line()` 封装成通用函数，就必须认真检查返回值，并将处理状态返回给调用方。

关于 `read_line()` 返回给调用方的处理状态，有下面几种情况。

1. 正常地读取了 1 行
2. 读到了文件末尾
3. 因内存不足而失败

要是用枚举类型来表示，则以上几种情况如下所示。

```
typedef enum {
    READ_LINE_SUCCESS, /* 正常地读取了1行 */
    READ_LINE_EOF, /* 读到了文件末尾 */
    READ_LINE_OUT_OF_MEMORY /* 因内存不足而失败 */
} ReadLineStatus;
```

要向调用方返回状态，首先能够想到的一种方法就是将 read_line() 的原型声明成下面这样，然后通过参数返回。

```
char *read_line(FILE *fp, ReadLineStatus *status);
```

这个方法本身是非常正确的，但某些项目往往采取“状态应该通过返回值返回”的方针。

因此，如果返回值被用来返回状态，那么目前通过返回值返回的已获取的字符串就必须通过参数来返回了。

前面说过如果想通过参数返回类型 T，使用“指向 T 的指针”就可以了。我们这次想要返回的类型是“指向 char 的指针”，因此使用“指向 char 的指针的指针”就可以了。

所以，原型会变成下面这样。

```
ReadLineStatus read_line(FILE *fp, char **line);
```

修订版的头文件如代码清单 4-12 所示，代码如代码清单 4-13 所示。

代码清单 4-12
read_line.h（修订版）

```
 1 #ifndef READ_LINE_H_INCLUDED
 2 #define READ_LINE_H_INCLUDED
 3
 4 #include <stdio.h>
 5
 6 typedef enum {
 7     READ_LINE_SUCCESS,       /* 正常地读取了1行 */
 8     READ_LINE_EOF,           /* 读到了文件末尾 */
 9     READ_LINE_OUT_OF_MEMORY /* 因内存不足而失败 */
10 } ReadLineStatus;
11
12 ReadLineStatus read_line(FILE *fp, char **line);
13 void free_buffer(void);
14
15 #endif /* READ_LINE_H_INCLUDED */
```

代码清单4-13
read_line.c（修订版）

```
 1 #include <stdio.h>
 2 #include <stdlib.h>
 3 #include <assert.h>
 4 #include <string.h>
 5 #include "read_line.h"
 6 
 7 #define ALLOC_SIZE      (256)
 8 
 9 /*
10  * 用于读取行的缓冲区。可根据需要进行扩展，不会缩小
11  * 通过调用free_buffer()释放缓冲区
12  */
13 static char *st_line_buffer = NULL;
14 
15 /*
16  * 给st_line_buffer指向的区域分配的内存空间的大小
17  */
18 static int  st_current_buffer_size = 0;
19 
20 /*
21  * st_line_buffer中当前保存的字符的大小
22  */
23 static int  st_current_used_size = 0;
24 
25 /*
26  * 向st_line_buffer的末尾添加1个字符
27  * 可根据需要对st_line_buffer指向的内存空间进行扩展
28  */
29 static ReadLineStatus
30 add_character(int ch)
31 {
32     /*
33      * 由于st_current_used_size一定是每次增加1字节
34      * 所以应该不会出现因以下断言而突然跳出本函数的情况
35      */
36     assert(st_current_buffer_size >= st_current_used_size);
37 
38     /*
39      * 当st_current_used_size等于st_current_buffer_size时
40      * 对缓冲区进行扩展
41      */
42     if (st_current_buffer_size == st_current_used_size) {
43         char *temp;
44         temp = realloc(st_line_buffer,
45                        (st_current_buffer_size + ALLOC_SIZE)
```

```
46                              * sizeof(char));
47            if (temp == NULL) {
48                return READ_LINE_OUT_OF_MEMORY;
49            }
50            st_line_buffer = temp;
51            st_current_buffer_size += ALLOC_SIZE;
52        }
53        /* 在缓冲区末尾添加1个字符 */
54        st_line_buffer[st_current_used_size] = ch;
55        st_current_used_size++;
56
57        return READ_LINE_SUCCESS;
58    }
59
60    /*
61     * 释放缓冲区。虽然不调用本函数其实也没什么区别
62     * 但如果你想要在程序结束时把通过malloc()分配的内存空间全部free()掉
63     * 那么在最后调用本函数即可
64     */
65    void free_buffer(void)
66    {
67        free(st_line_buffer);
68        st_line_buffer = NULL;
69        st_current_buffer_size = 0;
70        st_current_used_size = 0;
71    }
72
73    /*
74     * 从fp读取1行
75     */
76    ReadLineStatus read_line(FILE *fp, char **line)
77    {
78        int                   ch;
79        ReadLineStatus        status = READ_LINE_SUCCESS;
80
81        st_current_used_size = 0;
82        while ((ch = getc(fp)) != EOF) {
83            if (ch == '\n') {
84                status = add_character('\0');
85                if (status != READ_LINE_SUCCESS)
86                    goto FUNC_END;
87                break;
88            }
89            status = add_character(ch);
90            if (status != READ_LINE_SUCCESS)
91                goto FUNC_END;
```

```
92         }
93         if (ch == EOF) {
94             if (st_current_used_size > 0) {
95                 /* 最后一行的后面没有换行的情况 */
96                 status =add_character('\0');
97                 if (status != READ_LINE_SUCCESS)
98                     goto FUNC_END;
99             } else {
100                status = READ_LINE_EOF;
101                goto FUNC_END;
102            }
103        }
104
105        *line = malloc(sizeof(char) * st_current_used_size);
106        if (*line == NULL) {
107            status = READ_LINE_OUT_OF_MEMORY;
108            goto FUNC_END;
109        }
110        strcpy(*line, st_line_buffer);
111
112      FUNC_END:
113        if (status != READ_LINE_SUCCESS && status != READ_LINE_
   EOF) {
114            free_buffer();
115        }
116        return status;
117    }
```

代码清单4-14

main.c（修订版）

```
1  #include <stdio.h>
2  #include "read_line.h"
3
4  int main(void)
5  {
6      char *line;
7
8      while (read_line(stdin, &line) != READ_LINE_EOF) {
9          printf("%s\n", line);
10     }
11     free_buffer();
12 }
```

在 read_line() 中，如果 malloc() 返回了 NULL，程序就会通过 goto 立刻跳转到 FUNC_END。

FUNC_END 会在处理失败时调用 free_buffer() 释放缓冲区。由于

malloc() 失败就意味着内存不足，所以即使只是释放这么一点内存空间，也可以多少缓和一下内存不足的局面，使得后面的处理**可能**能够正常地进行。

也有一些人主张绝对不能用 goto，但对于这样的异常处理，在很多情况下不用 goto 就不太好写了*。

* 当然，如果是像 C++、Java 或者 C# 这样拥有异常处理机制的语言，就可以使用异常处理机制。在 C 语言中，也可以使用 setjmp() 或 longjmp() 来达到类似的效果。

顺便提一下，第一个抛出“goto 有害论”的艾兹格 · W. 迪科斯彻（Edsger W. Dijkstra）后来曾发表过以下言论（*Literate Programming* [5]）。

> “不要误会我对 goto 语句持有任何教条主义的执念。我只是担忧，很多人把这件事给神化了，甚至认为仅凭某个编程技巧或某个简单的编程原则，就能解决编程语言的概念问题！”

要点

在异常处理中，多数情况下使用 goto 可以使代码更加简洁。

补充 什么是“双指针”

网络上许多 C 语言的学习者常常发牢骚说：“双指针太莫名其妙了吧！”

双指针这个说法在 C 语言的标准中当然是不存在的。这里所谓的双指针，其实就是“指针的指针”。

正如我们前面看到的那样，“指针的指针”一般出现在“动态数组的动态数组”或者“通过参数返回指针”这种要将指针组合起来使用的情况下。

在实际编写程序时，如果利用指针进行多重间接引用，程序的行为就会变得难以理解，这是确实存在的问题，但从语法上来说，其实它并没有任何特别之处，所以没什么可怕的。

4-2-5　将多维数组作为函数的参数传递

在 C 语言中，实际上并不存在多维数组，看上去像多维数组的其实是“数组的数组”。

前面说过，如果想将类型 T 的数组作为参数传递，传递“指向 T 的指针”就可以了（4-1-2 节）。因此，如果想将“数组的数组”作为参数传递，传递“指向数组的指针”就可以了。代码清单 4-15 将 3 × 4 的二维数组传递给了函数 func()，然后在 func() 中输出了其内容。

代码清单 4-15
pass_2d_array.c

```
 1 #include <stdio.h>
 2 
 3 void func(int (*hoge)[3])
 4 {
 5     int i, j;
 6 
 7     for (i = 0; i < 4; i++) {
 8         for (j = 0; j < 3; j++) {
 9             printf("%d, ", hoge[i][j]);
10         }
11         putchar('\n');
12     }
13 }
14 
15 int main(void)
16 {
17     int hoge[][3] = {
18         {1, 2, 3},
19         {4, 5, 6},
20         {7, 8, 9},
21         {10, 11, 12},
22     };
23 
24     func(hoge);
25 
26     return 0;
27 }
```

有人可能会说：“int (*hoge)[3] 这种莫名其妙的写法，根本看不懂啊！”如果是这样，其实可以把代码清单 4-15 的第 3 行写成下面这两种写法中的任意一种。

```
void func(int hoge[][3])
```

```
void func(int hoge[4][3])  ⬅这里的4会被忽略掉
```

有人认为像上面这样写比较容易读懂，对此我也不是不能理解，但不论使用哪种方式，当需要将接收的参数保存到其他变量中时，或者需要通过 `malloc()` 分配多维数组时，就必须使用 `int (*hoge)[3]` 的写法，因此建议大家重新读一下 3-2-4 节的内容，掌握“指向数组的指针”的写法。

4-2-6 将多维数组作为函数的参数传递（VLA 版）

在 ANSI C 中，当把多维数组传递给函数时，其最外层以外的元素个数必须是常量。也就是说，在编写如下原型声明时，这里的 3 必须是常量。

```
void func(int (*hoge)[3]);
```

如果通过其他参数来传递长度，那么最外层的维度就可以是可变长的。也就是说，如果写成下面这样。

```
void func(int size, int (*hoge)[3]);
```

`hoge[i][j]` 的 `i` 的最大值就可以是可变长的，但 `j` 的最大值还是固定的。相信很多人会感到不便。

在 C99 中，如果一个多维数组的最外层以外的元素个数是可变的，则可以通过可变长数组将该多维数组传递给数组（代码清单 4-16）。

代码清单 4-16
pass_2d_array_c99.c

```
 1 #include <stdio.h>
 2 
 3 void func(int size1, int size2, int hoge[size1][size2])
 4 {
 5     int i, j;
 6 
 7     for (i = 0; i < size1; i++) {
 8         for (j = 0; j < size2; j++) {
 9             printf("%d, ", hoge[i][j]);
10         }
11         putchar('\n');
```

```
12     }
13 }
14
15 int main(void)
16 {
17     int hoge[][3] = {
18         {1, 2, 3},
19         {4, 5, 6},
20         {7, 8, 9},
21         {10, 11, 12},
22     };
23
24     func(4, 3, hoge);
25
26     return 0;
27 }
```

3-5-2 节提到过，以下 3 种写法意思相同。

```
/* 原本是这个意思 */
void func(int size1, int size2, int (*hoge)[size2]);
```

```
/* 在函数定义的形参中，数组被解读为指针 */
void func(int size1, int size2, int hoge[][size2]);
```

```
/* 即便写了元素个数也会被忽略 */
void func(int size1, int size2, int hoge[size1][size2]);
```

正如 3-6-3 节中所说，我认为与其说“只有在声明函数形参时才能将数组的声明解读成指针的声明”这一语法糖提高了 C 语言的可读性，不如说它反而助长了 C 语言中的混乱之势。因此，虽然本来应该写成上面的第 1 种写法，但我认为就这里的情况来说，第 3 种写法能够更好地表达我们的意图，并且更容易理解。

另外，在第 3 章中我们还提到，关于参数的顺序，如果想将数组的长度放到数组之后，那么原型声明可以写成下面这样。

```
void func(int hoge[*][*], int size1, int size2);
```

请注意，只有原型声明才可以采用这种写法，函数定义要写成下面这样。

```
void func(int hoge[size1][size2], int size1, int size2)
{
        ⋮
```

4-2-7 通过 malloc() 分配纵横可变的二维数组（C99）

C99 中的可变长数组只能用于自动变量。但是，在实际需要使用可变长数组的情况中，其实多半不希望数组像自动变量那样在函数结束时就被释放掉，而是希望能够保存更长的时间。例如在编写文本编辑器时，在想要保存 1 行大小的字符串的情况下，由于 1 行数据的长度是无法预测的，于是就想着使用 C99 的可变长数组，但其实是不能使用的。因为即便函数执行结束了，文本编辑器中的 1 行数据也需要继续保留。

看到这里，各位读者或许想说“**那可变长数组这东西根本就用不上嘛！**”实际上我也很想发出这样的质疑，但其实并不能说全都是这样的。因为在通过 malloc() 在堆上分配内存时就可以使用可变长数组的写法。

比如，不论是黑白棋还是围棋，又或者是扫雷，这些游戏的“棋盘”都是通过二维数组保存的。黑白棋的棋盘一般是 8 × 8 的，但也可以设计成在游戏中可以选择更大的棋盘。在这种情况下，就需要一个纵横长度可变的二维数组。

由于棋盘需要一直保存到游戏结束为止，所以在大多情况下需要通过 malloc() 来分配棋盘的内存。

假设用 int 类型表示棋盘中的 1 个格子，那么在 C99 中，通过以下写法就可以得到 size ×size 的二维数组。

```
int (*board)[size] = malloc(sizeof(int) * size * size);
```

当然，此时通过 board[i][j] 就可以访问到棋盘上的各个格子。

使用该功能的示例程序如代码清单 4-17 所示。该程序将根据从键盘输入的长度分配纵横长度相同的二维数组，并在对其赋予适当的值之后将其输出。

代码清单 4-17 board.c

```
 1 #include <stdio.h>
 2 #include <stdlib.h>
 3
 4 int main(void)
 5 {
 6     int size;
 7
 8     printf("board size?");
 9     scanf("%d", &size);
10
```

```
11     /* 分配size × size的二维数组 */
12     int (*board)[size] = malloc(sizeof(int) * size * size);
13
14     /* 对二维数组赋予适当的值 */
15     for (int i = 0; i < size; i++) {
16         for (int j = 0; j < size; j++) {
17             board[i][j] = i * size + j;
18         }
19     }
20
21     /* 显示所赋的值 */
22     for (int i = 0; i < size; i++) {
23         for (int j = 0; j < size; j++) {
24             printf("%2d, ", board[i][j]);
25         }
26         printf("\n");
27     }
28 }
```

补充　C 语言中的多维数组是行优先的

在代码清单 4-17 中，可以通过 board[i][j] 访问二维数组 board，而在这样的二维数组中，在大多数情况下我们是把横向当作“X 坐标”，把纵向当作“Y 坐标”考虑的。也就是说，我们是像 board[x][y] 这样访问数组的。

而当我们需要访问这样的二维数组时，总会在不经意间想要做出“频繁地移动 X 坐标”的访问。其实与其说是“想要”，倒不如说当这样的二维数组是（横向书写的）文本编辑器的虚拟画面时，就必然会这样做。

但是，从 C 语言的二维数组的内存分布上来说，board[x][y] 和 board[x + 1][y] 并不是连续分布的。连续分布的是 board[x][y] 和 board[x][y + 1]。从 C 语言的二维数组是“数组的数组”这一事实来看，这一点是显而易见的。而频繁地访问内存上离得很远的位置，就会导致缓存无效化，从而对性能造成恶劣的影响。

在这种情况下，解决方法是写成 board[y][x] 这种顺序，这一点可能和大家的直觉不太一样。

在 C 语言中，像这种通过移动多维数组最后的下标就能够访问连续内存的内存分布方式称为**行优先**（row-major），反之称为**列优先**（column-major）。FORTRAN 的多维数组就是行优先的分布方式。

补充 纵横可变的二维数组的 ANSI C 实现

正如本节前面所说，C99 中可以通过 `malloc()` 分配纵横长度可变的二维数组，并可以以 `array[i][j]` 的形式对其进行引用。那么，C99 以前的 ANSI C 能够实现同样的功能吗？

使用 4-2-2 节所讲的技术，就可以以图 4-5 的形式写出看上去像是“纵横长度可变的二维数组”的数组了。

图4-5 纵横可变的二维数组（仿造版）

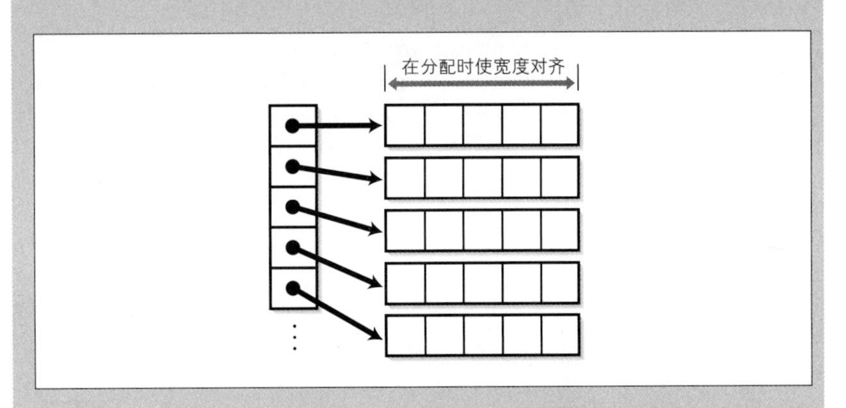

但是，由于在采用这种方法时，需要多次调用 `malloc()`，所以从速度和内存这两方面来看，该方法并不令人满意。另外，在大量 `malloc()` 之后，`free()` 会很麻烦，这也是一个问题。

此处，也可以采用将 `malloc()` 的调用限制在 2 次，然后像图 4-6 这样伸长指针的方法。

图4-6 纵横可变的二维数组（仿造版・其二）

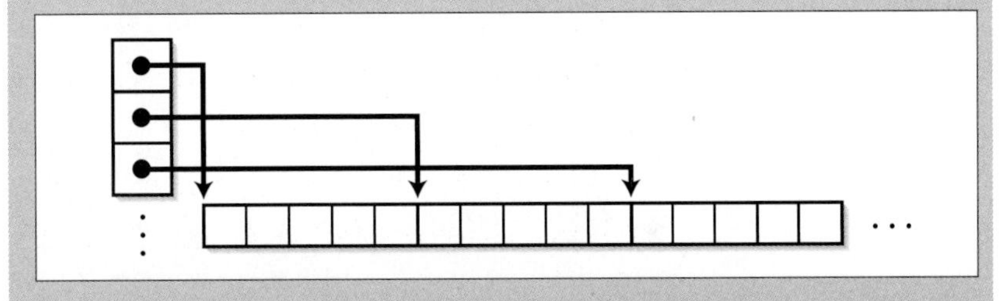

当然，不论是图 4-5 还是图 4-6，在引用数组内容时，都可以采用 `array[i][j]` 的写法。

但实际上，与其拘泥于 `array[i][j]` 而采用上面这样的写法，不如单纯地动态分配一维数组，然后通过 `array[i * width + j]` 引用数组内容，这才是最轻松愉快的。

补充　Java 和 C# 的多维数组

正如 4-1-3 节的补充内容中所说，如今的语言大多是将数组分配到堆中，然后通过引用（即指针）来进行处理的。

因此，在用“数组的数组”实现二维数组的语言中，二维数组就变成了“指向数组的引用（指针）的数组”。例如在 Java 中，如果想用二维数组分配二维折线（polyline），可以写成下面这样。

```
// nPoints为坐标的个数
double[][] polyline = new double[nPoints][2];
```

它在内存上的分布如图 4-7 所示。

图 4-7
Java 中的折线（二维数组版）

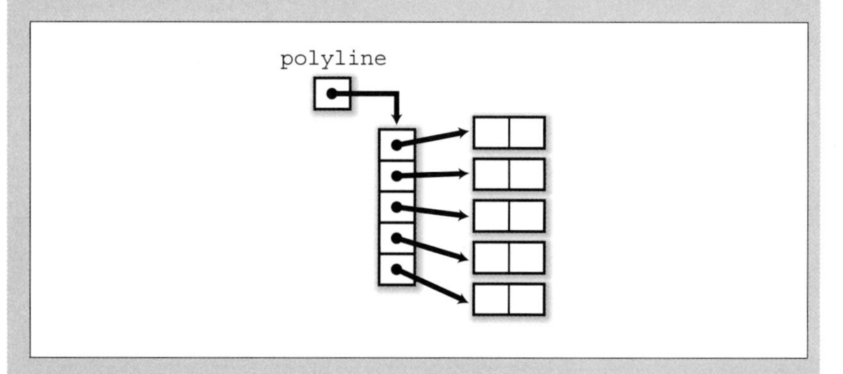

我们还可以将 `polyline[0]` 赋给 `polyline[1]`，或将 `null` 赋给 `polyline[0]`。

在使用这种实现时，我们无法确定程序到底是要使用二维数组，还是要使用如图 4-3 所示的每个元素的长度可以各不相同的数组（称为**交错数组**），而且性能上也不尽如人意。

因此在 C# 中，除了和 Java 一样的“数组的数组”之外，还有“多维数组”。在利用 C# 分配多维数组时，可以写成下面这样。

```
// nPoints为坐标的个数
double[,] polyline = new double[nPoints, 2];
```

4-2-8 数组的动态数组

假设需要编写一个绘图工具，我们来考虑一下怎样实现二维折线。

折线可以通过点的动态数组实现。而点是由 *X* 坐标和 *Y* 坐标构成的，因此可以通过“double 的数组（元素个数 2）”表示。

所以折线如下所示。

```
double的数组(元素个数2)的动态数组
```

* 但元素个数需要另行管理。

由于“类型 T 的动态数组”可以通过“指向类型 T 的指针”实现*，所以上面的内容就变成了下面这样。

```
指向double的数组(元素个数2)的指针
```

因此，在获取折线的内存空间时，写成下面这样就可以了。

```
double (*polyline)[2];  ⬅polyline是指向double的数组(元素个数2)的指针

/* npoints是构成折线的坐标的个数 */
polyline = malloc(sizeof(double[2]) * npoints);
```

如果觉得不太好理解，可以像下面这样对“double 的数组（元素个数 2）”的部分进行 typedef。

```
typedef double Point[2];
```

此时，polyline 的声明和内存空间的分配可以改写成下面这样。

```
Point *polyline;  ⬅polyline是指向Point的指针
polyline = malloc(sizeof(Point) * npoints);
```

是不是感觉清爽了许多？

不论使用哪种方法，在想获取第 i 个点的 *X* 坐标时，都可以写成下面这样。

```
polyline[i][0]
```

在想要获取 *Y* 坐标时，可以写成下面这样。

```
polyline[i][1]
```

但本书不推荐使用这种写法，接下来我们说明其原因。

4-2-9 在考虑可变之前，不妨考虑使用结构体

在上一节中，我们使用了“指向数组的指针”来表示折线。

此时，如果有 5 根折线，那么以什么样的形式来管理才好呢？

折线是“指向 double 的数组（元素个数 2）的指针”（元素个数需要另行管理），因此“折线的数组（元素个数 5）”就是“指向 double 的数组（元素个数 2）的指针的数组（元素个数 5）”，其声明如下所示。

```
double (*polylines[5])[2];
```

对于读到此处的读者来说，这种程度的声明理解起来应该没什么问题。但要说它非常容易读懂，恐怕会有许多人不同意。

另外，由于在使用方法时，元素个数（每根折线的坐标的个数）也需要有 5 份，所以我们需要像下面这样声明相应的数组。

```
int npoints[5];
```

如果函数的参数接收的折线数量不只是 5 根，而是任意数量，那么函数的原型应该是下面这样的。

```
func(int polyline_num, double (**polylines)[2], int *npoints);
```

如果像下面这样用 typedef 定义出 Point 类型，

```
typedef double Point[2];
```

就可以将函数原型写成下面这样。

```
func(int polyline_num, Point **polylines, int *npoints);
```

如果顺便定义了如下声明，

```
typedef Point *Polyline;
```

那么上面的函数原型就可以写成下面这样。

```
func(int polyline_num, Polyline *polylines, int *npoints);
```

可是，就算通过 typedef 可以大幅简化声明，但它依然是一个晦涩难懂的声明。

最让人不满意的就是**数组的元素个数必须由程序员自己另行管理**。

还不如干脆把 Point 定义成下面这样的结构体。

```
typedef struct {
    double x;
    double y;
} Point;
```

同时，把 Polyline 定义成下面这样。

```
typedef struct {
    int npoints;
    Point *point;
} Polyline;
```

这样一来，就可以将 npoints 和 point 整合起来进行管理，从而使代码变得简洁明了，而且也不用再制定“*X* 坐标是 [0]，*Y* 坐标是 [1]”之类的奇葩规定了。

在 CAD 这样的软件中，需要通过让图形乘以矩阵来进行坐标转换。此时，如果 *X* 坐标、*Y* 坐标是 x、 y 这样的结构体成员，就会导致无法循环。这时可以考虑将代码写成下面这样。

```
typedef struct {
    double coordinate[2];
} Point;
```

不过，如果只是 2D 的绘图工具，那么使用以 x、 y 为成员的结构体就足够了。

4-2-10 可变长结构体（ANSI C 版）

在上一节中，我们以如下方式定义了折线。

```
typedef struct {
    int npoints;
    Point *point;
} Polyline;
```

在通过 malloc() 为这个 Polyline 类型本身动态分配内存空间时，程序会调用两次 malloc()，从而在堆上分配两块内存空间（图 4-8）。

图4-8
Polyline 的实现方法（其一）

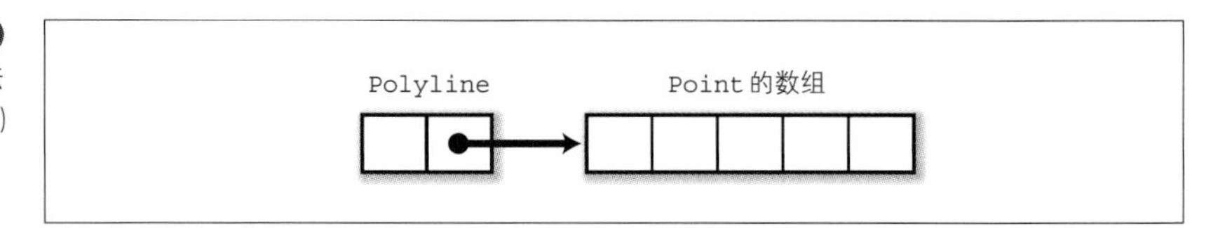

这种方式虽然可以说是十分正确的，但对于通过 malloc() 分配的每块内存空间，通常还必须留出一份额外的管理空间，此外还存在碎片化的问题（第 2 章）。此时，不妨先将 Polyline 类型声明成下面这样。

```
typedef struct {
    int npoints;
    Point point[1];
} Polyline;
```

再像下面这样分配内存空间。

```
Polyline *polyline;
polyline = malloc(sizeof(Polyline) + sizeof(Point) * (npoints-1));
                                            npoints 是点的个数⬆
```

然后，在通过 polyline->point[3] 进行引用的情况下，由于 Polyline 类型的 point 成员是元素个数为 1 的数组，所以这里就会发生对数组的越界引用，但好在大多数 C 语言的运行环境**不会进行数组范围检查**，而且 Polyline 的后面也的确通过 malloc() 分配了所需的内存空间（图 4-9）。

图4-9
Polyline的实现方法（其二）

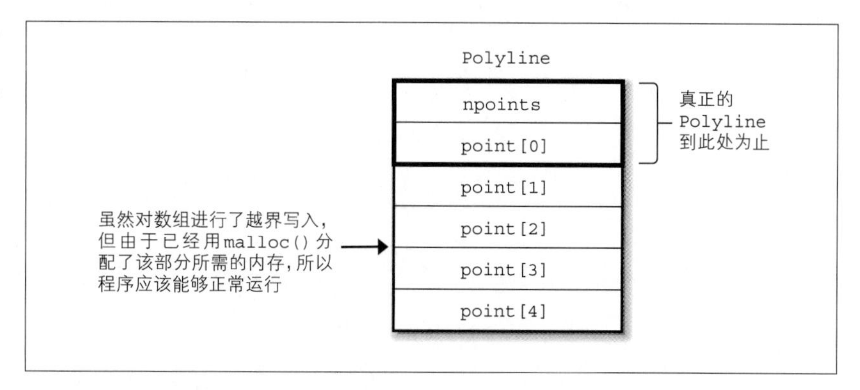

这样写的话，只要是结构体的最后一个成员，就可以不通过指针而直接存放可变长的数组。从结构体本身的长度（似乎）可变的意义上来说，我们可以将该技巧称为**可变长结构体**（虽然并不是通用的名称）。

另外，虽说如果 Polyline 类型的成员 point 可以声明成 point[0]，在 malloc() 时就无须进行 npoints - 1 这样的调整了，但在 C 语言中，数组的元素个数必须大于 0。虽然某些运行环境（gcc 等）的确允许声明数组的元素个数为 0，但无论怎么说，那也只是在特定环境下的实现。

但是，可变长结构体的技巧并不总是有效。例如，在想要增加某个 Polyline 的坐标的个数时，如果另行分配了 Point 的数组，只要通过 realloc() 重新连接分配 Point 的数组就可以解决问题了，但如果使用了可变长结构体，就需要对每个 Polyline 都执行一下 realloc()。这样一来，Polyline 本身的地址很可能发生变化，所以如果存在大量保存了指向该 Polyline 的指针的指针变量，就必须将这些指针变量全部更新一遍，非常麻烦。

或者说，在将结构体整个保存在文件中时，或者通过进程间通信、网络将结构体传递给其他程序时，该技巧才会较好地发挥其作用*。虽然在通过 fwrite() 等对结构体进行转储时，fwrite() 不会为我们输出指针指向的内容，但如果使用可变长结构体，由于可变长结构体本身只占用一块内存空间，所以能够简单地对数据整体进行转储。另外，读取时也一样，如果使用 fread() 等统一进行读取，就能够将数据整体恢复出来。

* 当然，正如 2-8 节所述，将结构体整个保存到文件中或者传输到网络上的做法本身是有问题的，但如果是在同一台机器上通过临时文件接收和传递信息，或者在同一台机器上进行进程间通信，那么使用这种技巧应该也没有什么问题。

但是，不管怎样，从 ANSI C 的语法来看，这种技巧都属于**犯规技巧**。因为 C 语言的标准是不保证越界访问数组的行为的。

话虽如此，由于这种手法在大多数环境中可以使用，所以在其能够有效使用的情况下，我认为没有必要特意避开。因为书写严格遵守标准的程序其实并没有太大的意义。

补充 关于分配可变长结构体时的长度指定

在通过 malloc() 分配可变长结构体的内存空间时，本节是像下面这样写的。

```
Polyline *polyline;
polyline = malloc(sizeof(Polyline) + sizeof(Point) *
(npoints-1));
      ↑npoints 是点的个数
```

但是，由于结构体的末尾有时会加入填充内容，所以在这种情况下，该方法多少会造成一些内存浪费。例如，在只能将 double 配置成 8 字节的环境中，如下所示的结构体的长度就会是 16。否则，Struct 的数组的长度就不是“sizeof(Struct) × 元素个数”了。

```
typedef struct {
    double d;
    char   c_array[1]
} Struct;
```

当该结构体末尾的 c_array 为可变长时，如果使用以下写法，那么填充部分的 7 字节就浪费掉了。

```
p = malloc(sizeof(Struct) + size - 1);
```

或许有人觉得这种程度的浪费根本无所谓，其实我也是不太在意的。如果你感到介意，那么可以使用下面的写法。

```
p = malloc(offsetof(Struct, c_array) + size);
```

offset() 是在 stddef.h 中定义的宏，它会返回结构体成员在结构体中所处的位置（位于第几个字节）。

4-2-11 柔性数组成员（C99）

在 ANSI C 中可变长结构体的技巧总归还是犯规技巧，但在 C99 中，它已经作为**柔性数组成员**正式地被纳入语言规范了。

使用柔性数组成员，折线的结构体可以声明成下面这样。

```
typedef struct {
    int npoints;
    Point point[]; // 请注意，这里没有写元素个数
} Polyline;
```

在实际分配内存空间时，要写成下面这样。

```
Polyline *polyline;
polyline = malloc(sizeof(Polyline) + sizeof(Point) * npoints);
                                    npoints是点的个数⬆
```

与在 ANSI C 中勉勉强强地实现可变长结构体时不同，这里不需要像 `npoints - 1` 这样减 1。

另外，对于在具有柔性数组成员的结构体中使用 `sizeof` 运算符后得到的结果，C99 中规定结构体的长度应当等于“使用未指定长度的数组替换柔性数组成员，其他部分都保持不变”的结构体的最后一个成员的偏移量*。因此，结构体的末尾也不会有填充。

* 该规定出自 C99 的 6.7.2.1 节，原文如下：the size of the structure shall be equal to the offset of the last element of an otherwise identical structure that replaces the flexible array member with an array of unspecified length. ——译者注

补充 指针可以指向数组的最后一个元素的下一个元素

我们曾多次提到，在 C 语言中，越界访问数组的行为基本上是不被认可的。严格来说，可变长结构体的技巧也是违反标准的，正如 1-3-5 节的“注意!”中所写，通过指针运算使指针指向数组范围以外的地方的行为是违反标准的，哪怕最后并没有通过该指针进行访问。

但是，对于指向数组的“最后一个元素的下一个元素”的指针，标准却认可了它的存在。

ANSI C Rationale 中以以下示例作为理由。

```
SOMETYPE array[SPAN];
/* ... */
for (p = &array[0]; p < &array[SPAN]; p++)
```

这是不使用循环计数器，而使用指针来遍历数组 `array` 的各个元素的循环。

那么在这个循环结束时，p 指向了哪里呢？答案是 &array[SPAN]。也就是说，它指向了 array 的最后一个元素的下一个元素的位置。

为了能够兼顾这样的老代码，C 语言的标准才允许了指针指向数组的“最后一个元素的下一个元素”。

话说回来，本书的建议是放弃使用指针运算，而使用下标访问。

如果从前大家就都这么做，那么标准里也就无须放进这么**奇葩**的例外规则了*。

* 不过，以前倒是可以使用指针运算写出效率更高的代码。

第5章

数据结构
——指针的真正用法

5-1 案例学习 1：计算单词的使用频率

前 4 章主要讲解了 C 语言中声明的解读方法以及数组与指针之间微妙的关系。

这些话题都属于 C 语言特有的内容，因此人们经常抱怨 C 语言的指针很难。

但一般说到指针，指的是构造链表或树形结构这种数据结构所必需的概念*。因此，比较正统的编程语言中毫无疑问地存在指针。本章将从构造更为通用的数据结构的角度对指针的用法进行说明。

* 对于链表这种程度的数据结构，如果有了集合库，在使用它时就无须顾及指针。

5-1-1 案例的需求

这里我们看一下求单词出现频率的程序，借此例题说明一下指针的用法。

我们将程序命名为 word_count。

```
> word_count 文件名
```

像这样将英语文本文件的文件名作为命令行参数传递给程序并运行，程序就会按照字母顺序对该文件中包含的英语单词进行排序，并加上各个单词出现的次数，然后将结果输出到标准输出。

当参数被省略时，程序就对从标准输入获取的输入内容进行处理。

补充 各种语言中指针的叫法

正如我们多次提到的那样，如果没有指针，就无法构造真正的数据结构，因此只要是比较正统的编程语言，其中就毫无疑问地存在指针。以前曾有人声称“Java 中没有指针”，但这只是个恶劣的**谣言***。Java 中也是有指针的，只不过在 Java 中，它被称为“引用”。Java 是只能通过指针来处理数组及对象的语言，因此在 Java 中要比在 C 语言中更加关注指针才行。

* 现在应该没人这么说了。

但是，Java 的引用与 C 语言的指针不同，不存在指针运算或与数组的兼容，也不能获取指向变量的指针，但如果因此就主张“Java 中没有指针”，那么 Pascal 中就也没有指针了。

在不同语言中，对相当于指针的对象的叫法也各不相同，除了 Java 之外，Lisp、Smalltalk、Perl（Ver.5 之后）、Ruby、Python 等都把相当于指针的对象称为“引用”。

Pascal、Modula 2、Modula 3 与 C 语言相同，都称之为“指针”。

Ada 中则称之为“访问类型”，真搞不懂为什么会起这个名字。

比较麻烦的是 C++，“指针”与“引用”在语法上是作为互不相同的概念存在的。

在 C++ 中，“指针”与 C 语言、Pascal 中的“指针”，以及 Java 等语言中的“引用”同义，而“引用”与 Java 等语言中的“引用”是不同的概念，C++ 中的“引用”原本应该称为“别名”（alias）。正因为是别名，所以一旦决定了它是“什么的别名”，就不能再更改了。

请大家注意，不要因为叫法相同就把 C++ 中的“引用”与其他语言的“引用”混淆起来，否则会引起混乱。

补充 引用传递

关于“引用”这个词，还有另外一个话题。

在 C 语言中，向函数传递参数时只能使用值传递，C 语言没有引用传递的功能。

不只是 C 语言，如今的大多数编程语言默认是值传递的。C++ 和 C# 中虽然有引用传递的功能，但这是可选的，并且各自都需要特别地指定（C++ 中用 `&` 指定、C# 中用 `ref` 指定）。

尽管如此，网络上仍然随处可见诸如“C 语言中数组是引用传递的”“Java 中数组和对象是引用传递的”“Python 的参数全部都是引用传递的”等莫名其妙的说明。这里必须澄清一下：上面的这些说明都是错误的。

所谓**引用传递**（call by reference），就是指被调用方对参数进行的更改会原封不动地反映到调用方的参数上。我们举一个在 C++ 中使用引用传递的例子，如代码清单 5-1 所示。

代码清单5-1
callbyreference.cpp

```
 1 #include <cstdio>
 2 
 3 void swap(int &a, int &b)
 4 {
 5     int temp;
 6 
 7     temp = a;
 8     a = b;
 9     b = temp;
10 }
11 
12 int main(void)
13 {
14     int a = 10;
15     int b = 20;
16 
17     swap(a, b);
18 
19     printf("a..%d, b..%d\n", a, b);
20 }
```

代码清单 5-1 实现了用于交换两个变量的值的 swap() 函数。可以看出，main() 函数的局部变量 a 和 b 的值通过调用 swap() 被改变了。

可能有人会说：“这样一来，Java 的数组不也是引用传递了吗?”然而事实并不是这样的。我们试着用 Java 的数组编写了 swap() 函数（代码清单 5-2），通过运行结果可以看出，a 与 b 并没有被交换。

代码清单5-2
JavaSwap.java

```
1 import java.util.Arrays;
2 
3 class JavaSwap {
4     public static void main(String[] args) {
5         int[] a = new int[] {1, 2};
6         int[] b = new int[] {3, 4};
```

```
7
8           System.out.println("a.." + Arrays.toString(a)
9                               + ", b.." + Arrays.toString(b));
10          swap(a, b);
11          System.out.println("a.." + Arrays.toString(a)
12                              + ", b.." + Arrays.toString(b));
13      }
14
15      private static void swap(int[] a, int[] b) {
16          int[] temp;
17
18          temp = a;
19          a = b;
20          b = temp;
21      }
22  }
```

运行结果如下所示。

```
>java JavaSwap
a..[1, 2], b..[3, 4]
a..[1, 2], b..[3, 4]  ⬅调用了 swap()，但没有发生任何变化
```

Java 的数组是引用类型，因此应该可以通过改写 a 或 b **指向的数组**来改写从调用方传递过来的数组的内容。然而，被指定为参数的 a 和 b 是不能被改写的，因此这根本称不上是引用传递。

关于 Java 中的数组类型变量的接收和传递，可以用图 5-1 说明。

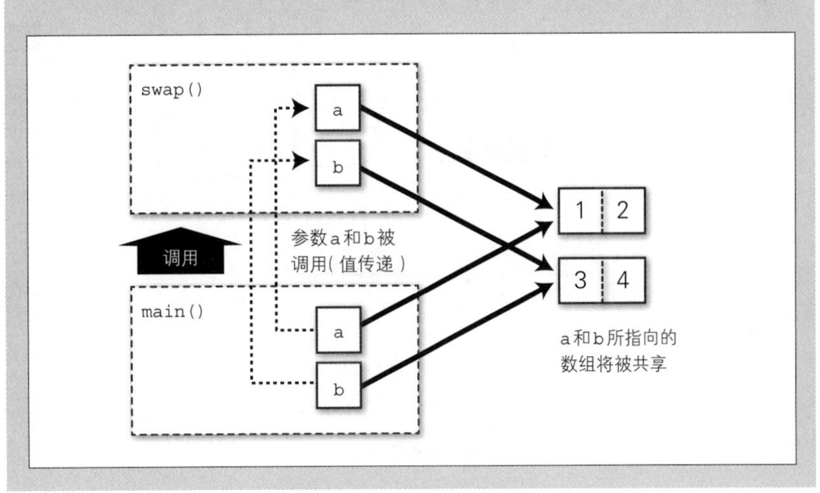

图5-1 Java中的数组的接收和传递

在代码清单 5-2 中，虽然交换了参数 a 和 b，但并未对调用方产生影响，那是因为 Java 的数组也一样，（与 C 语言、Java 的原始类型一样）在将其作为参数传递时，传递的是副本。也就是说，这就是单纯的值传递。只不过，由于被值传递的是引用（即 C 语言中的指针），所以在被调用方，它所指向的内容是可以被改写的。

有时这也叫作“引用的值传递”，但只不过被传递的是引用而已，其本质上还是值传递。我也曾经听到过“既然传递的是引用，那就把它叫作引用传递不就好了嘛”这种任性的主张，但专业术语可不是这么轻率不负责任的。要是仅凭感觉就随意改变定义，那人们就无法交流了*。

* 话说回来，“引用传递”这个词原本指的只是 Pascal 中的“变量参数”的实现手段，现在却被用来表示参数的传递方式，实属不幸。

5-1-2 设计

在开发大型程序时，将程序分割成多个功能单元（模块）非常重要。下面作为练习，我们来编写一个规模极小的程序，尝试一下分割模块。

假设需要如图 5-2 所示对 word_count 程序整体进行分割。

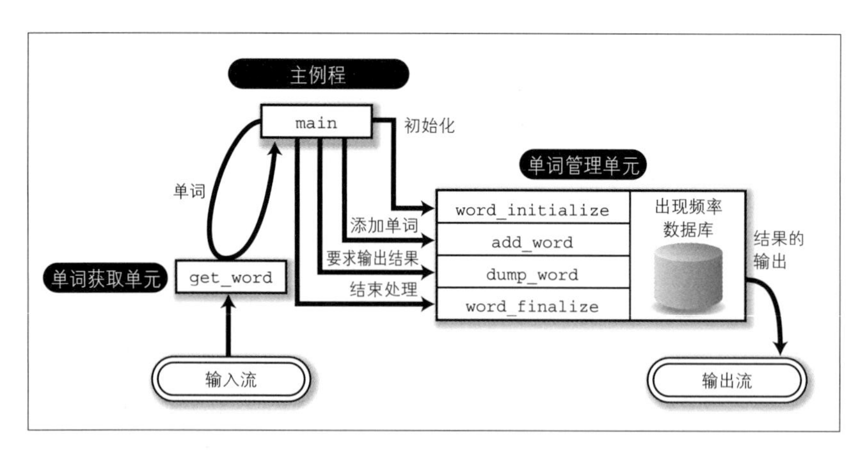

图 5-2 word_count 的模块结构

1. **单词获取单元**

   从输入流（文件等）一个一个地获取单词。

2. **单词管理单元**

   管理单词。最终的输出功能也要在这里。

3. 主例程

统一管理上述两个模块。

关于单词获取单元的实现，我们已经在 1-4-6 节中写过了，这里可以直接使用 *。

* 本书的内容安排都是有预谋的，哈哈！

在 get_word() 中，调用方对单词的字符个数进行了限制。虽然也存在无论如何这一限制都不受认可的情况 *，但这里我们暂且不去理会这些问题。临时缓冲区取 1024 个字节应该就足够了。

* 此时，可以考虑采用 4-2-4 节中介绍的方法。

关于“英语单词”的定义也一样，如果严密地去考虑，那就没完没了了，因此这里就结合已经编写完成的 get_word() 的实现，将通过 C 语言的宏 isalnum()（ctype.h）返回真的连续的字符视作单词。

单词获取单元对其他单元的接口如代码清单 5-3 所示。单词获取单元的使用者只要 #include 该头文件即可。

代码清单 5-3
get_word.h

```
1  #ifndef GET_WORD_H_INCLUDED
2  #define GET_WORD_H_INCLUDED
3  #include <stdio.h>
4
5  int get_word(char *buf, int size, FILE *stream);
6
7  #endif /* GET_WORD_H_INCLUDED */
```

接下来看一下本次的主题——单词管理单元。

单词管理单元提供了以下 4 个函数作为外部接口。

1. 初始化

void word_initialize(void);

对单词管理单元进行初始化。使用单词管理单元的一方必须在一开始就调用 word_initialize()。

2. 单词的添加

void add_word(char *word);

向单词管理单元添加单词。

add_word() 为传递进来的字符串动态分配所需的内存空间，并将字符串保存在该内存空间内。

3. 单词出现频率的输出

void dump_word(FILE *fp);

按字母顺序对通过 add_word() 添加的单词进行排序，并附加上各个单词的出现次数（调用 add_word() 的次数），然后输出到通过 fp 指定的流。

4. 结束处理

void word_finalize(void);

对单词管理单元进行结束处理。当单词管理单元使用完毕时，最后应该调用 word_finalize()。

在调用 word_finalize() 之后调用 word_initialize()，就可以重新开始（在此前添加的单词被清空的状态下）使用单词管理单元了。

将上述内容整理成头文件，得到代码清单 5-4。

代码清单 5-4
word_manage.h

```
 1 #ifndef WORD_MANAGE_H_INCLUDED
 2 #define WORD_MANAGE_H_INCLUDED
 3 #include <stdio.h>
 4 
 5 void word_initialize(void);
 6 void add_word(char *word);
 7 void dump_word(FILE *fp);
 8 void word_finalize(void);
 9 
10 #endif /* WORD_MANAGE_H_INCLUDED */
```

主例程只需针对输入的内容奋力地调用 get_word()，然后从右往左地执行 add_word()，并在最后调用 dump_word() 即可，如代码清单 5-5 所示。

代码清单 5-5
main.c

```
 1 #include <stdio.h>
 2 #include <stdlib.h>
 3 #include "get_word.h"
 4 #include "word_manage.h"
 5 
 6 #define WORD_LEN_MAX (1024)
 7 
 8 int main(int argc, char **argv)
 9 {
10     char         buf[WORD_LEN_MAX];
11     FILE         *fp;
12 
13     if (argc == 1) {
14         fp = stdin;
```

```
15     } else {
16         fp = fopen(argv[1], "r");
17         if (fp == NULL) {
18             fprintf(stderr, "%s:%s can not open.\n",
argv[0], argv[1]);
19             exit(1);
20         }
21     }
22
23     /* 初始化单词管理单元 */
24     word_initialize();
25
26     /* 一边读入文件，一边添加单词 */
27     while (get_word(buf, WORD_LEN_MAX, fp) != EOF) {
28         add_word(buf);
29     }
30     /* 输出单词的出现频率 */
31     dump_word(stdout);
32
33     /* 单词管理单元的结束处理 */
34     word_finalize();
35
36     return 0;
37 }
```

在代码清单 5-5 中，我们特意为 WORD_LEN_MAX 取了一个比较大的值，但这只是提供给临时缓冲区的空间的大小。add_word() 会自行分配所需的内存空间，然后将字符串复制到那里（需求中也是这么写的），因此并不会浪费太多的内存空间。

另外，为使示例程序简单明了，本章中的所有程序都省略了对 malloc() 的返回值的检查。

补充 关于头文件的写法

在编写头文件时，有两大**必须**遵守的原则。

1. 所有的头文件中都要添加用于防止重复 #include 的保护。
2. 所有的头文件都可以被单独地 #include。

所谓“用于防止重复 #include 的保护”，就是 word_manage.h（代码清单 5-4）中也写过的下面这样的代码。

```
#ifndef WORD_MANAGE_H_INCLUDED
#define WORD_MANAGE_H_INCLUDED
        :
#endif /* WORD_MANAGE_H_INCLUDED */
```

像上面这样添加了保护之后，当该头文件被多次 `#include` 时，其内容全都会被无视，因此不会出现重复定义的错误。

第二个原则是，如果在某个头文件（假设为 a.h）中需要用到其他的头文件（b.h）（a.h 中使用了 b.h 中定义的类型或宏），就要在 a.h 的开头 `#include` b.h。例如，由于 word_manage.h 中使用了 `FILE` 结构体，所以 word_manage.h 中就 `#include` 了 stdio.h。

虽然有不少人对 `#include` 的嵌套感到厌恶*，但当 a.h 中需要用到 b.h 时，如果不使用 `#include` 的嵌套，就要在所有使用 a.h 的地方写下面这样的代码。

* 论述C语言编程风格指南的经典论文《印第安山风格指南》（即 *Indian Hill C Style and Coding Standards*）中也表达了“不要使用 #include 嵌套”的观点。可是，不管是在附属于C语言运行环境的头文件中，还是在被广泛使用的开源软件中，头文件都经常被嵌套使用。

```
#include "b.h"
#include "a.h"
```

没人会干这样的傻事。这样写不但麻烦，而且就算将来情况发生了变化，a.h 不再依赖于 b.h 了，这两行代码恐怕也还是会永远地留在代码中。另外，如果这么做，在开发现场的程序员就会做出以下的考虑：

究竟是哪个文件依赖于哪个文件啊？真是搞不明白，那就干脆照搬已经通过编译的 .c 文件中开头的 `#include` 吧。

这样一来，原本并不需要的头文件就会源源不断地被 `#include` 进来。

Makefile（假设用手工编写）的依赖关系现在都是用工具（gcc 的 -MM 选项等）自动生成的，所以嵌套头文件不会带来什么麻烦。

关于头文件，还有一项叫作“应将公有与私有分开”的原则，我们会在后面进行讲述。

要点

在编写头文件时必须遵守以下原则。

1. 所有的头文件中都要添加用于防止重复 **`#include`** 的保护。
2. 所有的头文件都可以被单独地 **`#include`**。

5-1-3 数组版

我们先来讨论一下如何使用数组实现 word_count 的单词管理单元的数据结构。

在使用数组管理单词时，可以考虑以下方法。

1. 将单词与其出现次数整合成结构体。
2. 生成该结构体的数组，以此管理各个单词的出现频率。
3. 为简化单词的添加与结果输出，总是以按单词的字母顺序排序的形式对数组进行管理。

基于此方针编写的头文件为 word_manage_p.h（代码清单 5-6）。

代码清单5-6 word_manage_p.h（数组版）

```
 1 #ifndef WORD_MANAGE_P_H_INCLUDED
 2 #define WORD_MANAGE_P_H_INCLUDED
 3 #include "word_manage.h"
 4
 5 typedef struct {
 6     char        *name;
 7     int         count;
 8 } Word;
 9
10 #define WORD_NUM_MAX    (10000)
11
12 extern Word     word_array[];
13 extern int      num_of_word;
14
15 #endif /* WORD_MANAGE_P_H_INCLUDED */
```

关于向该数组添加新单词的步骤，首先可以考虑以下方法。

1. 从头开始遍历数组，一旦发现相同单词，就对该单词的出现次数加 1。
2. 未发现相同单词，但遍历到了比该单词“大”的单词（按在字典中出现的顺序排列时，位于某单词之后的单词）时，就将该单词插入到更“大”的单词的前面。

往数组中插入单词的步骤如下所示（图 5-3）。

① 将要插入单词的位置后的元素逐一向后移动。

② 将新元素保存到空出来的位置中。

图5-3
向数组插入元素

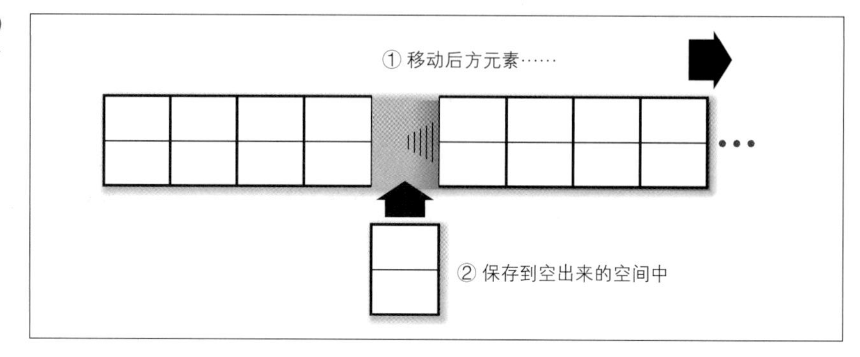

这里有一个问题：在每次插入单词时，都必须移动数组中后方的元素。

另外，数组的元素个数需要在一开始就确定。当然，正如 4-1-3 节中所说，也可以在动态分配数组的内存空间之后，使用 realloc() 一点一点地进行扩展，但我们应该避免频繁地使用 realloc() 对庞大的内存空间进行扩展（2-6-5 节）。

如果使用下一节中将讲解的链表，就可以回避这些问题*。

* 话说回来，数组也并非一无是处。对已经排好序的数组进行查找，速度会快得惊人——这就是数组的优点。对此，5-1-5 节中将进行说明。

数组版单词管理单元如代码清单 5-7、代码清单 5-8、代码清单 5-9 和代码清单 5-10 所示。

代码清单5-7
initialize.c（数组版）

```
 1 #include "word_manage_p.h"
 2 
 3 Word    word_array[WORD_NUM_MAX];
 4 int     num_of_word;
 5 
 6 /************************************************************
 7  * 初始化单词管理单元
 8  ************************************************************/
 9 void word_initialize(void)
10 {
11     num_of_word = 0;
12 }
```

代码清单5-8
add_word.c（数组版）

```
 1 #include <stdio.h>
 2 #include <stdlib.h>
 3 #include <string.h>
 4 #include "word_manage_p.h"
 5 
 6 /*
 7  * 将位于index后方的元素（包括index）逐一后移
```

```
 8   */
 9  static void shift_array(int index)
10  {
11      int src;     /* 复制源的索引 */
12  
13      for (src = num_of_word - 1; src >= index; src--) {
14          word_array[src+1] = word_array[src];
15      }
16      num_of_word++;
17  }
18  
19  /*
20   * 复制字符串
21   * 在某些运行环境中会存在strdup()函数
22   * 但标准中没有strdup()函数，因此这里需要自制
23   */
24  static char *my_strdup(char *src)
25  {
26      char        *dest;
27  
28      dest = malloc(sizeof(char) * (strlen(src) + 1));
29      strcpy(dest, src);
30  
31      return dest;
32  }
33  
34  /**********************************************************
35   * 添加单词
36   **********************************************************/
37  void add_word(char *word)
38  {
39      int i;
40      int result;
41  
42      if (num_of_word >= WORD_NUM_MAX) {
43          /* 如果单词的数量超过了数组的元素个数，就执行异常终止 */
44          fprintf(stderr, "too many words.\n");
45          exit(1);
46      }
47      for (i = 0; i < num_of_word; i++) {
48          result = strcmp(word_array[i].name, word);
49          if (result >= 0)
50              break;
51      }
52      if (num_of_word != 0 && result == 0) {
53          /* 发现了相同的单词 */
```

```
54          word_array[i].count++;
55      } else {
56          shift_array(i);
57          word_array[i].name = my_strdup(word);
58          word_array[i].count = 1;
59      }
60  }
```

代码清单5-9
dump_word.c（数组版）

```
 1  #include <stdio.h>
 2  #include "word_manage_p.h"
 3
 4  /************************************************************
 5   * 对单词列表进行转储
 6   ************************************************************/
 7  void dump_word(FILE *fp)
 8  {
 9      int         i;
10
11      for (i = 0; i < num_of_word; i++) {
12          fprintf(fp, "%-20s%5d\n",
13                  word_array[i].name, word_array[i].count);
14      }
15  }
```

代码清单5-10
finalize.c（数组版）

```
 1  #include <stdlib.h>
 2  #include "word_manage_p.h"
 3
 4  /************************************************************
 5   * 执行单词管理单元的结束处理
 6   ************************************************************/
 7  void word_finalize(void)
 8  {
 9      int i;
10
11      /* 释放单词所占用的内存空间 */
12      for (i = 0; i < num_of_word; i++) {
13          free(word_array[i].name);
14      }
15
16      num_of_word = 0;
17  }
```

5-1-4 链表版

* 当然，在删除元素时，如果想将空出来的位置填满，也需要移动其后的元素。虽说删除时设置一个“删除标志”放在那儿也可以解决此问题，但这毕竟不是什么正规的做法，如果能不用还是不要用。毕竟在某些情况下，可能就无法使用这种办法解决问题了。

在上一节中，我们指出了数组版的实现中存在以下问题。

- 当需要在中途插入元素时，必须移动其后所有的元素，效率差*。
- 需要在一开始就确定元素的最大个数。虽然可以使用 realloc() 一点一点地扩展内存，但应当避免对庞大的内存空间使用此方法。

对于这些问题，可以使用称为**链表**（linked list）的数据结构解决。

所谓链表，就是将节点这一组成部分通过指针以锁链状连接而成的数据结构（图 5-4）。

图 5-4 链表

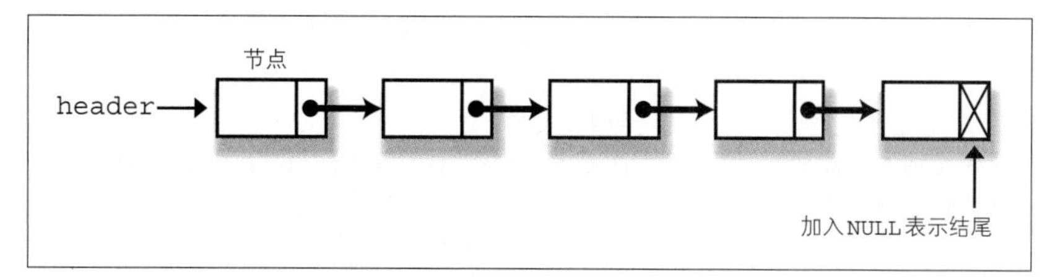

* 关于该声明的写法，请同时参考 2-6-1 节的相关内容。

为了通过链表管理单词，这里像下面这样为结构体 Word 添加了指向下一个元素的指针 next*。

```
typedef struct Word_tag {
    char *name;
    int  count;
    struct Word_tag *next;
} Word;
```

然后就可以通过这个 next 指向下一个元素了。

链表版的 word_manage_p.h 如代码清单 5-11 所示。

代码清单 5-11 word_manage_p.h（链表版）

```
1 #ifndef WORD_MANAGE_P_H_INCLUDED
2 #define WORD_MANAGE_P_H_INCLUDED
3
4 #include "word_manage.h"
5
6 typedef struct Word_tag {
7     char                    *name;
8     int                     count;
```

```
 9     struct Word_tag     *next;
10 } Word;
11
12 extern Word *word_header;
13
14 #endif /* WORD_MANAGE_P_H_INCLUDED */
```

对于链表来说，只要后续还有内存，就可以不断地为 Word 分配内存空间，从而扩展链表。与使用 realloc() 扩展数组时不同，扩展链表不需要连续的内存空间，因此也不存在效率极端低下的问题。

另外，链表的插入、删除都非常方便，这也是它的一个优点。在使用数组时，插入元素时必须移动所有位于插入位置之后的元素，而在使用链表时，只需更换一下指针就万事大吉了。这是因为，链表中的元素无须在内存中按顺序排列。

下面列举几种针对链表的基本操作。

1. 查找

在从链表中查找元素时，需要按顺序遍历指针*。

* 如下代码中的 pos 是 position（位置）的缩略写法。

```
/* 假设header中保存了初始元素 */
for (pos = header; pos != NULL; pos = pos->next) {
    if (找到了目标元素)
        break;
}
if (pos == NULL) {
    /* 未找到目标元素时的处理 */
} else {
    /* 找到了目标元素时的处理 */
}
```

2. 插入

当知道指向某个元素的指针 pos 时，可以通过以下操作在该元素的**后方**插入元素 new_item（图 5-5）。

```
new_item->next = pos->next;
pos->next = new_item;
```

图5-5
对链表添加元素

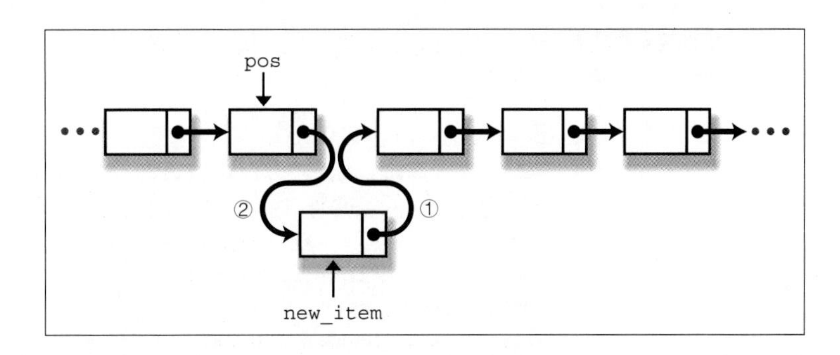

当 pos 指向最后一个元素时，似乎需要区分不同情况，但其实使用这种方法依旧可以正确地向链表末尾添加元素。

在像本例这样的“单向”链表中，当知道指向某个元素的指针时，我们无法在该元素的前方插入元素*。这是因为在单向链表中，我们无法追溯到某个元素前方的元素。

* 实际上，如果使用“向 pos 的后方添加元素，然后交换它们的内容”这一技巧，就可以使之看上去像是向 pos 的前方添加了元素一样。但在 C 语言中，一般在构造链表时数据部分本身放入的就是指针，此时如果只移动内容，那么当程序的某处有指针指向该元素时，就会比较麻烦，因此我觉得还是不要这么做比较稳妥。

3. 删除

当知道指向某个元素的指针 pos 时，可以通过以下操作删除位于该元素的后方的元素（图 5-6）。

```
temp = pos->next;
pos->next = pos->next->next;
free(temp);
```

图5-6
从链表删除元素

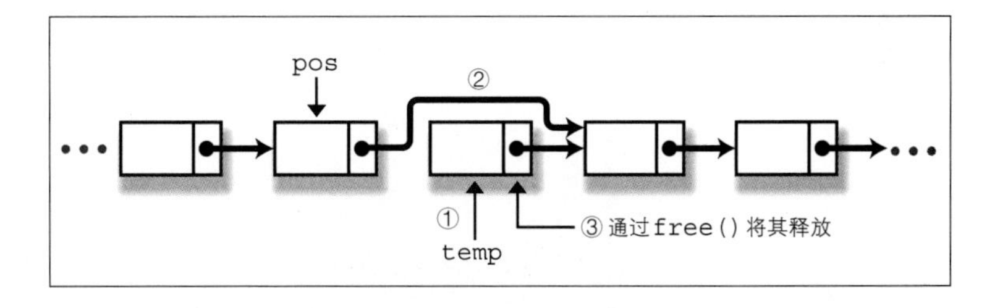

在单向链表中，如果只知道指向某个元素的指针，是无法删除该元素本身的*。这也是因为在单向链表中，我们无法追溯到某个元素前方的元素。

* 在这种情况下，如果使用“将 pos 后方的元素内容复制到 pos 中，然后删除 pos 后方的元素”这一技巧，其实是可以将该元素删除的。但这种做法会导致链表中最后一个元素无法删除。

链表版单词管理单元的代码如代码清单 5-12、代码清单 5-13、代码清单 5-14 和代码清单 5-15 所示。

代码清单5-12
initialize.c（链表版）

```
#include "word_manage_p.h"

Word *word_header = NULL;

/************************************************************
 * 初始化单词管理单元
 ************************************************************/
void word_initialize(void)
{
    word_header = NULL;
}
```

代码清单5-13
add_word.c（链表版）

```
#include <stdio.h>
#include <stdlib.h>
#include <string.h>
#include "word_manage_p.h"

/*
 * 复制字符串
 * 在某些运行环境中会存在strdup()函数
 * 但标准中没有strdup()函数，因此这里需要自制
 */
static char *my_strdup(char *src)
{
    char        *dest;

    dest = malloc(sizeof(char) * (strlen(src) + 1));
    strcpy(dest, src);

    return dest;
}

/*
 * 生成新的Word结构体
 */
static Word *create_word(char *name)
{
    Word        *new_word;

    new_word = malloc(sizeof(Word));

    new_word->name = my_strdup(name);
    new_word->count = 1;
    new_word->next = NULL;

```

```
34     return new_word;
35 }
36
37 /************************************************************
38  * 添加单词
39  ************************************************************/
40 void add_word(char *word)
41 {
42     Word        *pos;
43     Word        *prev;  /* 指向pos前一个元素的指针*/
44     Word        *new_word;
45     int         result;
46
47     prev = NULL;
48     for (pos = word_header; pos != NULL; pos = pos->next) {
49         result = strcmp(pos->name, word);
50         if (result >= 0)
51             break;
52
53         prev = pos;
54     }
55     if (word_header != NULL && result == 0) {
56         /* 发现了相同的单词 */
57         pos->count++;
58     } else {
59         new_word =  create_word(word);
60         if (prev == NULL) {
61             /* 插入到链表头部 */
62             new_word->next = word_header;
63             word_header = new_word;
64         } else {
65             new_word->next = pos;
66             prev->next = new_word;
67         }
68     }
69 }
```

代码清单5-14 dump_word.c（链表版）

```
1 #include <stdio.h>
2 #include "word_manage_p.h"
3
4 /************************************************************
5  * 对单词列表进行转储
6  ************************************************************/
7 void dump_word(FILE *fp)
8 {
```

```
 9     Word        *pos;
10
11     for (pos = word_header; pos; pos = pos->next) {
12         fprintf(fp, "%-20s%5d\n",
13                 pos->name, pos->count);
14     }
15 }
```

代码清单 5-15
finalize.c（链表版）

```
 1 #include <stdlib.h>
 2 #include "word_manage_p.h"
 3
 4 /************************************************************
 5  * 执行单词管理单元的结束处理
 6  ************************************************************/
 7 void word_finalize(void)
 8 {
 9     Word        *temp;
10
11     /* 通过free()释放所有已添加的单词 */
12     while (word_header != NULL) {
13         temp = word_header;
14         word_header = word_header->next;
15
16         free(temp->name);
17         free(temp);
18     }
19 }
```

add_word() 采用了与数组版相同的方针：从头开始按顺序遍历链表，当遍历到了比该单词“大”的单词（按在字典中出现的顺序排列时，位于某单词之后的单词）时，就将该单词插入到更“大”的单词的前面。

由于在单向链表中，在发现比该单词“大”的单词时，无法在其前面执行插入操作，所以示例程序中使用了指针 prev，该指针指向 pos 的前一个元素。

word_finalize() 通过 free() 将链表中的元素全都释放了。用一句话来概括，就是“从链表的初始元素开始，将元素一个一个地切断，然后通过 free() 释放掉”。

在这种情况下，常常有人写出下面这样的代码。

```
Word *pos;
/* 从头开始按顺序遍历链表，然后(打算)通过free()释放 */
for (pos = word_header; pos != NULL; pos = pos->next) {
```

```
    free(pos->name)
    free(pos);
}
```

这段代码是**错误**的。如果通过 free() 将 pos 给释放掉了，那这里就无法引用 pos->next 了。但是，根据环境和状况不同，这样的程序**有时也能跑起来**，因此这种做法反而会使情况变得更加糟糕（2-6-4 节）。

补充 头文件的公有和私有

关于单词的出现频率问题中的单词管理单元，我们编写了“数组版”与“链表版”两种程序。

但单词管理单元对外公开的头文件 word_manage.h **连一个字符都没有修改**。因此，即便单词管理单元的实现方法从数组变为了链表，使用它的那一方（main.c）也不需要进行任何修改，就连重新编译的必要都没有（只要重新链接就可以了）。

在单词管理单元中，我们将对外公开的头文件 word_manage.h 与用于在单词管理单元内部共享信息的头文件 word_manage_p.h 完全分离开了。这样一来，不论怎么修改单词管理单元内部的实现，都不会对使用方产生影响。

我们一般将对外公开的头文件称为**公有头文件**，而将用于在内部共享信息的头文件称为**私有头文件**。

由于私有头文件的内部大多会使用公有头文件中提供的类型或者宏，所以私有头文件在多数情况下会 #include 公有头文件。

但是，在公有头文件中，不论是直接地还是间接地，都绝对不能 #include 私有头文件。打个比方，这就相当于：虽然一家公司对外公开发布的内容可以写到面向公司内部的文件中，但如果是面向公司内部的（内部机密）文件，则其内容绝对不可以写到对外公开发布的宣传资料中。

只要遵守这一方针，私有头文件中的内容就不会被泄露给该模块的使用者，这样就可以将大型程序分割给多个团队进行开发了。

更进一步来说，在大型项目的情况下，函数名、全局变量名、写在公有头文件中的类型名、宏名就需要借助命名规则来避免名称冲突*。不过在这次的示例程序中，我们并没有做到这么规范。

* 在 Java、C# 和 C++ 这样能够控制命名空间的语言中，似乎就没有必要依赖命名规则了，但事实上，如果起的是 List 这种简单的名称，还是会发生冲突，而在 Java 的 Swing 中也需要添加 J 作为前缀，所以其实还是需要遵守命名规则的。

补充　当需要同时处理多个数据时

在现在的应用程序（MS-Word 或 MS-Excel 等）中，同时打开多个文件并在不同的窗口中编辑，这是再普通不过的事情了。

但是，在这次的单词管理单元中，不论是数组版还是链表版，都把数据的“根源”存放在了全局变量中。由于全局变量在同一时刻只能存在一个，所以我们也就无法同时处理多个数据。如果只是统计单词出现频率的程序，可能这样也没什么关系，但一般来说，这种情况还是非常令人头疼的。

对于这个问题，通常的解决办法是将保存数据的“根源”的部分写成结构体。链表版中可以写成下面这样。

```
typedef struct {
    Word *word_header;
} WordManager;
```

然后，在 word_initialize() 中，通过 malloc() 分配新的 WordManager，并将该指针通过返回值返回，如下所示。

```
WordManager *word_initialize(void);
```

接下来，如下所示将单词管理单元的其他函数全部写成“使用第 1 个参数来传递指向 WordManager 的指针”的形式。

```
void add_word(WordManager* word_manager, char *word);
void dump_word(WordManager* word_manager, FILE *fp);
void word_finalize(WordManager* word_manager);
```

这样一来，单词管理单元的使用者就可以通过管理多个 WordManager 来同时处理多个数据了。

不过，由于 WordManager 类型被声明在了公有头文件中，所以 Word 类型也是必需的，这样一来，“使用了链表”这一实现细节就会被泄露给使用者。

对于使用者来说，所需的只有指向 WordManager 的指针，并不需要知道实现细节。在这种情况下，通常采用在公有头文件中声明一个不完全类型的做法，如下所示。

```
typedef struct WordManager_tag WordManager;
```

然后，如下所示在私有头文件中对 struct WordManager_tag 赋予实体。

```
struct WordManager_tag {
    Word *word_header;
};
```

这样就可以避免将结构体的内容暴露给使用者，实现让使用者仅使用指向结构体的指针。

补充 迭代器

在这次的 word_count 程序中，我们将用于输出单词使用频率列表的 dump_word() 函数包含在了单词管理单元中。虽然在某些情况下这样是可以的，但有时我们也会遇到使用者想要改变 dump_word() 的输出格式的情况。

在这种情况下，要想让使用者能够自己通过 for 循环自制一个相当于 dump_word() 的替代品，按一般的想法，就必须将数组或链表这样的单词管理单元内部的数据结构暴露给使用者。

如果为了避免直接将内部数据暴露出来，而向单词管理单元添加了像下面这样的“获取第 n 个单词的信息”的函数。

```
/*
 * 返回按字母顺序排列的第n个单词
 * 通过返回值返回该单词，将出现次数保存在count指向的地址中
 */
char *get_nth_word(int n, int *count);
```

姑且不论数组，先看一下链表中的情况，要想获取“第 n 个元素”，就必须从头开始循环，在这种情况下，到了链表中后面的部分，程序的性能就会大幅降低。

此时，也可以考虑准备如下一系列函数。

```
/* 将指向单词的光标移到链表开头 */
void move_to_first_word(void);
/*
 * 返回当前光标所指的单词，光标前进一格
 * 在对最后一个单词调用完该函数之后的那次调用中，返回NULL
 */
char *get_next_word(int *count);
```

有了这些函数以后，在调用方就可以像下面这样使用。

```
char *word;
int count;

move_to_first_word();
while ((word = get_next_word(&count)) != NULL) {
    /* 使用word和count执行处理 */
}
```

可能在有些情况下这种做法就已经足以满足需求了，但在使用该方法时，指向当前单词的光标需要保存在单词管理单元的内部。如果将它保存在全局变量或文件内的 static 变量中，那么由于同一时刻只能保存一个变量，所以像“嵌套双重循环，匹配全部内容”这样的功能就无法实现了。

对此，可以借助**迭代器**（iterator）这一概念来解决。虽然迭代器相当于上面所说的光标，但由于迭代器的内部持有表明当前指向哪个单词的信息，所以使用者可以同时使用多个迭代器。

最近的编程语言大多提供了迭代器这种功能，但如果用 C 语言来实现，就需要将公有头文件写成下面这样。

```
/* 通过不完全类型提供迭代器的类型 */
typedef struct WordIterator_tag WordIterator;

/* 获取迭代器 */
WordIterator *get_word_iterator(void);
/*
 * 返回迭代器指向的单词，迭代器前进一步
 * 在最后一个单词的下一次调用时，返回NULL
 */
char *get_next_word(WordIterator *iterator, int *count);
/* 释放迭代器的内存 */
void free_word_iterator(WordIterator *iterator);
```

在这种情况下，在数组版中则需要在私有头文件中像下面这样将当前单词的下标* 保存在 WordIterator 结构体中。然后，在 get_word_iterator() 中通过 malloc() 为该结构体分配空间并返回给使用者即可。

* 由于这种类型（Java 类型）的迭代器指向的是“元素与元素之间”，所以准确来说，应该是“接下来要返回的单词的下标”。

```
struct WordIterator_tag {
    int current_word_index;
};
```

5-1-5　添加查找功能

目前的 word_count 只是用来读入文本文件并对统计信息进行转储，不过既然好不容易收集并统计了文本文件中的单词出现频率，不妨再实现一个能够查找该单词出现了几次的功能。

因此，我们思考一下如何在单词管理单元中添加如下所示的功能。

```
/* 返回通过word指定的单词的出现次数 */
int get_word_count(char *word);
```

最简单的方法就是从头开始按顺序遍历那些用数组或者链表管理的单词，从而查找目标单词，这种方法称为**线性查找**（linear search）。但是如果数据已经在数组中排好了序，那么可以使用更为高效的查找方法，即**二分查找**（binary search）。

二分查找的步骤如下所示。

1. 选择位于数组中间位置的元素。
2. 如果该元素
   ① 就是需要查找的元素，结束查找；
   ② 比需要查找的元素小，对该元素之后的数组重复执行相同的步骤；
   ③ 比需要查找的元素大，对该元素之前的数组重复执行相同的步骤。

我们在查词典时使用的就是与此类似的方法。

get_word_count() 的数组版的实现示例如代码清单 5-16 所示。

代码清单5-16
get_word_count.c

```
 1 #include <stdio.h>
 2 #include <string.h>
 3 #include "word_manage_p.h"
 4 
 5 /**********************************************************
 6  * 返回某个单词的出现次数
 7  **********************************************************/
 8 int get_word_count(char *word)
 9 {
10     int left = 0;
11     int right = num_of_word - 1;
12     int mid;
13     int result;
```

```
14
15     while (left <= right) {
16         mid = (left + right) / 2;
17         result = strcmp(word_array[mid].name, word);
18         if (result < 0) {
19             left = mid + 1;
20         } else if (result > 0) {
21             right = mid - 1;
22         } else {
23             return word_array[mid].count;
24         }
25     }
26     return 0;
27 }
```

不过，这种方法只在查找对象为数组的情况下有效。因为链表无法（快速地）搜寻到位于中间位置的元素，所以不能使用二分查找。

没有哪个数据结构是万能的，它们各有各的优点和缺点。对于我们来说，重要的是根据实际情况选择合适的数据结构。

例如，在单个元素较大的情况下，就可以考虑使用指针的可变长数组这种方法（图 5-7）。

图 5-7
使用指向元素的指针的数组

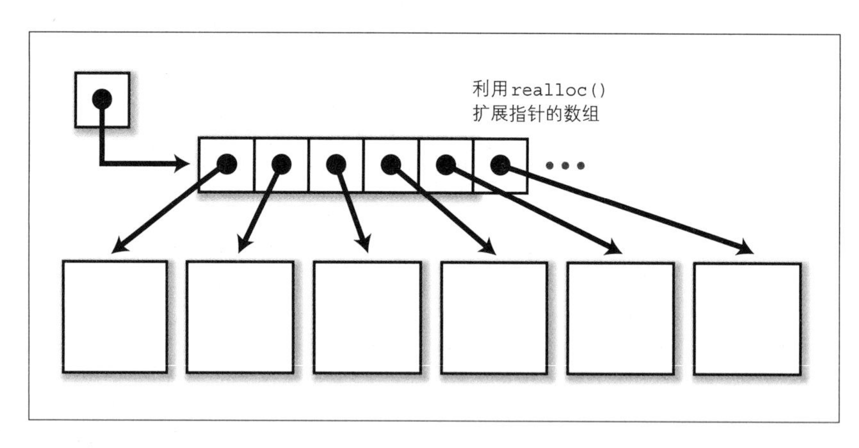

在使用这种方法时，即使单个元素很大，指针数组的内存空间本身也不会变大，因此我们或许可以通过 realloc() 一点一点地使数组得以扩展*。而且，使用这种方法，还可以在查找时使用二分查找法。

* 当然，如果元素个数非常多，那么就算只是使用 realloc() 扩展指针数组的内存空间，也可能导致内存不足。

补充 翻倍游戏

如果数据量比较少，那么不论是使用线性查找还是使用二分查找，在效率上并不会出现太大的差别。但是，随着数据量的增加，二分查找在速度上就会呈现出**压倒性**的优势。

对此，可能有人会产生下面这样的想法。

> 真的吗？二分查找会使程序变复杂，从而导致运行速度下降，这一点跟自身优势相互抵消之后，二分查找与线性查找其实也没有太大差别吧？

就线性查找来说，随着数据量的增加，其所需的查找时间会成比例增加。但是，就二分查找来说，即使数据量**翻倍**，查找次数也只会增加 1 次。这就意味着，即使数据量大到不现实的程度，也可以在极短的时间内完成查找。

为了让大家更加直观地体会这一点，这里打个比方。

假设有一张报纸，它的厚度是 0.1 mm。将报纸对折，厚度变为 0.2 mm。再次对折，则变为 0.4 mm。

那么，对折 100 次之后，厚度会是多少呢？

当然，实际上是折不了那么多次的，当折不了的时候，就把它切成两份叠起来也可以。总之，在重复了 100 次数学上的“厚度翻倍”之后，最终的厚度会变成多少呢？

1 m 左右？不对不对，完全不对。答案是**大约 134 亿光年**。如果你觉得这是信口开河，就用手边的计算器计算一下吧（1 光年算作 94 600 000 000 000 km）。

也就是说，在使用二分查找的情况下，对“134 亿光年 / 0.1 mm”个数据，只需循环 100 次就可以完成查找。如果对相同数量的数据使用线性查找……唉，在我有生之年恐怕是看不到结果了*。

* 所以，对于哆啦 A 梦的那些道具，我觉得最吓人的并不是“地球毁灭炸弹”（《瓢虫漫画》第 7 卷），而是“倍倍液”（《瓢虫漫画》第 17 卷）（哈哈）。

5-1-6 其他数据结构

其他的数据结构有下面这些。

■双向链表

前面提到的链表指的都是单向链表。

单向链表不能“回溯”，因此它具有以下缺点。

1. 在向链表添加元素时，必须知道位于添加位置之前的元素。
2. 在从链表删除元素时，必须知道位于要被删除的元素之前的元素。
3. 不能（简单地）实现逆向遍历链表。

如果使用**双向链表**（doubly linked list），就可以解决这些问题（图 5-8）。

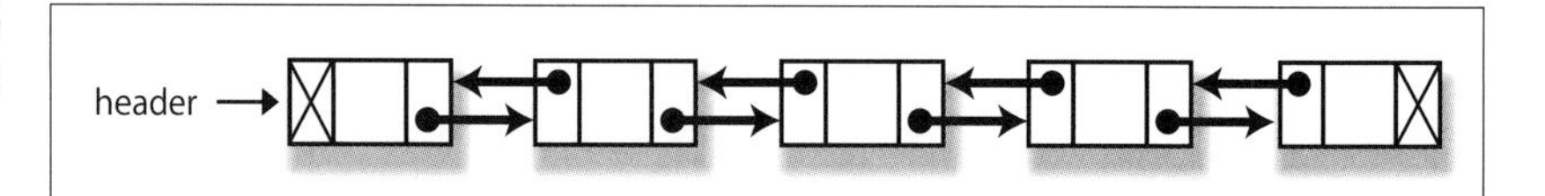

图 5-8 双向链表

用 C 语言编写的结构体如下所示。

```
typedef struct Node_tag {
    /* Node特有的数据 */
    struct Node_tag *prev; /* 指向前面元素的指针 */
    struct Node_tag *next; /* 指向后面元素的指针 */
} Node;
```

但是，双向链表也有缺点，如下所示。

1. 每个元素都需要两个指针，因此会额外地消耗内存。
2. 需要操作的指针太多，因此编码时容易引入 Bug。

■树形结构

比如，Windows 或 Macintosh 的文件夹是分层结构的。这样的数据结构在外形上与倒过来的树木很相似，因此被称为**树**（tree）（图 5-9）。

树中的各个元素称为**节点**（node）。最根部的节点称为**根节点**（root）。当某节点 A 为某节点 B 的下层节点时，我们称 A 为 B 的**子节点**（child），B 为 A 的**父节点**（parent）。例如，在图 5-9 中，Node5 是 Node2 的子节点，Node2 是 Node5 的父节点。连接父节点与子节点的线称为**分支**（branch）。

图5-9
树

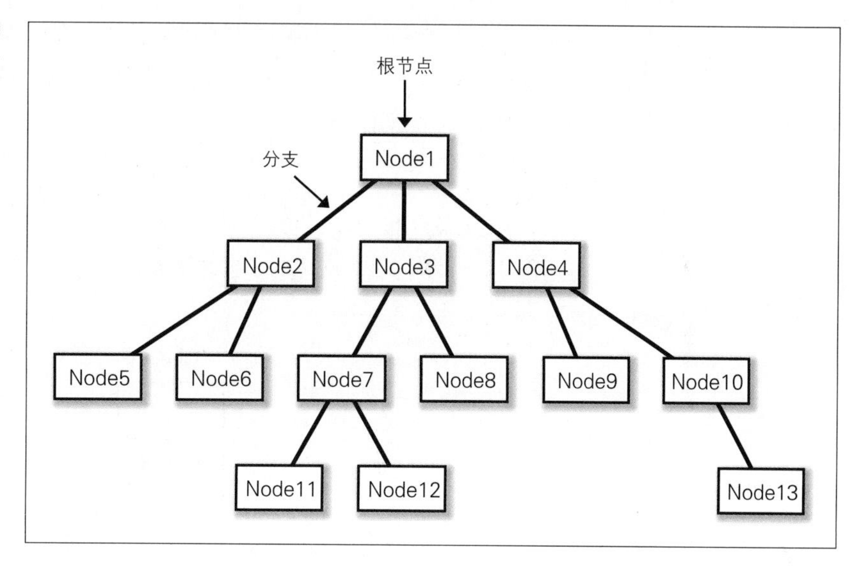

在用 C 语言表示树时，典型的做法是使用下面这样的结构体（图 5-10）。

```
typedef struct Node_tag {
    /* 该程序特有的数据 */
    int nchildren; /* 子节点的个数 */
    struct Node_tag **child; /* 该指针指向通过malloc()分配的指向
                                子节点的指针的可变长数组*/
} Node;
```

图5-10
用C语言表示树形结构

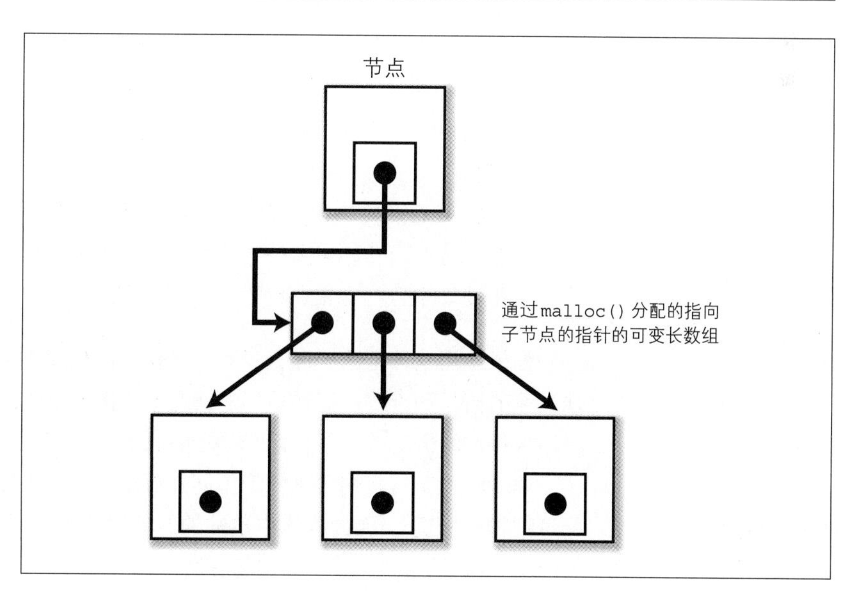

每个节点最多只能有两个子节点的树称为**二叉树**（binary tree）*。

* 提问：每个节点最多只能有一个子节点的树叫作什么？——答案是“链表”。

这次的 `word_count` 也可以使用运用了二叉树的**二叉查找树**（binary search tree）这一数据结构。

所谓二叉查找树，指的是所有节点都满足以下条件的二叉树（图 5-11）。

1. 对于节点 p，p 左边的子树小于 p。
2. 对于节点 p，p 右边的子树大于 p。

图 5-11

二叉查找树

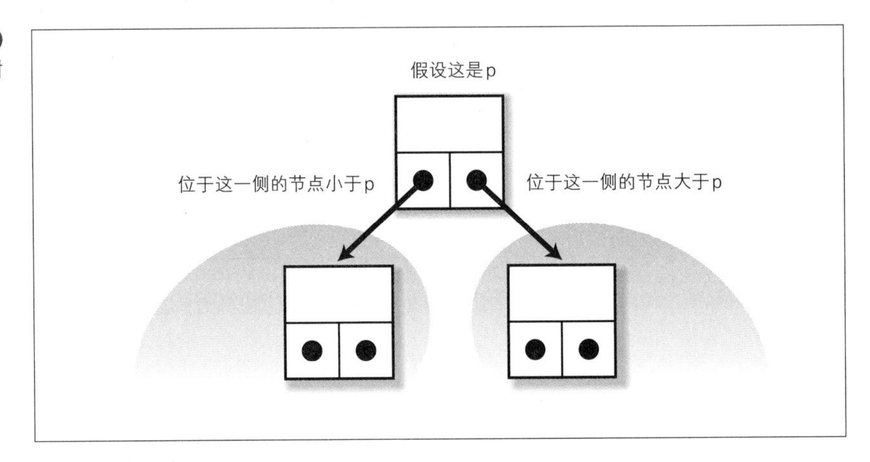

在创建了二叉查找树之后，可以按以下方式插入元素或查找元素。

1. **插入**

   从根节点开始按顺序遍历，如果要插入的元素小于当前元素，则向左继续遍历；如果要插入的元素大于当前元素，则向右继续遍历。当到达相等节点或 NULL 时，将节点插入到该位置。

2. **查找**

   从根节点开始按顺序遍历，如果要查找的元素小于当前元素，则向左继续遍历；如果要插入的元素大于当前元素，则向右继续遍历。如果发现了目标元素，则查找结束。到达 NULL 则说明树中无该元素。

如果使用这种方法，那么只要二叉树是以理想的形式创建的，就能够实现高速的插入和查找。但在最坏的情况下（例如对 `word_count` 按字典顺序输入单词的情况），它就会变成单纯的链表。

单纯的二叉查找树根据情况不同在效率上会有天差地别，而且很容易引起最糟糕的情况*，因此现实中单纯的二叉树并不实用。为了避免这一缺点，人们研究出了 AVL 树、红黑树等算法。

* 输入数据从一开始就已经排好序的情况也是很常见的。

■哈希

当需要管理大量数据（假设这些数据是记录在卡片上的）时，你会怎么做呢？如果还需要频繁地对元素进行添加、删除和查找等操作呢？

做事严谨的人大概会使卡片常年保持在排好序的状态，这样就可以使用二分查找法进行查找，效率会很高。但是如果卡片的插入操作很费事（比如要跨越不同的抽屉），那么在保持有序的状态下添加元素是很麻烦的。

做事懒散的人可能会将卡片一股脑儿地扔进一个箱子里，当需要执行查找时，就从头开始一张一张地进行查找。如果使用这种做法，添加卡片会比较简单，但查找起来就相当耗时了。

而如果是既严谨又怕麻烦的人，那么他应该会将卡片分门别类，然后分别装入到不同的箱子中。

所谓**哈希**（hash），就是基于上面的第 3 种想法的数据结构。

在叫作**哈希表**（hash table）的数组中将元素以链表形式保存的外链哈希* 就是一种典型的哈希结构（图 5-12）。

* 除此以外，还有完全哈希、开放地址法（open addressing）等。

图 5-12
外链哈希

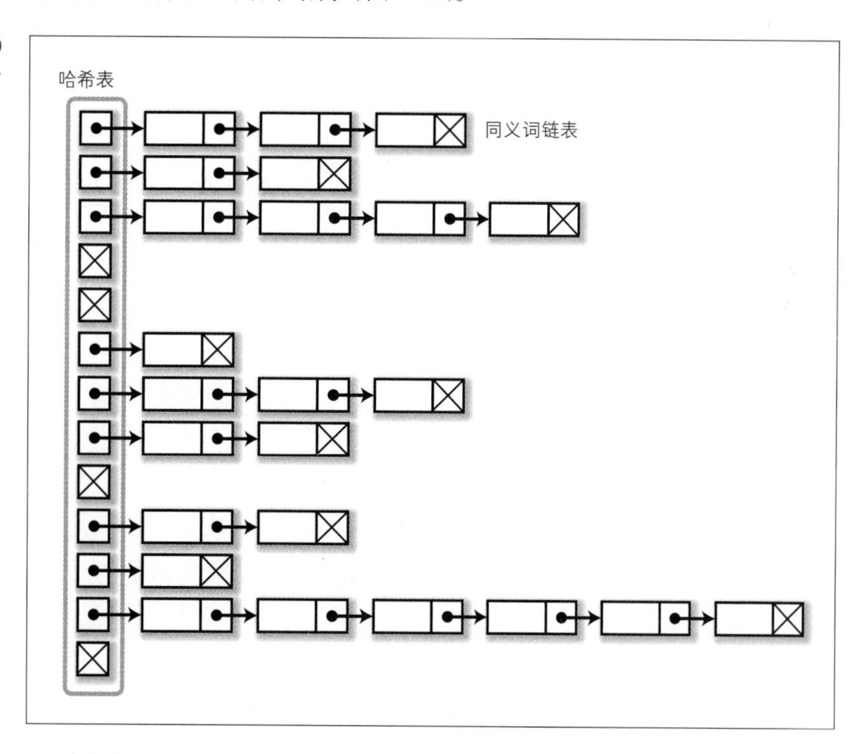

哈希函数用于决定存放某个元素的哈希表的下标。我们希望哈希函数能够基于查找用的关键字（比如对于 word_count 中的 get_word_count()

来说，关键字就是单词的字符串），返回尽可能分散的值。在以字符串作为关键字时，经常使用“将各个字符按位移位之后相加，再除以哈希表的元素个数之后取余数”这种算法。如果运气不佳遇到了哈希函数对不同的关键字返回了相同的值的情况，那么这些关键字就被称为**同义词**（synonym）。

在查找元素时，要先通过查找关键字求得哈希表的下标，再从关联在该下标上的链表中查找元素。如果哈希函数能够尽可能地返回均等的值，那么与哈希表关联的链表就会变短，因此查找的速度就能够相应地提高。

在编译器的标识符管理，以及 Perl、Python、Ruby 和 JavaScript 等语言的**关联数组**[*] 的实现中，经常使用哈希表[*]。

* 所谓关联数组，就是元素下标既可以使用整数又可以使用字符串（等）的数组。

* Perl 从 Ver.5 开始将“关联数组”改称为“哈希”，不过对于特意将这种内部实现手法展现出来的做法，我有点难以理解。

5-2 案例学习 2：绘图工具的数据结构

5-2-1 案例的需求

这次我们尝试编写一个更有实践意义的绘图工具，如图 5-13 所示，假设该程序的名称为 X-Draw。

图5-13 绘画工具X-Draw的界面

假设 X-Draw 可以处理以下图形*。

* 这个绘图工具相当简陋，不过我们只是拿它当例题练手的，所以简陋一点也无妨。

- 直线。绘制完成后选择"直线变形"，可以将直线改成折线。
- 长方形（不考虑相对坐标轴呈倾斜状的长方形）。可填充。
- 椭圆（不考虑圆弧）。可填充。

限于篇幅，本书没有提供整个程序，毕竟窗口系统非常依赖运行环境。

这里将只说明 X-Draw 的数据结构的头文件。

完整的 X-Draw 程序（适用于 Windows 环境）可以从下面的网页中下载。

ituring.cn/book/2638*

* 请至“随书下载”处下载 X-Draw 程序。

5-2-2 表示各种图形

我们先来考虑一下怎样表示直线、折线、长方形和椭圆这些图形。

首先，因为直线就是只有两个顶点的折线，所以可以通过折线表示。拖曳直线可以增加顶点，所以可以从一开始就把直线当作折线处理。

关于折线，我们已经在第 4 章中讨论过了，这里不再赘述。

```
typedef struct {
    double x;
    double y;
} Point;

typedef struct {
    int npoints;
    Point *point;
} Polyline;
```

长方形（Rectangle）可以通过代表对角线的两个点表示，如下所示。

```
typedef struct {
    Point min_point; /* 左下角的坐标 */
    Point max_point; /* 右上角的坐标 */
} Rectangle;
```

椭圆（Ellipse）可以通过圆心与横向半径、纵向半径表示，如下所示。

```
typedef struct {
    Point center; /* 圆心 */
    double h_radius; /* 横向半径 */
    double v_radius; /* 纵向半径 */
} Ellipse;
```

补充 关于坐标系

读到这里，可能有人会产生下面这样的想法。

> 嗯？坐标值怎么全都是 double 的？
> 既然最终用于绘图的画面是用像素表示的，那不是应该用 int 类型来保存坐标吗？

的确，不论是 Windows 的 C API，还是作为 UNIX 窗口系统的 X Window System 的图形库 Xlib，又或者是 Java 的 AWT 等，绘图坐标都是以像素为单位的整数。

但是，这并不意味着连内部保存的数据都应该是 int。假设程序内部也是使用以像素为单位的整数值来保存坐标的，那么首先会遇到的问题就是，当需要放大时该怎么做才好？如果只能放大 200%、300% 这样的整数倍，就会很不方便。另外，在放大的状态下绘制新的图形时，用户应该会期待画出的图形更加精细，但由于坐标是用整数值表示的，所以我们无法实现这样的需求。另外，如果先绘制一些稍微复杂一点的图形，然后将它们组合起来，再通过控制顶点将其缩小、再放大，那么图形恐怕就会变得乱七八糟*。

其实，之所以用（并不那么细致的）像素表示图像，说到底是由**显示设备自身的条件**造成的。所以在使用绘图工具时，并不是用户自己想要使用像素来绘制和显示图形的*。

因此，对于绘图工具来说，先假定逻辑上的**用户坐标系***，然后仅在显示时将其转换成**设备坐标系**的思路才是正确的（图 5-14）。

* 我就见过这样的绘图工具。

* 虽然绘图工具也并不全都是这样的。

* 也称为世界坐标系或逻辑坐标系。

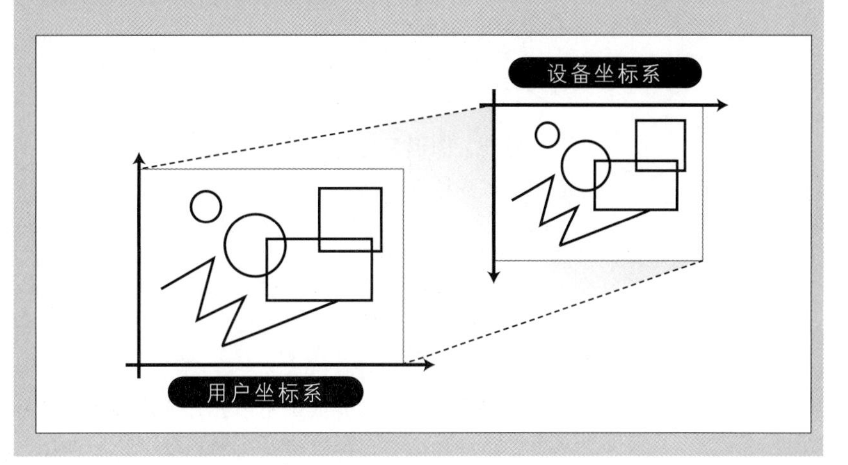

图 5-14 坐标系转换

用户坐标系中没有像素这一源于设备自身条件的限制，所以坐标可以使用 double 类型*。另外，设备坐标系大多以左上角为原点，而用户坐标系则与数学上的坐标轴相吻合，我认为取左下角为原点似乎更方便一些（当然，实际还是需要根据用途而定）。

用户坐标系与设备坐标系之间的转换可以通过乘法与减法运算轻松实现*。

另外，我们还可以在 Windows 中定义独立于设备坐标系的逻辑坐标系，从而实现以毫米为单位绘图。但是，它的坐标值的类型却是 short int。这种设计思路实在是超出了我的理解能力……

* 其实使用 float 也可以，只不过由于C语言中浮点数基本都会变成 double，所以如果内存充足，还是应该使用 double。

* 不过更普遍的做法是使用矩阵。

5-2-3 Shape 类型

上一节我们讨论了各种图形的表示方法，绘图工具需要对各式各样的图形进行许多管理工作。

这里，我们尝试通过 Shape 这个结构体表示单个图形。

Shape 中应该包含哪些成员呢？

首先，图形是有颜色的。颜色可以通过混合红、绿、蓝三原色来表示，所以这里可以定义一个 Color 结构体，用来保存颜色。

```
typedef struct {
    int red;
    int green;
    int blue;
} Color;
```

另外，图形又分为有填充和无填充两种情况，所以还需要定义一个表示填充状态的枚举类型。

```
typedef enum {
    FILL_NONE,                  /* 不填充 */
    FILL_SOLID                  /* 实心填充 */
} FillPattern;
```

如果只需表示填充或是不填充，或许设置一个标志就可以了，但考虑到将来需要增加填充各种斜线花纹的功能，这里使用了枚举类型。

另外，使用绘图工具生成的图形的数量在一开始是无法预测的，因此比较好的做法是使用 malloc() 来动态分配 Shape 结构体，并使用链表进行管理。

链表分为单向和双向，不过考虑到以下情况，这里应该选择双向链表。

- 图形具有上下关系，后画的图形显示在上层。该功能的实现方式为：将后画的图形添加到链表的末尾，当需要重画全部图形时，从链表的开头开始绘制。
- 当需要用鼠标单击选择图形时，必须优先选择显示在最上层的图形。该功能的实现方式为：从链表的末尾开始查找，用数学方法计算出与单击的坐标之间的距离。

由于绘图时需要从链表的开头开始绘制，而单击选择图形时需要从链表的末尾开始查找，所以需要使用双向链表。

另外，在绘图工具中，可以通过单击并拖动鼠标框住图形的方式，使图形变为选中状态。这里给 Shape 结构体增加一个 selected 成员，用来表示该图形已被选中。虽然在 C 语言中，可以把 selected 的类型定义为 int，用 0 表示未选中状态，用 1 表示选中状态，不过为了便于理解，这里我们把它定义为枚举的 Boolean 型。

```
typedef enum {
    FALSE = 0,
    TRUE = 1
} Boolean;
```

Shape 可能是折线，也可能是长方形或椭圆，此时 C 语言的惯用做法是使用枚举和联合体来表示它。

```
/* 用于表示图形种类的枚举类型 */
typedef enum {
    POLYLINE_SHAPE,
    RECTANGLE_SHAPE,
    ELLIPSE_SHAPE
} ShapeType;

typedef struct Shape_tag {
    /* 图形的种类 */
    ShapeType   type;
    /* 画笔(轮廓)的颜色 */
    Color       line_color;
    /* 填充样式。FILL_NONE表示不填充 */
    FillPattern fill_pattern;
```

```
    /* 有填充时的颜色 */
    Color       fill_color;
    /* 表示是否被选中的标志 */
    Boolean     selected;
    union {
        Polyline        polyline;
        Rectangle       rectangle;
        Ellipse         ellipse;
    } u;
    struct Shape_tag *prev;
    struct Shape_tag *next;
} Shape;
```

ShapeType 是用于区别 Shape 种类的枚举类型。我们可以通过 Shape 的 type 成员识别 Shape 的种类。另外，图形种类所对应的信息保存在联合体中。比如，当 type 为 ELLIPSE_SHAPE 时，可以通过 shape->u.ellipse.center 引用椭圆的圆心坐标。

说到联合体，许多人说它是 C 语言的功能中用途最不明确的。在实际的程序中，其用途通常是“与枚举组合使用，在一个结构体中存放各种不同种类的数据”。

绘制所有图形的程序大致如下所示。在这个例子中，指向 Shape 的链表中的初始元素的指针保存在 head 变量中。

```
Shape *pos;

for (pos = head; pos != NULL; pos = pos->next) {
    switch (pos->type) {
    case POLYLINE_SHAPE:
        /* 调用绘制折线的函数 */
        draw_polyline(pos);
        break;
    case RECTANGLE_SHAPE:
        /* 调用绘制长方形的函数 */
        draw_rectangle(pos);
        break;
    case ELLIPSE_SHAPE:
        /* 调用绘制椭圆的函数 */
        draw_ellipse(pos);
        break;
    default:
        assert(0);
    }
}
```

因为我们是从链表的开头开始按顺序绘制图形的，所以位于链表后方的图形会显示在上层。

大多数绘图工具可以通过单击选择图形，然后将图形移动到顶层或底层。在这种情况下，需要使选中的图形能够在链表中移动，这时可以通过将其插入到链表末尾使其移动到顶层，或将其插入到链表开头使其移动到底层。

能够像这样轻松地实现图形的移动，正是链表的强大之处。

5-2-4 讨论——还有其他方法吗

虽然前面的方法好像也都还不错，但这里我们还想讨论一下有没有更好的实现方案。

或许有人会产生下面这样的想法。

> 如果折线有增加和删除顶点的功能，那么对于折线，难道不是应该使用链表，而不是 Point 的动态数组来表示吗？
> 在添加顶点时，要在顶点与顶点之间插入新的顶点，那么难道链表的插入操作不应该比数组的更加简单吗？

这个问题太难了，很难说到底怎样做才是正确的。

但是，Point 类型是一种只有两个 double 元素的相对较小的类型。绘图工具也可以知道折线顶点的数量。因此，我认为由于 Point 的数组并不会很庞大，所以即便添加顶点时利用 realloc() 一点一点地扩展内存空间，或者为了插入元素而将后面的元素全部移动一遍，也都不是什么大事。反倒是为了使用链表而向成员中添加指针，或者通过 malloc() 为每个 Point 预留管理空间的做法才是一种浪费。

> 如果在意 malloc() 的管理空间，那么对 Polyline 类型使用可变长结构体不是更好吗？

原来如此，使用 4-2-10 节或者 4-2-11 节（如果是 C99）介绍的技术，就无须针对 Point 的数组重新调用 malloc() 了。然而，由于 polyline 不是结构体 Shape 中的最后一个成员，所以这里不能使用这些技术。

有人可能会想，把 Shape 结构体的成员的顺序换一下就好了。话虽如此，但如果这么做，只要折线的顶点数量发生了变化，就必须针对每个

Shape 执行 realloc()，因此该 Shape 的地址就（有可能）会发生变化。由于 Shape 是双向链表，前后两个 Shape 都会指向它，所以一旦发生移动，这些指针也必须同时改写。这太麻烦了，而且很容易引发 Bug。

> 虽然这里使用了联合体，不过联合体是根据成员中最大的成员的大小来获取内存的。这有点浪费吧?

事实的确如此，不过这次的 Polyline、Rectangle 和 Ellipse 的大小在大多数环境中是差不多的。

如果这些类型的大小相差很大，以至于无法忽略以最大值取内存时造成的内存浪费，则最好使用“指针的联合体”*。然后，使用 malloc() 另行分配 Polyline、Rectangle 和 Ellipse 的内存空间。

* 虽然此时使用 void* 也可以，但这样一来，就会完全搞不清指针可能指向什么类型。因此，考虑到代码的可读性，这里最好使用指针的联合体。

```
typedef struct Shape_tag {
        :
    union {
        Polyline *polyline;
        Rectangle *rectangle;      ├指针的联合体
        Ellipse *ellipse;
    } u;
    struct Shape_tag *prev;
    struct Shape_tag *next;
} Shape;
```

在这种情况下，前面关于对 Polyline 类型使用可变长结构体的想法也成了现实可行的方案。

但正如前面所说，这里的 Polyline、Rectangle 和 Ellipse 大小相差不大，因此考虑到 malloc() 需要占用额外的管理空间，而且还得费工夫去调用 free()，我认为这里并不应该采用另行分配内存的方法。

> 在 Shape 中加入 prev 和 next 的做法让人感到不快。Shape 只不过是个图形，不管是要用链表来管理，还是用数组来管理，都是使用方的自由。然而，在这个例子中，Shape **从一开始就是双向链表的元素**。这一点非常奇怪。

上面的批评不无道理。在某些程序中，或许到处都需要使用与链表无关的 Shape。在这种情况下，有人认为可以考虑把 prev 和 next 都设置成 NULL，但也有人认为如果代码中总夹杂着原本并不需要的内容，会非常奇怪，这种想法也非常正常。

因此，我们可以考虑不在 Shape 中加入 prev 和 next，而是像下面这样另行定义一个叫作 LinkableShape 的类型，再将 Shape 放到该类型中（图 5-15）。

```
typedef struct LinkableShape_tag {
    Shape shape;
    struct LinkableShape_tag *prev;
    struct LinkableShape_tag *next;
} LinkableShape;
```

图 5-15
Shape的保存方法（其二）

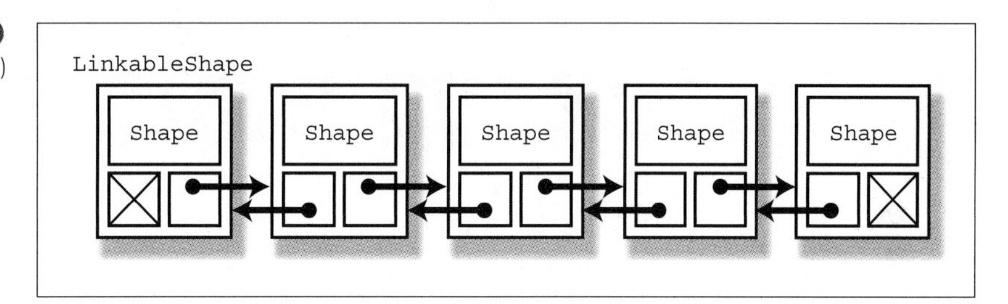

只是，如果使用这种方法，那么在将 Shape 保存到链表中时，就需要复制整个 Shape。一旦进行了复制，地址就会发生改变，所以如果某处存在指向原来的 Shape 的指针，就会带来麻烦。

为了避免这个问题，可以考虑仅将 Shape 的指针保存在 LinkableShape 中（图 5-16）。

```
typedef struct LinkableShape_tag {
    Shape *shape;
    struct LinkableShape_tag *prev;
    struct LinkableShape_tag *next;
} LinkableShape;
```

图 5-16
Shape的保存方法（其三）

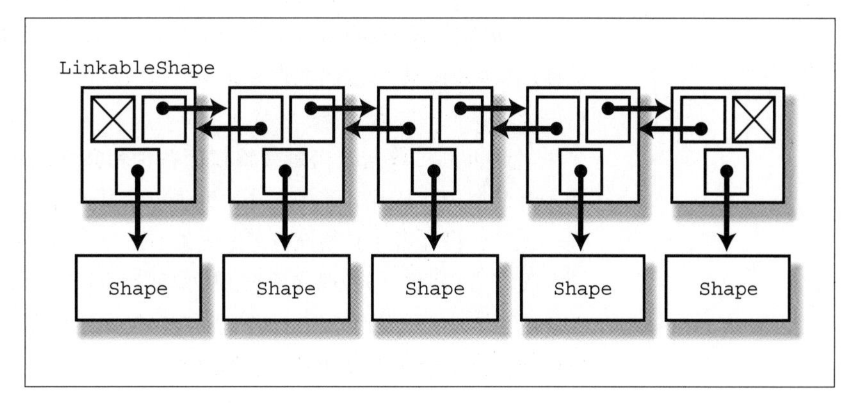

但这种方法也有缺点：随着 malloc() 次数的增加，管理空间的内存会出现浪费，调用 free() 所需的精力也会随之增加。考虑到这些问题，我突然觉得如果只是绘图工具这种程度的用途，完成可以采用最初的在 Shape 中加入 prev 和 next 的方法来简单地实现。

> 为了在绘图工具中表示图形已被选中，Shape 中包含了 selected 这一标志，但图形被选中之类的状态，只不过是用绘图工具编辑图像的过程中很短暂的临时状态而已。把这也作为成员放到 Shape 结构体中真的好吗?

这又是一个无可厚非的批评。比如，在将绘图工具生成的图片保存到文件中时，就没有必要保存 selected。假设我们要实现一个用于打印绘图工具生成的文件的程序，虽然这个打印程序也需要引用 Shape 结构体，但对打印程序来说，selected 成员不是必需的。姑且先不说二维的绘图工具，就算是 CAD 等，也是根据 CAD 生成的数据来切割形状*，或者进行模拟的。总之，数据会被用在各种用途中。因此，我们一般不太推荐把“是否被选中”等临时状态放到 Shape 中。

* 在制作金属模具时需要使用 CNC 机床，不过时代发展迅速，我们不妨设想一下 3D 打印机。

如果不把 selected 包含在 Shape 中，就可以考虑将当前被选中的 Shape 列表保存在指向 Shape 的指针的数组或链表中，这样可以确保 Shape 中没有不必要的脏数据。另外，例如在网络聊天工具这样的软件中，在由多人编辑一张图片的情况下，对于每个参与者来说，“被选中的图形”都不一样，这就需要通过这样的方法将“被选中的图形”从 Shape 中分离出来。

但是，在多个图形被选中的状态下抓取图形并拖曳移动时，我们希望绘图工具优先抓取已被选中的图形*。并且，在被选中的图形中，优先抓取显示在较上层的图形，也就是说，必须逆序对 Shape 的链表进行抓取。在实现这些功能时，需要将被选中的图形与 Shape 的链表分开管理，但我觉得这样比较麻烦，所以这次就把 selected 包含到 Shape 中了。当然，你也可以选择其他的实现方案。

* 有相当多的绘图工具并没有认真思考过这一点。此时会出现诸多问题，比如错误地抓取了附近的其他图形，现有的选中状态被无效化。

由此可见，数据结构**是最终权衡各种利弊之后的选择**，不存在什么捷径。将数据的特征及其使用方法研究透彻，并选择最佳的手法是设计者的责任。此时，设计者还必须充分考虑 malloc()、realloc() 的内部实现。

设计者需要根据由现状预想出来的使用方法、将来的扩展性等，设计出在速度、内存两方面都高效，并且对程序员来说也便于使用的数据结构，可以说这正是最能体现设计者水准的地方。

补充 能保存任何类型的链表

更进一步地思考图 5-16 的方案，还可以想到下面这样的方法。

```
typedef struct Linkable_tag {
    void *object;
    struct Linkable_tag *prev;
    struct Linkable_tag *next;
} Linkable;
```

由于 `Linkable` 的 `object` 成员是 `void*` 类型，所以它当然可以指向任何类型。也就是说，这个 `Linkable` 可以保存的不只是 `Shape`，而是任何类型。

双向链表大多具有指向初始元素和末尾元素的指针，因此为了保存整个双向链表，下面这样的类型也是必要的。

```
/* 用于保存整个双向链表的类型 */
typedef struct {
    Linkable *head; /* 链表的初始元素 */
    Linkable *tail; /* 链表的末尾元素 */
} LinkedList;
```

双向链表是一种使用频率相当高的数据结构。然而，每次开发使用双向链表的程序时，都要重复编写“在某个元素前插入元素”这样令人烦闷的代码，既浪费时间又容易引入 Bug。

如果能够使用 `LinkedList` 以及 `Linkable` 这样的类型，将双向链表的常用操作整合成库，就可以避免重复那些模式化的编程工作。

但是，特别是在大型项目中，这种方法具有致命的缺点，这个缺点正是由“能保存任何类型”引起的。问题就在于，不管你往用于存放 `Shape` 的链表中装入白萝卜还是胡萝卜，编译器都不会报错。

而且，光看代码也完全搞不清 `LinkedList` 类型中放的究竟是什么。假设使用 `Point` 的链表来表示 `Polyline`，如下所示。

```
typedef struct {
    LinkedList list;
} Polyline;
```

完全看不出它是什么东西。就算勉强看出它是个链表，但如果没有注释什么的，也根本无法获知它是 `Point` 类型的链表。这会对程序的可读性与可维护性造成重大的恶劣影响。

我认为，从这一点上来看，JavaScript、Ruby 和 Python 这些通常所说的“无类型”语言的可读性是比较差的。

在现代的具备静态类型的语言中，为了不需要每次都实现链表这样的数据结构，并避免引入 void* 的危险，一些语言会附带被称为 Generics 或模板的功能*。但是，C 语言属于“古董级”的语言，这方面就比较令人遗憾了。

* 不过，说到现代语言，Go 中是没有 Generics 的。

5-2-5 图形的组合

大多数绘图工具具备组合功能，能够将多个图形整合成一个图形进行处理。下面考虑为 X-Draw 引入该功能。

首先，定义一个 Group 类型。虽然 Group 类型应该包含多个 Shape，但目前由于 Shape 本身能够创建双向链表，所以只要在 Group 中定义指向初始元素和末尾元素的指针即可。

```
typedef struct {
    Shape *head;
    Shape *tail;
} Group;
```

组合就是将多个图形整合成一个图形。也就是说，组合而成的“图形组”，其本身也可以说是一种图形。因此，可以考虑向枚举类型 ShapeType 中添加图形组的设计方案。

```
typedef enum {
    POLYLINE_SHAPE,
    RECTANGLE_SHAPE,
    CIRCLE_SHAPE,
    GROUP_SHAPE
} ShapeType;
```

不过，可能会有人感到这里不太对，认为把 Group 与 Polyline、Rectangle 放在一个层面上有点奇怪。

但我认为 Group 也是一种 Shape，因此这样设计未尝不可。只是

Shape 具有颜色或填充样式，而在大多数绘图工具中，图形组并不一直保持固定的颜色。将图形组合起来并对颜色进行更改，那么整个图形组的颜色都会发生改变，但即便后来取消了组合，各个图形也不会恢复为原来的颜色，因此这个功能并不是更改图形组的颜色，而是更改图形组内所有图形的颜色。

这里，我们先把 Shape 分类为折线、长方形这样的“基本图形”和“图形组”。

```
typedef enum {
    PRIMITIVE_SHAPE,
    GROUP_SHAPE
} ShapeType;

struct Shape_tag {
    ShapeType           type;
    Boolean             selected;
    union {
        Primitive       primitive;
        Group           group;
    } u;
    struct Shape_tag *prev;
    struct Shape_tag *next;
};
```

Primitive 类型中持有原来的 Shape 的信息。

```
typedef enum {
    POLYLINE_PRIMITIVE,
    RECTANGLE_PRIMITIVE,
    ELLIPSE_PRIMITIVE
} PrimitiveType;


typedef struct {
    /* 图形的种类 */
    PrimitiveType   type;
    /* 画笔(轮廓)的颜色 */
    Color        line_color;
    /* 填充样式。FILL_NONE表示不填充 */
    FillPattern fill_pattern;
    /* 有填充时的颜色 */
    Color        fill_color;
    union {
        Polyline        polyline;
```

```
        Rectangle       rectangle;
        Ellipse         ellipse;
    } u;
} Primitive;
```

这样一来，包含图形组的 Shape 的数据结构就如图 5-17 所示。虽然从外形上来看，它与 5-1-6 节中的树形结构的示例有所不同，但它其实也是一种树形结构。

图5-17
包含图形组的图形的数据结构

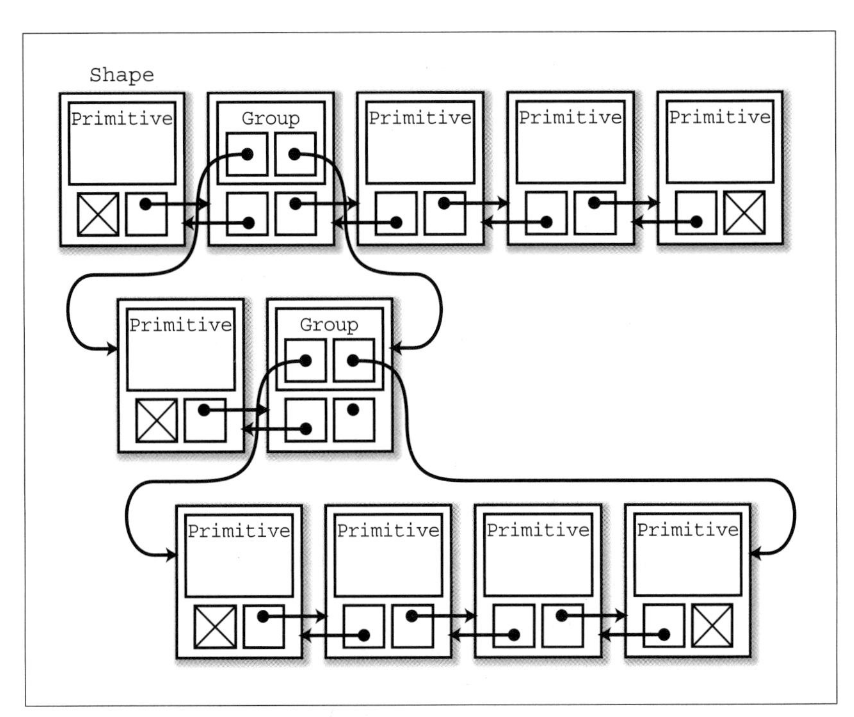

包含到目前为止讨论的所有内容的头文件如代码清单 5-17 所示。

代码清单5-17
shape.h

```
1  #ifndef SHAPE_H_INCLUDED
2  #define SHAPE_H_INCLUDED
3
4  typedef enum {
5      FALSE = 0,
6      TRUE = 1
7  } Boolean;
8
9  typedef struct {
10     int red;
11     int green;
```

```
12     int blue;
13 } Color;
14
15 typedef enum {
16     FILL_NONE,                    /* 不填充 */
17     FILL_SOLID                    /* 实心填充 */
18 } FillPattern;
19
20 typedef enum {
21     POLYLINE_PRIMITIVE,
22     RECTANGLE_PRIMITIVE,
23     ELLIPSE_PRIMITIVE
24 } PrimitiveType;
25
26 typedef struct {
27     double      x;
28     double      y;
29 } Point;
30
31 typedef struct {
32     int         npoints;
33     Point       *point;
34 } Polyline;
35
36 typedef struct {
37     Point       min_point;       /* 左下角的坐标 */
38     Point       max_point;       /* 右上角的坐标 */
39 } Rectangle;
40
41 typedef struct {
42     Point       center;   /* 圆心 */
43     double      h_radius; /* 横向半径 */
44     double      v_radius; /* 纵向半径 */
45 } Ellipse;
46
47 typedef struct {
48     /* 图形的种类 */
49     PrimitiveType   type;
50     /* 画笔（轮廓）的颜色 */
51     Color       line_color;
52     /* 填充样式。FILL_NONE表示不填充 */
53     FillPattern fill_pattern;
54     /* 有填充时的颜色 */
55     Color       fill_color;
56     union {
57         Polyline        polyline;
```

```
58            Rectangle       rectangle;
59            Ellipse         ellipse;
60        } u;
61    } Primitive;
62
63    typedef struct Shape_tag Shape;
64
65    typedef struct {
66        Shape    *head;
67        Shape    *tail;
68    } Group;
69
70    typedef enum {
71        PRIMITIVE_SHAPE,
72        GROUP_SHAPE
73    } ShapeType;
74
75    struct Shape_tag {
76        ShapeType           type;
77        Boolean             selected;
78        union {
79            Primitive       primitive;
80            Group           group;
81        } u;
82        struct Shape_tag *prev;
83        struct Shape_tag *next;
84    };
85
86    #endif /* SHAPE_H_INCLUDED */
```

在定义 Shape 类型时 Group 类型是必需的，而在定义 Group 类型时指向 Shape 类型的指针是必需的，它们形成了相互依赖的关系，因此我们在第 63 行将 Shape 类型声明成了不完全类型。第 75 行以后的代码为 struct Shape_tag 类型定义了实体。

使用 Shape 这种数据结构的程序，例如绘制所有图形的程序，如代码清单 5-18 所示。

代码清单 5-18
draw_shapes.c

```
1    #include <stdio.h>
2    #include <assert.h>
3    #include "shape.h"
4
5    void draw_polyline(Shape *shape);
6    void draw_rectangle(Shape *shape);
```

```
 7 void draw_ellipse(Shape *shape);
 8 
 9 /*
10  * 前提是通过全局变量shape_list_head和shape_list_tail
11  * 保存Shape的链表的初始元素和末尾元素
12  */
13 Shape *shape_list_head;
14 Shape *shape_list_tail;
15 
16 void draw_shape(Shape *shape)
17 {
18     Shape *pos;
19 
20     if (shape->type == PRIMITIVE_SHAPE) {
21         switch (shape->u.primitive.type) {
22         case POLYLINE_PRIMITIVE:
23             draw_polyline(shape);
24             break;
25         case RECTANGLE_PRIMITIVE:
26             draw_rectangle(shape);
27             break;
28         case ELLIPSE_PRIMITIVE:
29             draw_ellipse(shape);
30             break;
31         default:
32             assert(0);
33         }
34     } else {
35         assert(shape->type == GROUP_SHAPE);
36         for (pos = shape->u.group.head; pos != NULL; pos = pos->next) {
37             draw_shape(pos);
38         }
39     }
40 }
41 
42 void draw_all_shapes(void)
43 {
44     Shape *pos;
45 
46     for (pos = shape_list_head; pos != NULL; pos = pos->next) {
47         draw_shape(pos);
48     }
49 }
```

* 从常识来说，非 static 函数的原型声明不可能写在 .c 文件中。而外部函数的原型声明必须写在头文件中，以供多个 .c 文件共享。这里只是为了使示例程序（无警告地）通过编译而写的临时的原型声明。

图形的具体绘制方法是依赖于窗口系统的，因此这里假设了一个这样的函数：如代码清单 5-18 的第 5 行 ~ 第 17 行的原型声明所示，只要传入指向 Shape 类型的指针，就绘制各种图形*。

从第 37 行可以看出，在绘制图形组时，draw_shape() 会被递归调用。在像这样遍历树形结构时，通常使用递归调用。

5-2-6　通过指向函数的指针的数组分配处理

从代码清单 5-18 的第 21 行开始，程序根据图形的种类，利用 switch case 对处理进行分配。这样的 switch case 不只出现在绘制图形的地方，在通过鼠标选择图形、将图形整体保存到文件中以及加载图形等处理中，都可以看到它的身影。

如果像这样在程序中到处写上 switch case，那么一旦需要增加图形的种类，就不得不向分散在各处的 switch case 逐个添加 case。这不仅麻烦，也容易漏改*。

* 在代码清单 5-18 中，之所以在 default 的地方加入 assert(0)，就是为了尽早检测出这种漏改。

为了（在一定程度上）解决这个问题，在 C 语言中可以使用“通过指向函数的指针的数组对处理进行分配”的方法。

例如，可以像下面这样声明全局变量 draw_shape_func_table，并对其进行初始化。

```
void (*draw_shape_func_table[])(Shape *shape) = {
    draw_polyline,
    draw_rectangle,
    draw_ellipse,
};
```

draw_shape_func_table 的类型为“指向（以指向 Shape 的指针为参数的）函数的指针的数组”（看不明白的读者请重新读一下第 3 章）。

在指向函数的指针的数组的各个元素中，我们设置了指向各个图形的绘制函数的指针（请注意上面的 draw_polyline 等后面没有写 ()），因此只要使用该数组，就可以通过指定下标来选择绘制函数（图 5-18）。

也就是说，使用该数组就可以用下面这一行代码替换代码清单 5-18 中第 21 行之后的 switch case。

```
draw_shape_func_table[(int)shape->u.primitive.type](shape);
```

本例通过将枚举类型 PrimitiveType 转换为 int 而获取了 0 ~ 2 的整数，并实现了根据该结果选择图形的绘制函数。然后，对相应的函数使用函数调用运算符 ()，就可以实际执行函数调用了。

图5-18
指向绘制函数的指针的数组

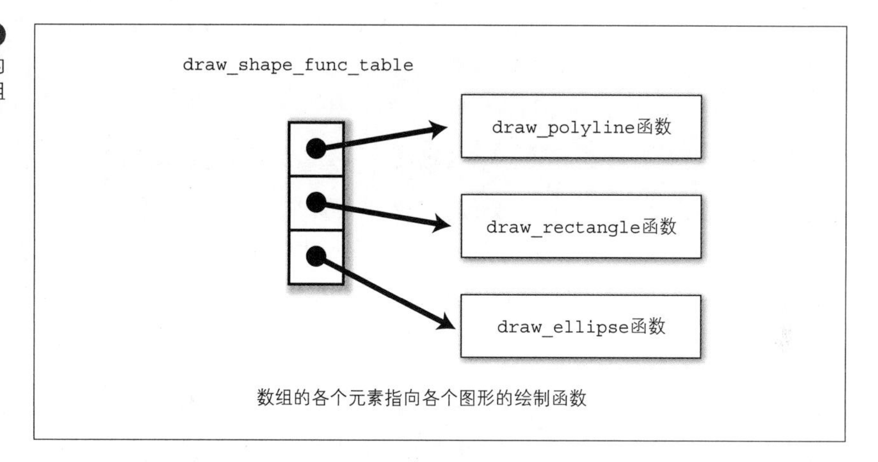

如果把“用于绘制图形的函数”“为了便于我们在点击鼠标后选中图形而计算距离的函数”“用于将图形的信息输出到文件中的函数”都存放到数组中，并将用于初始化这些数组的声明语句都整合到某一个 .c 文件中，在需要增加图形的种类时就无须修改各处代码了。

话说回来，如果觉得 void (*draw_shape_func_table[])(Shape *shape) 这样的声明可读性差，也可以考虑使用下面的 typedef。

```
typedef void (*DrawFunc)(Shape *shape);
```

这个 typedef 声明了“指向（以指向 Shape 的指针为参数的）函数的指针”类型的 DrawFunc，因此 draw_shape_func_table 的声明可以写成下面这样。

```
DrawFunc draw_shape_func_table[] = {
      ⋮
```

5-2-7 通往继承与多态之路

C++、Java 和 C# 这些面向对象的语言可以以一种更为优雅的方式来实现根据图形的种类对处理进行分配的功能。本书虽然是 C 语言的参考书，但也不妨来看一下。

简单来说，面向对象的语言具有以下功能。

1. 在面向对象的语言中，类（粗略地讲就是像结构体一样的对象）里面不但可以放入变量，还可以放入函数，这些函数称为**方法**（method）。
2. 在面向对象的语言中，可以扩展已有的类，生成新的类，这种行为称为**继承**（inheritance）。例如，Polyline 类继承了 Shape 类。
3. 继承类可以**重写**（override）被继承的类的方法。

通过该功能将 draw() 方法放入 Shape 中，再根据 Polyline 或 Rectangle 重写 draw()，就可以通过以下代码（C++ 流派）实现绘制所有图形的程序。

```
for (pos = head; pos != NULL; pos = pos->next) {
    pos->draw();    ← 调用pos指向的Shape的draw()方法
}
```

采用这种写法，当 pos 为 Polyline 时，程序就会自动调用 Polyline 的 draw() 方法；当 pos 为 Rectangle 时，则会自动调用 Rectangle 的 draw() 方法。

如此一来，就无须使用 switch case 来对处理进行分配了，这样的功能称为**多态**（polymorphism）。

编程语言正在日新月异地发展。每种新的语言都会开发一些有用的新功能。

补充 将 draw() 放入 Shape 中真的好吗

将 draw() 方法放入 Shape 中，利用多态对处理进行分配的做法，在面向对象的入门书中经常被作为例题使用。

我也认为，对于最多只有几万行代码的小型程序来说，将 draw() 放入 Shape 中是有效的。但是，实际上对于 CAD 这种非常非常庞大的系统来说，从各方面来看最好还是避免使用这种手法。

定义了 `Shape` 等类型的头文件 shape.h 是一个主要的头文件，其中的大量内容将被整个程序引用。因此，shape.h 的内容必须经过充分的探讨，一旦确定下来就不应该再轻易改变。

然而，如果将 `draw()` 方法放进去，那么在每次更改 `draw()` 时，shape.h 都会发生改变。由于 `draw()` 特别容易受窗口系统等环境的影响，所以从可移植性来说，这会是一个很严重的问题。如果是 C++ 这种可以将方法的声明与实现分开编写的语言还好，要是 Java 语言，那就无论如何都无法逃避这个问题了。

或许有人会想："如果问题出在窗口系统之间的差异上，那么编写一个函数，在每个窗口系统的绘图函数上加一层壳，以此来抹平差异不就好了吗？"然而，编写能够适用于所有窗口系统的抽象绘图接口这件事并不现实。例如，本书中到目前为止的示例都假设了一种被称为即时模式的绘图模型（Windows 的 GDI、UNIX 的 Xlib 等都是这种模型），在调用绘制图形的函数后，界面上当场就能显示出图形，但在 Windows 的 WPF（Windows Presentation Foundation，Windows 呈现基础）等框架中，采用的则是被称为保留模式的绘图模型。在该模型中，图形并不是被"绘制"，而是被"登记"，因此也可以认为 `draw()` 这个名称本身就是不合适的。

另外，当需要将在 Windows 的 GDI 上制作的程序移植到 WPF 上时，对于程序本身，只要弃用旧的重写新的就可以了，但对数据却不能这样处理。数据的生命周期大多比程序的生命周期长得多，因此要尽可能地保持数据结构（该情况下就是 shape.h）不发生变化。

而在 CAD 等工具中处理的数据，虽说是图形（形状）的数据，却并不总是只能用于 `draw()`。我们也常常将使用 CAD 设计出来的形状保存到文件数据中，再由完全不同的其他程序读取并进行某些解析。在这种情况下，对执行解析的程序来说，shape.h 也是必需的，但 `draw()` 其实是完全用不上的。数据有可能会超出设计数据结构（目前来说就是 shape.h）的人员的预期，被用在各种程序中。

那么，我们到底应该怎么做呢？——可以认为像 C 语言这样将数据与处理过程分离的做法是可行的，问题在于由图形的种类不同而产生的 `switch case`。实际上，我认为与数据的生命周期相比，程序可以看作用完即舍弃的，那么干脆就采用 `switch case` 的写法其实也未尝不可。另外，也可以考虑使用 Visitor 模式*。不过，在 Visitor 模式中，`Polyline` 或 `Rectangle` 会并列在 Visitor 一侧，所以这种方式其实与

* 这是一种设计模式[6]。

switch case 也没什么区别。或者，在所有的 Shape 中都只定义用于将形状转换为折线的方法，然后将 draw() 放到类的外面；又或者，在 Shape 中只保存一个指向规定运行时动作的对象的指针，然后当把 Shape 从文件中加载出来时，通过 Abstract Factory 模式实例化该应用程序特定的运行时对象……

对于设计者来说，烦恼真是无穷无尽啊！

5-2-8 指针的可怕之处

大多数绘图工具有复制图形的功能。假设将该复制处理写成下面这样。

```
/* 假设指向被复制的图形的指针存放在shape中 */
Shape *new_shape;

new_shape = malloc(sizeof(Shape));
*new_shape = *shape;  ⬅对Shape结构体进行整体赋值

/* 将new_shape连接到链表的末尾 */
```

你知道这个程序的不妥之处在哪里吗？

如果要复制的 Shape 是长方形或者椭圆，这种方法应该没问题，但如果是折线，用这种方法复制之后会出现什么情况呢？

Polyline 将坐标群（Point 的可变数组）保存在其他的内存空间中，它本身只保存指向该处的指针。因此，即使通过结构体的整体赋值对 Shape 进行复制，坐标群的这部分也不会被复制，最终将出现多个 Shape 共享同一坐标群的情况（图 5-19）。

图 5-19 多个 Shape 引用同一坐标群

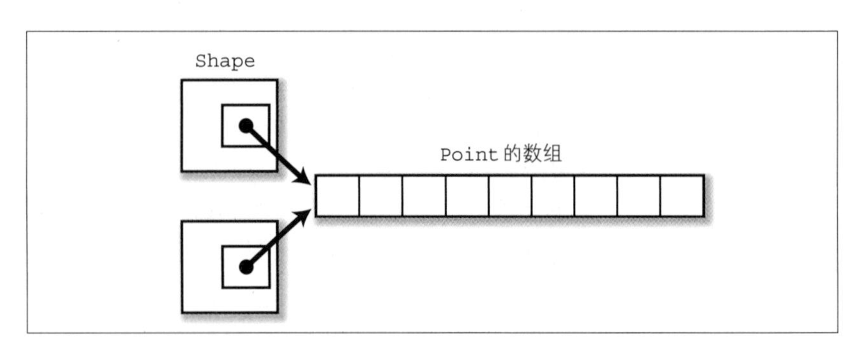

很显然，复制图形的目的并没有达到。

改变其中某一根折线的坐标之后，另一根折线的坐标也会跟着发生变化。另外，如果在删除某一根折线时通过 `free()` 释放了坐标群的内存空间，就会造成非常严重的后果。关于这一点，我们曾在 2-6-4 节中进行过说明。

像这样，如果指针指向了与程序员的意图相异的位置，调试就会变得异常艰难。上面的折线的示例还算是简单的例子，如果是在图结构等更加复杂的数据结构中发生指针乱指的情况，结局往往惨不忍睹。

人们在抱怨 C 语言的指针很可怕时，多半是想要表达下面的意思。

> C 语言的指针一旦指向了奇怪的地址，程序就会崩在意想不到的地方，这才是最可怕的。

这当然很可怕。但是，其实指针还有更加可怕的一面：

> 一旦引用关系混乱，调试就会变得相当困难，太可怕了！

前一种可怕之处可以说是 C 语言特有的问题，而后一种可怕之处则对所有拥有指针的语言来说都是挥之不去的梦魇*。

* 如果是具备 GC（Garbage Collection，垃圾回收）功能的语言，能够回避的也只是与 `free()` 相关的问题。

5-2-9 那么，指针到底是什么呢

本章通过数据结构从侧面对指针进行了说明。

在使用图形说明（单向）链表、双向链表、树、（外链）哈希等数据结构时，必定会出现“箭头”，这里的“箭头”就是指针。

Pascal 之父尼古拉斯 · 沃斯（Niklaus Wirth）曾指出过前文所述的指针的危险性，并且阐述了数据结构中的指针是对应于处理过程中的 `goto` 的观点（*Algorithms + Data Structures = Programs* [7]）。

在这个意义上，就像通过 `if`、`for`、`while` 等控制结构可以避免使用 `goto` 一样，如果语言的功能或者库已经提供了支持，那么程序员即使不处处顾及指针，也能够轻松使用链表这样的常规数据结构了（但 C 语言这样老态龙钟的语言除外）。然而，程序中使用的并不都是这样的常规数据结构。当在程序真正想要表示的数据结构中出现箭头时，就需要使用指针。也就是说，指针是构建真正的数据结构时必需的概念，在如今正统的编程语言中，毫无疑问一定能够使用指针（有些语言不将指针称为指针，而是称为引用）。

说到 C 语言的指针特有的功能，不得不提到它与数组之间微妙的兼容性，相关用法我们已经在第 4 章大致说明过了。

关于 C 语言，我们还经常听到下面这样的说法。

> C 语言可以进行与硬件密切相关的编码。这是因为 C 语言中有指针。

在如今还在使用 C 语言的开发现场中，或许存在因为想要进行与硬件密切相关的编码而使用 C 语言的情况。但即便是在这样的程序中，也存在许多不与硬件密切相关的部分*。对于这些部分，只要理解了第 4 章讲解的常见用法，以及本章讲解的将指针当作箭头使用的方法，就足够了。

我想，“将指针当作箭头使用”才是 C 语言与其他语言中通用的指针的真正用法。

* 将“与硬件密切相关”的部分尽可能地压缩到一个比较小的范围中，也是一条编程的铁律。

第6章

其他

——拾遗

6-1 新的函数组

ANSI C之后的C、C99和C11中新添加了可以进行边界检查的函数（以提高安全性），以及经过改进而无须使用静态存储空间的函数。

在可用的运行环境下，与其使用老古董级的函数，不如使用这些新函数，而且了解了这些函数的设计，就可以在自己编写函数时拿它们作为参考。

6-1-1 添加了范围检查的函数（C11）

2-5-4节中提到，在C语言中，对数组进行越界写入有可能引发缓冲区溢出漏洞。正如我们所说的那样，尽管gets()函数是从外部获取输入的函数，但它无法进行范围检查，因此C11中最终删除了该函数。

为替代gets()函数，C11提供了能够进行范围检查的gets_s()函数。除此之外，C11中还新增了strcpy_s()、sprintf_s()等函数*。在此，我们以strcpy_s()为例进行讲解。

* 但这些函数是C11的Annex K中的可选功能，所以并不保证一定可以使用。

strcpy_s()原本是Microsoft从Visual Studio 2005开始实现的函数，后来被C11采用。首先，我们从C11的标准文档中引用strcpy_s()的形式。

```
#define __STDC_WANT_LIB_EXT1__ 1
#include <string.h>
errno_t strcpy_s(char * restrict s1,
    rsize_t s1max,
    const char * restrict s2);
```

突然出现这么多陌生的内容，是不是感到有些不知所措？

首先，__STDC_WANT_LIB_EXT1__是为了使用Annex K的函数组

而通过 #define 定义的宏。然后，strcpy_s() 的参数 s1、s2 所附带的 restrict 关键字用于修饰指针，帮助编译器实现优化（参考本节的补充内容）。标准规定，rsize_t 类型是比 RSIZE_MAX 还要小的整数类型。RSIZE_MAX 是在假设当出现过于庞大的数字时就认为发生了某种 Bug（例如负值被当作 unsigned 来处理等情况）的基础上规定的一个表示现实可行的对象大小的数。

strcpy_s() 用于将 s2 指向的字符串复制到 s1 指向的内存空间中。如果 strcpy_s() 的作用仅限于此，那它就与 strcpy() 一样了，但其实由于此处可以通过第 2 个参数 s1max 传递 s1 所指的内存空间的大小，所以该函数还能够进行范围检查。一旦向 s2 传递比 s1max 长的字符串，错误处理程序就会被调用。虽然错误处理程序也可以由程序员（使用 set_constraint_handler_s() 函数）来设置，但在最初实现 strcpy_s() 的 Microsoft 的开发环境（Visual Studio）中*，默认的错误处理程序会**让程序就此崩溃**。

* C 语言标准中规定，默认的错误处理程序的行为由开发环境定义。

此处，“让程序就此崩溃”的行为很重要。我们**不应该采用**“复制 s1max - 1 个字符，并用空字符作为结尾”的做法。“尝试复制比预想的长度长的字符串”本身就是 Bug，有 Bug 的程序理应尽早扼杀。郑重其事地把在意想不到的地方中断的字符串保留下来也没有任何意义。

假设有“该服务中用户 ID 需在 8 个字符以内”这种对字符个数的限制，那么我们就应当在最开始输入的时间点进行一次检查（当然，此时会给用户报出适当的错误消息）。明明已经在输入时进行了检查，结果后来又超过了 8 个字符，那显然是出现 Bug 了。因此，应该在错误保存的数据覆盖正确数据之前，或者将错误的数据传递给别的系统之前将程序终止。

如果 ANSI C 的 sprintf() 的格式化结果是比缓冲区还长的字符串，内存空间就会遭到破坏。为了解决该问题，C99 中增加了 snprintf() 函数，该函数会在字符串的长度超过参数指定的缓冲区长度时，根据缓冲区长度在结果的末尾添加空字符。而 C11 中提供的是 sprintf_s() 函数，一旦字符串的长度超过指定的缓冲区长度，该函数就会调用错误处理程序（也就是说，如果使用的是 Visual Studio，程序就会崩溃）。不过在使用 sprintf() 系列的函数时，也存在不调用一下就不知道是否会超出缓冲区长度的情况，此时就可以使用 C11 的 snprintf_s()。在字符串的长度超过缓冲区长度时，该函数不会调用错误管理程序，而会将负值作为返回值返回。

说起来，“strcpy() 很危险，会使内存空间遭到损坏。应该使用能够很好地传递缓冲区长度的 strncpy()”这种前后矛盾的主张曾大行其道。然而，事实上 strncpy() 会在字符串长度超过缓冲区长度时**生成不以空字符结尾的字符串**，所以它才是非常危险的。要是使用这样的函数，即使没有当场引起内存空间的损坏，也有可能在其他地方引发更加严重的 Bug。我基本上只会在需要实现像 1-3-6 节的补充内容中提到的 my_strncpy() 那样的函数时，或者在操作固定长度字段的数据时，才会使用 strncpy()。

说点题外话，我曾经听到过下面这样一个故事。

> 有一个程序员写了下面这样的代码。
>
> ```
> strncpy(dest, src, strlen(src) + 1);
> ```
>
> “啊？什么东西呀这是。明明用 strcpy() 就可以了嘛！”
>
> “因为他听说 strncpy() 更安全。”

我以为这就是一个还不错的笑料……没想到这似乎是真事儿。

补充 restrict 关键字

C99 中增加的 restrict 关键字用于修饰指针，可以通过明确表示“没有其他指向相同对象的指针”为编译器提供优化的提示。

当指针指向数组的某处时，即使指向了不同的元素，但只要指向的是同一个数组，就可以说是指向相同对象。亦即，在上述 strcpy_s() 的声明中的 s1 与 s2 前添加了 restrict，就意味着复制源与复制目的地的内存空间是不能重复的。如果向 strcpy_s() 传递了重复的内存空间，则程序在这种情况下的行为是未定义的（也就是说，调用方有责任确保不传递重复的内存空间）。

```
errno_t strcpy_s(char * restrict s1,
    rsize_t s1max,
    const char * restrict s2);
```

本来在 strcpy() 中，在复制源与复制目的地之间来传递重复的内存空间时的动作，在 C99 之前是未定义的。由于 C99 中显式地写明了这一点，所以像 strcpy() 这样从前就有的函数也从 C99 开始被添加了 restrict，其中最明显的是 memcpy() 与 memmove()：原本不能传递重复内存空间的 memcpy() 加上了 restrict，而被设计成可以传递重复内存空间的 memmove() 则没有加。

```
void *memcpy(void * restrict s1,
         const void * restrict s2,
         size_t n);

void *memmove(void *s1, const void *s2, size_t n);
```

可以通过 restrict 表明没有其他指向相同对象的指针的范围是：当 restrict 被添加到上述 strcpy_s() 这样的函数的形参中时，范围为该函数内部；当 restrict 在代码块内部，并且没有添加 extern 时，范围为该代码块内部。

6-1-2 无须使用静态存储空间的函数（C11）

在 2-5-3 节的补充内容中，我们提到标准库中有一个叫作 strtok() 的函数，该函数也有着类似的性质，因而时常惹得大家怨声载道。

假设将以逗号分隔的字符串保存在 char 类型的数组 str 中，那么通过像下面这样调用 strtok()，即可依次取出以逗号分隔的“令牌”。

```
char str[] = "abc,def,ghi";
char *t;

/* 仅在第1次调用时，将对象字符串传递给第1个参数 */
t = strtok(str, ",");  /* t指向“abc” */
/* 在第2次及其后的调用中，将第1个参数设为NULL */
t = strtok(NULL, ","); /* t指向“def” */
t = strtok(NULL, ","); /* t指向“ghi” */
```

strtok() 以空字符结束返回的令牌，但这是通过以破坏性的方式强行对原来的字符串（这里就是 str）插入空字符实现的。这个设计本身让人感觉不太好，不过这里姑且认为它没问题。

如你所见，在对 strtok() 的第 2 次及其后的调用中，对第 1 个参数都只传递 NULL。之所以能够以这样的方式分隔令牌，是因为 strtok() 的内部通过静态变量保存了指向“剩余的字符串”的开头的指针。在这种设计中，当一个地方正在使用 strtok() 时，程序的其他地方是无法使用 strtok() 的。这样一来，就无法适用于多线程编程了，而且即便是单线程，例如在以逗号分隔的字符串的一项内容中含有用冒号分隔的多项信息时（比如在以“书名，作者名，价格，发行年份……”的形式通过逗号分隔的图书信息中，作者为多人的情况），也无法在处理以逗号分隔的信息的同时去处理以冒号分隔的信息。

因此，C11 中引入的 strtok_s() 变成了如下形式。

```
#define _ _STDC_WANT_LIB_EXT1_ _ 1
#include <string.h>
char *strtok_s(char * restrict s1,
     rsize_t * restrict s1max,
     const char * restrict s2,
     char ** restrict ptr);
```

第 1 个参数 s1 是作为分割对象的字符串，第 3 个参数 s2 是分隔符。可以看到，这两个参数是 strtok() 中也有的参数，而第 2 个参数 s1max 和第 4 个参数 ptr 是新增的参数。

向 ptr 传递的是在调用方分配的指向 char* 类型变量的指针（因此 ptr 的类型就是指向 char 的指针的指针）。strtok() 将指向“剩余的字符串”的开头的指针静态地保存在 strtok() 的内部，而通过传递在调用方准备好的指向 char* 类型变量的指针，strtok_s() 就能够使用该变量的内存空间了，也就是说，该变量的内存空间代替了内部的静态内存空间，这样就可以在多处同时使用 strtok_s() 了。

第 2 个参数 s1max 传递的是保存“作为分割对象的字符串的长度”的 rsize_t 类型变量的指针。由于 *s1max 表示“剩余的字符个数”，所以每调用一次，它都会通过 strtok_s() 被相应地减少。这就是我们特地通过指针进行传递的原因。

strtok_s() 的使用示例如下所示。

```
char str[] = "abc,def,ghi";
char *t;
rsize_t s1max = sizeof(str);
char *ptr;

t = strtok_s(str, &s1max, ",", &ptr);  /* t指向“abc” */
t = strtok_s(NULL, &s1max, ",", &ptr); /* t指向“def” */
t = strtok_s(NULL, &s1max, ",", &ptr); /* t指向“ghi” */
```

除了 strtok_s()，C11 中还增加了几个函数，比如与日期相关的函数 ctime()、asctime()、localtime()，以及 gmtime() 的不使用静态内存空间的版本，即 ctime_s()、asctime_s()、localtime_s() 和 gmtime_s() 等。

另外，让人感到混乱的是，Visual Studio 版的 strtok_s() 中并没有 C11 中的 s1max 参数，并且只有 3 个参数。

6-2 陷阱

6-2-1 整数提升

例如，从标准输入读入 1 个字符的 getchar() 函数的返回值类型是 int。

初学者通常会有这样的疑问："如果是读入 1 个字符，返回值的类型用 char 不就行了吗?"对此，我们常会听到这样的解释："那是为了表示代表文件结束的 EOF。"

这个回答虽不能说是错误的，但这就无法解释为什么 putchar() 的参数类型是 int。而且我们在前面提到过，C 语言中字符常量（'a' 等）的类型是 int（1-3-6 节），因此我觉得可以这么认为：

> 在 C 语言中，用于表示某个对象不是字符串而是 1 个字符的类型是 int。

"嗯？字符只是 char（character）类型这种程度的数据，在表示字符时，难道不就应该使用 char 吗?"这一质疑不无道理，但其实 C 语言会使用一种称为**整数提升**（integer promotion）* 的功能，在表达式中将长度小于 int 的类型依次提升为 int。

* ANSI C 之前，该功能被称为 integral promotion，但在 C99 中称为 integer promotion，不知道为什么要做这样的改变……

下面我们来看一下在 C 语言的标准中对此是如何叙述的。

> 如果表达式中可以使用 int 类型或者 unsigned int 类型，则以下内容可以用在表达式中。
>
> - 具有整数类型的对象或者表达式，该整数类型的整数转换级别低于 int 类型以及 unsigned int 类型。
> - _Bool 类型、int 类型、signed int 类型或者 unsigned int

> 类型的位域（bit field）。
>
> 如果 int 类型能够代表所有这些值的原始类型，则该值转换成 int 类型，否则转换成 unsigned int 类型，这称为**整数提升**。除此之外的其他类型都不会通过整数提升发生改变。
> 整数提升会保留包括符号在内的值。是否将“单纯的”char 类型视为有符号类型是由实现定义的。

“如果 int 类型能够代表所有这些值的原始类型，则该值转换成 int 类型”这句话是关键所在。例如，由于 unsigned char 类型的所有可取值可以通过（有符号的）int 类型表示，所以 unsigned char 类型在表达式中会被转换为 int 类型。

C 语言规范规定，unsigned 的整数在超过其能够表示的最大值时进行“回绕”（wrap around）。也就是说，对 int 类型来说，在 32 位的环境中对 0xFFFFFFFF 加 1 则等于 0，加 2 则等于 1，加 10 则等于 9。但是，由于 unsigned char 或 unsigned short 会通过整数提升在进行加法运算之前被转换成 int，所以不会以 char 或 short 的位宽进行回绕。因此，代码清单 6-1 中 unsigned int 时的动作与 unsigned char 时的动作是不同的。

代码清单 6-1
integerpromotion.c

```
 1 #include <stdio.h>
 2 
 3 int main(void)
 4 {
 5     unsigned int uint = 0xffffffff;
 6     unsigned char uchar = 0xff;
 7 
 8     if (uint + 10 < 10) {
 9         printf("uint + 10 < 10\n");
10     } else {
11         printf("uint + 10 >= 10\n");
12     }
13 
14     if (uchar + 10 < 10) {
15         printf("uchar + 10 < 10\n");
16     } else {
17         printf("uchar + 10 >= 10\n");
18     }
19     printf("uchar + 10..%u\n", uchar + 10);
20     uchar = uchar + 10;
21     printf("uchar..%u\n", uchar);
22 }
```

由于第8行的 if 语句中进行了回绕，uint + 10 将等于9，所以程序会去执行第9行的 printf()，但在第14行中，由于 uchar 通过整数提升变为了 int，值等于255，uchar + 10 等于265（第19行），所以程序会去执行第17行的 printf()。

但是，如果将计算结果再次赋给 unsigned char 类型的变量（第20行），它就会转换成 unsigned char 类型，因此看起来就像是以 char 的位宽进行了回绕一样。

话说回来，也有人认为，由于C语言中并没有规定 int 或 long 的位宽，所以应该 #include 头文件 stdint.h，以便使用 int32_t 这样的类型取代 int（甚至还有一种更极端的主张认为使用 char 或 int 就是错误的*）。的确，现在C语言主要是用于操作系统或嵌入式开发，在这些领域中，肯定存在一些需要使用充分考虑了位数的类型的场景。但是，正如前面所说，说到底 int 类型与比自己小的类型的行为是不同的，因此使用 int32_t 这样的类型时也需要注意这一点。另外，老实说我对于将“整数类型的位数”等低层次的概念扩散到整个代码中的做法本身是抱有抵触情绪的。如果是32位的具有某种意义的整数值，那就应该在使用它之前，先通过 typedef 定义一个代表这个意思的别名。

* 该主张来自 *How to C in 2016* 这篇文章。

6-2-2 如果在（老式的）C语言中使用 float 类型的参数

想必如今使用ANSI C之前的C语言的人已经不多了，但在理解关于函数的参数的某些问题时，我们是不可能绕开“老式的C语言”的。

函数的原型声明是从ANSI C开始引入的，在那以前的C语言中，函数的声明仅能像下面这样指定函数的返回值，而不能指定参数。

```
double sin();
```

上面的例子是三角函数的 sin()，而 sin() 的参数类型是 double。那么，在调用 sin() 时，如果往参数中传递 float 类型，会发生什么情况呢？

在ANSI C的 math.h 中，sin() 的声明如下所示：

```
double sin(double x);
```

因此，即使将 float 类型传递给参数，编译器也能够通过类型转换将它转换成 double。

而如果是在 ANSI C 之前的 C 语言中，又会发生什么情况呢？答案是，float 的参数还是会被转换成 double。

在 ANSI C 之前的 C 语言中，表达式中的 float 类型会依次被转换成 double（与整数类型的整数提升相同）。即使是在 float 类型之间进行加法运算，并将结果保存到 float 类型的变量中的情况，也遵循以下步骤。

① 将两边都转换成 double 类型。
② 进行 double 类型的加法运算。
③ 将结果转换成 float 类型。

因此，使用 float 类型时的运算速度会比使用 double 类型时慢得多。这正是“不要使用 float 类型”这一 C 语言格言（？）诞生的由来*。

* 当然这都是以前的事情了。对于 float 类型之间的运算，如今的 C 语言编译器通常直接使用 float，而且如果要生成较长的数组，还是使用 float 比较节约存储空间。

在老式的 C 语言中，函数参数中的 float 也会被无条件地转换成 double。因此，在使用 sin() 时，向参数传递的 float 会被转换成 double，所以函数是能够正常运行的。关于这一点，我们就先说到这里。接下来看一看如果我们编写了以 float 为参数的函数，结果会发生什么。

用老式的 C 语言编译器编译代码清单 6-2 与代码清单 6-3 的两个函数，生成的汇编代码将是完全相同的*。也就是说，在 ANSI C 以前，当形参的类型为 float 时，它会被编译器不声不响地解释成 double（太凶险了）。

* 以前我们可以使用 gcc 的 -traditional 选项来验证，但现在的 gcc 已经不再支持 -traditional 了……

代码清单 6-2 float.c

```
1 void sub_func();
2 
3 void func(f)
4 float   f;
5 {
6     sub_func(&f);
7 }
```

代码清单 6-3 double.c

```
1 void sub_func();
2 
3 void func(d)
4 double  d;
5 {
6     sub_func(&d);
7 }
```

在上述示例中，向 sub_func() 传递的是形参的指针。代码清单 6-2 的 sub_func() 一定是在等着接收“指向 float 的指针”。不幸的是，f

被擅自解释成了 double，这样当然无法正确传递了。

另外，对于整数类型，整数提升也会引发同样的问题。只不过，在整数类型的情况下，函数将先以 int 的形式接收参数，然后将其缩小成较小的类型，因此不会发生上述问题。

不论是整数提升，还是转换成 double 的做法，至少在 ANSI C 之前的 C 语言中，整型通常会转换成 int，而浮点型通常转换成 double。

6-2-3 printf() 与 scanf()

上一节我们提到了“ANSI C 之前的 C 语言”，或许很多人会想：“这年头肯定没人使用比 ANSI C 还古老的 C 语言了，那些知识跟我应该没啥关系吧”。这种想法不无道理，但在像 printf() 这样具有可变长参数的函数中，原型声明对可变长部分的参数是不起作用的。因此，对于这部分内容，需要引入与 ANSI C 之前的 C 语言一样的转换。也就是说，比 int 小的整数类型需要提升为 int，float 需要提升为 double。

这就意味着，不能向 printf() 传递 char 类型或 float 类型。

> 什么？printf() 的 %c 不是可以传递 char 类型并输出这个字符吗？

或许你会这样想，然而应该传递给 %c 的类型其实是 int。而且即使传递了 char 类型的变量，这个变量也会通过整数提升被转换成 int 类型。

> 通过 printf() 输出 float 时使用 %f，输出 double 时使用 %lf，难道不是吗？

其实这是一个误会（可能来源于 scanf() 的转换修饰符的设计）。在 printf() 中，float 和 double 使用的都是 %f。关于在 printf() 中使用 %lf 时的行为，在 ANSI C 中是未定义的，而在 C99 中则是“与 %f 相同”。

同样地，char 或 short 也能够通过 %d 输出。

反之，在具有可变长参数的函数这一侧，经常出现下面这样的错误写法。

```
va_arg(ap, char)
va_arg(ap, short)
va_arg(ap, float)
```

话说回来，scanf() 也会使用与 printf() 十分相似的转换修饰符。

那些习惯了 printf() 中 float 和 double 两者都能够使用 %f 进行输出的程序员往往会期望 scanf() 也有相同的功能。

然而，由于传递给 scanf() 的是指针，所以不能进行类型提升。因此，如果想要通过 scanf() 把值保存到 double 类型的变量中，就必须指定 %lf。

6-2-4 原型声明的光与影

近年来，使用 ANSI C 之前的 C 语言编写的代码已经慢慢绝迹了，但以前我们经常需要将老式的 C 语言代码转换成 ANSI C。

在 ANSI C 中，函数定义是写成下面这样的。

```
int func(int hoge, int piyo)
{
        ⋮
}
```

而在 ANSI C 之前的 C 语言中，则是下面这样。

```
int func(hoge, piyo)
int hoge;
int piyo;
{
        ⋮
}
```

由于 ANSI C 中也允许使用老式的写法，所以即便不强制地将函数定义改写成新的形式，也可以通过编译。但是，ANSI C 中新引入的函数的原型声明可以有效地检出程序员的编码失误，因此建议大家务必使用新的函数定义方法。

逐个改写函数定义是一项烦琐的工作，于是或许有人会像下面这样想。

> 把老式的函数定义就这么原封不动地放着，只把原型声明写进头文件不就好了吗?

其实我也曾有过这个念头。

但是，请大家回想一下我们到目前为止的讲解。

在没有原型声明的情况下，参数的类型如果比 int 小，则会被依次转换成 int，如果类型是 float，则会被依次转换成 double，这种转换称为**默认参数提升**（default argument promotion）。这样一来，接收参数的一方所生成的机器码就必须可以接收转换后的较大类型。

反过来说，在有原型声明的情况下，由于参数会以声明中的类型原封不动地传递进来，所以接收参数的一方所生成的机器码就也必须可以将声明中的类型原封不动地接收。

但是，函数的定义与函数的调用方可能存在于完全不同的编译单元中。那么，编译器在编译函数定义时，是依据什么决定应该生成上述两种机器码中的哪一种的呢？其实这是依据函数定义是老式的还是新式的来进行判断的*。

* 在大多数运行环境中的确是这样的。在标准中，在没有原型的状态下调用具有 `char` 或 `float` 参数的函数的整个行为是未定义的。

对于老式的函数定义，如果在有原型声明的情况下执行函数调用，函数定义方会期望传递过来的是执行过默认参数提升的类型，然而实际上传递的是没有经过提升的原来的类型，这就有可能导致函数无法正常运行。

为了防患于未然，在定义函数的文件中，必须 `#include` 声明了该函数自身的原型的头文件。这样一来，只要是正儿八经的编译器，那就应该能够对原型与函数定义不一致的情况给出警告。反正哪怕没有这个问题，只要想让编译器为我们检测出函数定义与原型声明不一致，就必须在定义函数的代码中 `#include` 函数原型*。如果原型与实际的函数定义不一致，那么好不容易在 ANSI C 中引入的机制就会变得形同虚设（甚至可以说是有害的）。

* 实际上，以前我也曾见过不检查函数定义与原型之间参数是否不一致的编译器……

要点

在定义函数的源文件中，必须 `#include` 包含该函数自身的原型声明的头文件。

而且，在调用定义在其他文件中的函数时，**必须** `#include` 包含原型声明的头文件。不过，人总是会犯错的，因此应该提高编译器的警告级别，使其能够在程序调用无原型声明的函数时给出警告。

另外，在某些运行环境中，为了提高运行速度，需要使用寄存器而不是栈来传递参数。但即使在这样的环境中，对于具有可变长参数的函数，还是需要通过栈来传递参数，但关于函数是否具有可变长参数，调用方只能通过原型声明来判断。

因此，在这样的环境中，不 `#include` 头文件 stdio.h，就无法正常使用 `printf()`。

要点

在调用定义在其他文件中的函数时，必须 `#include` 包含原型声明的头文件。

6-3 惯用写法

6-3-1 结构体声明

下面这种写法虽然颇具争议，但我在声明结构体时必定会像这样同时使用 typedef 定义类型。

```
typedef struct {
    int a;
    int b;
} Hoge;
```

另外，如果不是特别必要的情况，我一般不写标签*。如果写标签，则会像下面这样。

* 因为如果只在特别必要的情况下才写标签，那么只要看到标签，我就会知道前面代码中引用了本结构体。但也有人主张“既然不知道什么时候必须加标签，那就都写上”，对此我表示理解。

```
typedef struct Hoge_tag {
    int a;
    int b;
} Hoge;
```

通过在要定义的类型名称后面添加 _tag 的形式来添加标签。

另外，由于结构体、联合体、枚举的标签名与一般的标识符具有不同的命名空间，所以也可以采取下面这样的写法。

```
typedef struct Hoge {
    int a;
    int b;
} Hoge;
```

因为这样写就与 C++ 具有相同的意义了，所以也有人偏好这种写法。

在声明结构体时，也可以同时定义该结构体类型的变量，不过我一般不会这么做。一方面是因为在一门心思要写 typedef 时，我不会想着去用这种写法，另一方面是由于类型的声明与变量的定义是不同的概念，所以应该分别写。

```
/* 我一般不采用的写法*/
struct Hoge_tag {
    int a;
    int b;
} hoge;  ⬅声明struct Hoge_tag类型的变量hoge
```

顺便提一下，结构体的成员的声明也与一般的变量声明一样，可以一次性声明多个成员，不过我从来没有这样写过。

```
/* 我一般不采用的写法*/
typedef struct {
    int a, b;
} Hoge;
```

另外，有人会在 typedef 结构体的同时，把指向该结构体的指针类型也一起 typedef 出来。

```
typedef struct {
    int a;
    int b;
} Hoge, *HogeP;  ⬅同时声明Hoge及其指针类型HogeP
```

这样就可以以 HogeP hoge_p; 的形式声明指向 Hoge 的指针类型的变量，但我认为“通过添加 * 显式地表明这是指针”的代码可读性更强一些，因此我也不会采用这种写法。

6-3-2 自引用结构体

在构造链表或树形结构时，需要编写包含指向与声明的类型相同类型的指针的结构体。

这样的结构体似乎被称为**自引用结构体**——之所以说“似乎”，是因为先不论 C 语言的入门书，至少在开发现场，我**从来没有**听到过有人这样叫。

不过自引用结构体这东西其实也没有什么特别之处。

不过，在声明时还是需要稍加留意。

```
typedef struct Hoge_tag {
    int a;
    int b;
    struct Hoge_tag *next;
} Hoge;
```

在上面这种情况下，在声明成员 next 时 typedef 还没有完成，所以不能使用 Hoge 类型，因此这里声明为了 struct Hoge_tag *。

或者也可以写成下面这样。

```
typedef struct Hoge_tag Hoge;

struct Hoge_tag {
    int a;
    int b;
    Hoge *next;
};
```

6-3-3 结构体的相互引用

我们曾在 3-2-10 节中提到，相互引用的结构体可以像下面这样先声明标签。

```
typedef struct Woman_tag Woman;   ←事先typedef标签
typedef struct {
        ⋮
    Woman *wife; /* 妻子 */
        ⋮
} Man;

struct Woman_tag {
        ⋮
    Man *husband; /* 丈夫 */
        ⋮
};
```

在这个例子中，Man 具有指向妻子的指针，Woman 具有指向丈夫的指针。

以前，对于这段说明，有人会像下面这样理解。

> 噢噢。那么，如果把标签全都提前 typedef 好，就可以以任意顺序声明结构体了吧?

于是就有了按照下面这种顺序进行声明的语句。

```
typedef struct Polyline_tag Polyline;┐
typedef struct Shape_tag Shape;      ┘─先只提前声明所有的标签
       ⋮

struct Shape_tag {
    ShapeType type;
    union {
        Polyline   polyline; ⬅ 只声明了标签使用了 Polyline 的实体

        Rectangle  rectangle;
        Ellipse    ellipse
    } u;
};

struct Polyline_tag {
       ⋮
};
```

但是这段代码是无法通过编译的。

在只声明标签的情况下，该类型就是一个不完全类型。对于不完全类型，我们只能获取它的指针（3-2-10 节）。

这是因为不完全类型的长度还未确定，采用上面这种写法，编译器无法确定结构体的各个成员的偏移量。

6-3-4　结构体的嵌套

在将一个结构体用作另一个结构体的成员时，也可以像下面这样使用已经声明过的结构体。

```
typedef struct {
    int a;
```

```
    int b;
} Hoge;

typedef struct {
        ⋮
    Hoge hoge;  ← 将结构体Hoge用作Piyo的成员
} Piyo;
```

还可以在一个结构体的声明中声明另一个结构体类型，同时将其声明为成员。

```
typedef struct {
        ⋮
    struct Hoge_tag {
        int a;
        int b;
    } hoge;
} Piyo;
```

对于这里声明的 `struct Hoge_tag`，我们以后也可以使用。不过，在使用该方法时，可以省略标签，所以也可以写成下面这样。

```
typedef struct {
        ⋮
    struct {
        int a;
        int b;
    } hoge;
} Piyo;
```

在这种情况下，之后是不可以重复使用该类型的。

我一般不会在结构体的声明中声明结构体，倒是常常在结构体中声明联合体。关于联合体，请看下一节。

6-3-5 联合体

在大多数情况下，联合体需要与结构体、枚举类型组合使用。

在第 5 章中，我们像下面这样定义了 Shape 类型*。

* 下面的例子来自第 5 章，不过这里对它进行了简化。

```
typedef enum {
    POLYLINE_SHAPE,
    RECTANGLE_SHAPE,
    ELLIPSE_SHAPE
} ShapeType;

typedef struct Shape_tag {
    ShapeType type;
    union {
        Polyline polyline;
        Rectangle rectangle;
        Ellipse ellipse;
    } u;
} Shape;
```

Shape 可能是 Polyline（折线），可能是 Rectangle（长方形），也可能是 Ellipse（椭圆）。在这种情况下，我们可以使用联合体。

枚举类型 ShapeType 用于表示联合体中当前真正在使用的成员是哪一种图形（这种用途的枚举类型成员被称为标签）。程序员有责任确保枚举的标识（标签）与真正保存的成员之间的一致性。

某些书中经常像下面这样使用联合体。

```
typedef union {
    char c[4];
    int int_value;
} Int32;
```

这样一来，在 int 为 4 字节的情况下，就可以通过 c 以字节为单位对保存在 int_value 中的整数值进行访问。

那么，上述访问会导致什么样的结果呢？这依赖于运行环境的字节序（2-8 节），而且标准中本来也没有规定 int 就是 32 位。

我并不想不分青红皂白地去否定这种写法，但在使用这一技巧时，应该时刻铭记一点：这样写出来的代码基本上没有可移植性。

6-3-6 无名结构体和无名联合体（C11）

在上述 Shape 结构体中，我们给用于表示各个图形的联合体成员取名为 u。假设有指向 Shape 结构体的指针 shape，当该 Shape 中保存的是折线时，可以通过以下方式引用折线的坐标的数量。

```
shape->u.polyline.npoints
```

大家有没有觉得这个 u. 有些碍事儿呢？这个 u. 是为了在结构体中包含联合体而起的名字，但如果没有它也不会发生名称重复，不写反而能使代码更加简洁。

根据 C11 的**无名结构体**（anonymous structure）和**无名联合体**（anonymous union）功能，即便不给这样的结构体或联合体定义名称，也可以使用。

具体写法如下所示。

```
typedef struct Shape_tag {
    ShapeType type;
    union {
        Polyline polyline;
        Rectangle rectangle;
        Ellipse ellipse;
    };  ⬅没有u
} Shape;
```

在实际引用成员时要写成下面这样。

```
shape->polyline.npoints  ⬅不需要u.
```

不过，如果一开始定义的就是像 u 这样很短的名称，那么即使改成无名，也只是节省了 u. 这两个字符。因此，老实说我觉得这个功能可有可无……

6-3-7 数组的初始化

一维数组可以以如下形式进行初始化。

```
int hoge[] = {1, 2, 3, 4, 5};
```

由于编译器会为我们计算数组的元素个数，所以这里不必将它特地写出来。或者说为了防止不必要的错误，不写反倒更好。

二维以上的数组可以以如下形式进行初始化。

```
int hoge[][3] = {
    {1, 2, 3},
    {4, 5, 6},
    {7, 8, 9},
};
```

“最外层”以外的数组的元素个数是不能省略的。具体请参考 3-5-3 节。

char 的数组可以特别地通过以下形式进行初始化*。

* 具体来说，wchar_t 的数组也可以以同样的方式进行初始化。不过，此时请对字符串字面量加上 L，比如写成 L"一二三四五"这样。

```
char str[] = "abc";
```

它是下面的代码的语法糖。

```
char str[] = {'a', 'b', 'c', '\0'};
```

由于结尾处加入了空字符，所以 str 的元素个数为 4。

在这种情况下，如果元素个数没写对，就很容易产生如下错误*。

* 而且，如果只是缺少空字符的部分，是不会引发编译错误的！

```
char str[3] = "abc";  ⬅把'/0'的部分忘记了
```

为了避免产生这样的错误，应该在定义时省略元素个数，让编译器去计算。

不过，在实际的程序中，需要使用字符串来初始化 char 的数组的情况并不常见，在大多数情况下，写成下面这样会比较合适。

```
char *str = "abc";
```

两者的差别在于，前者是对“char 的数组”的内容进行初始化，而后者是将“指向 char 的指针”指向字符串字面量。由于字符串字面量通常被分配在只读空间中，所以如果采用后者的写法，则无法改写字符串的内容。

6-3-8 指向 char 的指针的数组的初始化

在获取由多个字符串组成的数组时，通常使用“指向 char 的指针的数组”。

```
char *color_name[] = {
    "red",
    "green",
    "blue",
};
```

最后的 "blue" 的后面跟着一个逗号，不过这并不是笔误。

在 C 语言中，无论是否在数组的初始化列表的最后一个元素之后加逗号，都没有关系。

对于这个规则，似乎有人不以为然，但我却相当中意。因为这样一来，就可以很方便地在数组的后面添加元素。特别是对于字符串，如果没有在最后写上逗号，在添加元素时就容易一不小心把代码写成下面这样。

```
char *color_name[] = {
    "red",
    "green",
    "blue"  ⬅忘记写逗号
    "yellow"
};
```

由于 ANSI C 之后的 C 语言会擅自将相邻的字符串字面量连接起来，所以这里就会变成由 red、green 和 blueyellow 组成的元素个数为 3 的数组*。

* 很明显，这个问题是由擅自拼接相邻的字符串字面量这一令人困惑的设计引发的。虽然字符串拼接的功能本身是很方便的，但既然要设计这样的功能，那完全可以设计成在字符串之间加上点号 . 或者 + 这样的运算符，用它表示连接。如此一来，也就不会发生这种问题了。

根据 ANSI C Rationale，之所以在标准中加入“无论是否在数组的初始化列表的最后一个元素之后加逗号，都没有关系”这一规则，据说不仅是为了便于添加和删除，还是为了能够简单地编写自动生成代码的工具。

然而，枚举的声明却并非如此，我认为这样的实现是不完整的。

```
typedef enum {
    RED,
    GREEN,
    BLUE,   ⬅在ANSI C中，这里不可以加逗号
} Color;
```

不过，在修订后的 C99 中，这里已经可以写逗号了。

6-3-9 结构体的初始化

假设有以下结构体。

```
typedef struct {
    int a;
    int b;
} Hoge;
```

通过下面这样的写法，可以对结构体的内容进行初始化。

```
Hoge hoge = {5, 10};
```

即便是在结构体有嵌套，或者结构体的成员包含数组的情况下，

```
typedef struct {
    int a[10];
    Hoge hoge;
} Piyo;
```

只要能够像下面这样一一对应地准确编写初始化列表，也能够完成对结构体的初始化。

```
Piyo piyo = {
    {0, 1, 2, 3, 4, 5, 6, 7, 8, 9},
    {1, 2},
};
```

6-3-10 联合体的初始化

联合体与结构体不同，它的成员之中只有某一个成员具有有效值。在编写初始化列表时，需要考虑好它对应的是哪个成员。

根据 ANSI C 的规定，对联合体的初始化是针对联合体的**第一个成员**进行的。老实说，我觉得这真是一个奇怪的规则……

```
typedef union {
    int int_value;
    char *str;
} Hoge;
  ⋮
Hoge hoge = {5};  ⬅初始化列表对应于int_value
```

这个奇怪的规则在 C99 中已得到改善。关于这一点，请看下一节。

6-3-11 指定初始化（C99）

正如6-3-9节中所说，在ANSI C中，在初始化结构体时必须从开头的成员开始按顺序指定值。当成员数量众多时，代码难以阅读，另外也存在只需初始化结构体的一部分成员即可的情况。

从C99开始，我们就已经可以使用**指定初始化器**（designated initializer）显式地指定想要初始化的成员了。

使用指示符* 就可以对指定的结构体或联合体的成员进行初始化，也可以指定数组下标，从而对数组元素进行初始化。

为了帮助大家理解，这里我们看一下实例，示例程序如代码清单6-4所示。

* 关于指示符，这里补充说明一下：对于结构体元素来说，将指定初始化器中的点号和成员名称的组合称为指示符；对于数组元素来说，将指定初始化器中的方括号中的数字称为指示符。具体示例请参见代码清单6-4。——译者注

代码清单6-4
designated_initializer.c

```
1  #include <stdio.h>
2  
3  typedef struct {
4      int a;
5      int b;
6      int c;
7      int array[10];
8  } Hoge;
9  
10 typedef union {
11     int int_value;
12     double double_value;
13 } Piyo;
14 
15 int main(void)
16 {
17     // 对指定的结构体成员进行初始化
18     // 对指定的数组下标对应的元素进行初始化
19     // 排在其后的数值会继续被分配给指定下标的元素之后的元素
20     Hoge hoge = {.b = 3, .c = 5, {[3] = 10, 11, 12}};
21 
22     fprintf(stderr, "hoge.b..%d, hoge.c..%d\n", hoge.b, hoge.c);
23     fprintf(stderr, "hoge.array[3..] %d, %d, %d\n",
24             hoge.array[3], hoge.array[4], hoge.array[5]);
25 
26     // 对指定的联合体成员进行初始化
27     Piyo piyo = {.double_value = 123.456};
28     fprintf(stderr, "piyo.double_value..%f\n", piyo.double_value);
```

```
29
30     return 0;
31 }
```

6-3-12 复合字面量（C99）

要将内容已经确定的结构体传递给函数，在 ANSI C 中就需要用到临时变量，但从 C99 开始，我们可以将结构体或数组写成字面量，这被称为**复合字面量**（compound literal）。

关于这一点，同样是结合实例理解起来更快。请参考下面的代码清单 6-5。

代码清单6-5
compound_literal.c

```
1  #include <stdio.h>
2  
3  typedef struct {
4      double x;
5      double y;
6  } Point;
7  
8  void draw_line(Point start_p, Point end_p)
9  {
10     fprintf(stderr, "draw line: (%f, %f)-(%f, %f)\n",
11             start_p.x, start_p.y, end_p.x, end_p.y);
12 }
13 
14 void draw_polyline(int npoints, Point *point)
15 {
16     for (int i = 0; i < npoints; i++) {
17         fprintf(stderr, "[i]..(%f, %f)\n", point[i].x, point[i].y);
18     }
19 }
20 
21 int main(void)
22 {
23     draw_line((Point){.x = 10, .y = 10}, (Point){.x = 20, .y = 20});
24 
25     draw_polyline(5,
26                   (Point[]){
27                       (Point){.x = 1, .y = 1},
28                       (Point){.x = 2, .y = 2},
```

```
29                  (Point){.x = 3, .y = 3},
30                  (Point){.x = 4, .y = 4},
31                  (Point){.x = 5, .y = 5},
32              });
33  }
```

本例实现了在不使用临时变量的情况下，向函数 draw_line() 传递 Point 结构体的复合字面量，向函数 draw_polyline() 传递 Point 结构体的数组。

参考文献

[1] Brian W. Kernighan，Dennis M. Ritchie. The C Programming Language [M]. Englewood Cliffs，NJ：Prentice Hall，1978.

[2] Don Libes，Sandy Ressler. Life with UNIX [M]. Englewood Cliffs，NJ：Prentice Hall，1989.

[3] Steve Summit. 你必须知道的 495 个 C 语言问题 [M]. 孙云，朱群英，译. 北京：人民邮电出版社，2009.

[4] P. J. Plauger. Programming on Purpose [M]. Englewood Cliffs，NJ：Prentice Hall，1993.

[5] Donald E. Knuth. Literate Programming [M]. California：Stanford University Center for the Study of Language and Information，1992.

[6] Erich Gamma，Richard Helm，Ralph Johnson，等. 设计模式：可复用面向对象软件的基础 [M]. 李英军，马晓星，蔡敏，等，译. 北京：机械工业出版社，2000.

[7] Niklaus Wirth. Algorithms + Data Structures = Programs [M]. Englewood Cliffs，NJ：Prentice Hall，1975.

[8] Peter Van Der Linden. C 专家编程 [M]. 徐波，译. 北京：人民邮电出版社，2008.

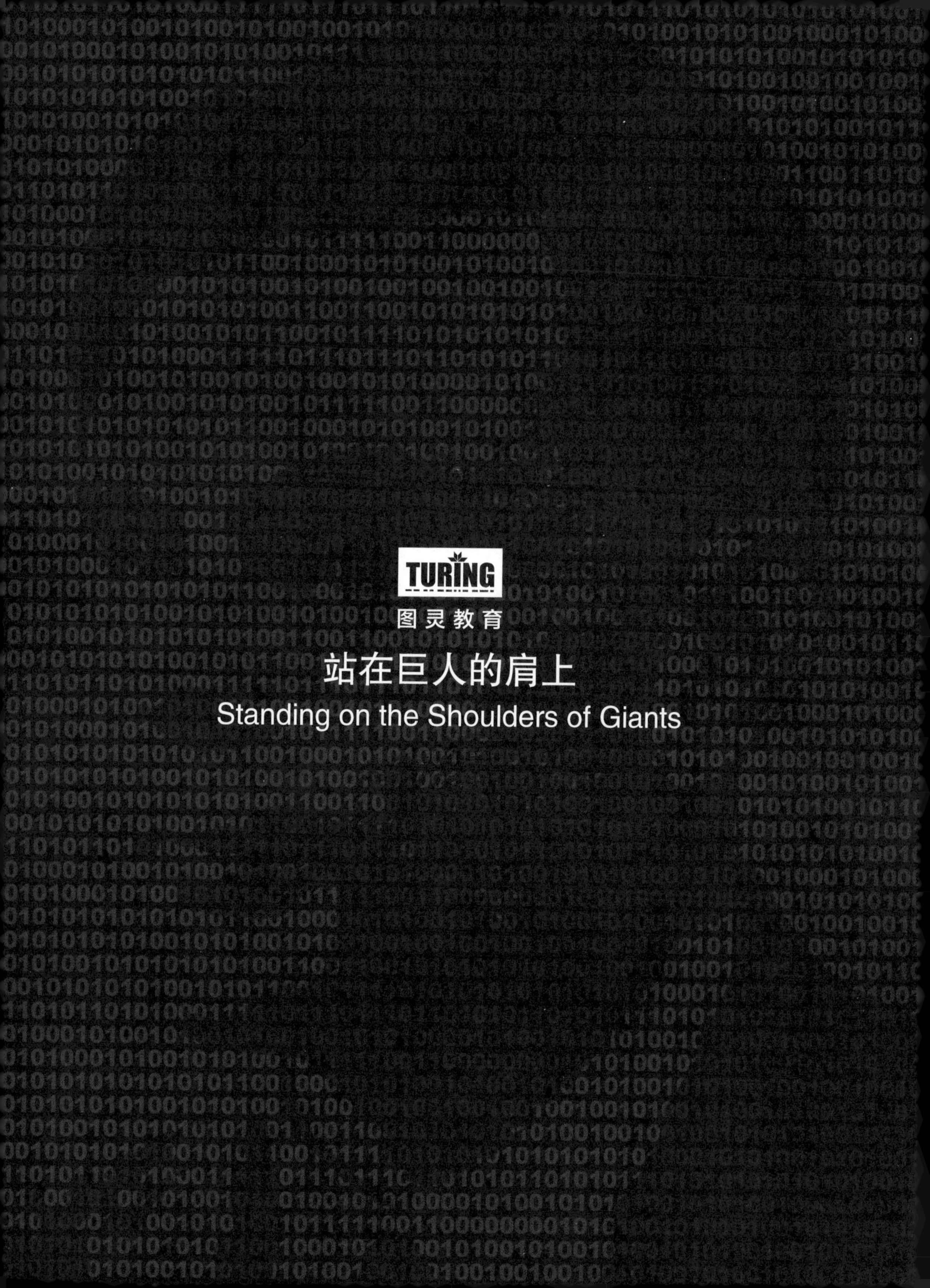
TURING
图灵教育
站在巨人的肩上
Standing on the Shoulders of Giants

TURING
图灵教育
站在巨人的肩上
Standing on the Shoulders of Giants